LEHRE VON DEN GESICHTSEMPFINDUNGEN

AUF GRUND HINTERLASSENER AUFZEICHNUNGEN

VON

FRANZ HILLEBRAND

HERAUSGEGEBEN VON

Dr. FRANZISKA HILLEBRAND

MIT 40 TEXTABBILDUNGEN

WIEN

VERLAG VON JULIUS SPRINGER

1929

ALLE RECHTE, INSBESONDERE DAS DER ÜBERSETZUNG
IN FREMDE SPRACHEN, VORBEHALTEN
COPYRIGHT 1929 BY JULIUS SPRINGER IN VIENNA

ISBN-13: 978-3-7091-5655-1   e-ISBN-13: 978-3-7091-5693-3
DOI: 10.1007/978-3-7091-5693-3

Vorwort der Herausgeberin

Meines Mannes experimentelle Arbeit war vorwiegend den Gesichtsempfindungen gewidmet. Er hat die Ergebnisse seiner Forschungen in einer Reihe von Publikationen niedergelegt, die chronologisch geordnet am Schlusse dieses Buches angeführt werden. Eine abschließende Zusammenfassung war seit langem beabsichtigt, doch wurde sie immer wieder hinausgeschoben, weil die Auseinandersetzung mit einzelnen, schwierigen Problemen wichtiger erschien. So sollte schließlich die Herausgabe einer Gesamtdarstellung der Lehre von den Gesichtsempfindungen — im Rahmen einer allgemeinen Psychologie — einer späteren Zeit vorbehalten bleiben, die auch die Befreiung von Vorlesungsverpflichtung und anderer amtlicher Tätigkeit gebracht hätte. Ein solcher, ruhiger Sammelarbeit gewidmeter Lebensabend war aber meinem Manne nicht beschieden, der Tod hatte ihn mitten aus seinen Arbeiten herausgerissen. Mir ist es vergönnt gewesen, in den letzten 10 Jahren seines Lebens zuerst seine Schülerin, dann seine Mitarbeiterin zu sein und als solche glaube ich die Verpflichtung zu haben, die Ergebnisse einer mehr als 30-jährigen rastlosen Forschertätigkeit, die nur zum kleineren Teile veröffentlicht wurden, nicht verloren gehen zu lassen. Die im Nachlasse vorgefundenen Darlegungen zu den Problemen der Ruhe und Bewegung gesehener Objekte wurden als „Kritischer Nachtrag zur Lehre von der Objektruhe bei willkürlichen Blickbewegungen und ihrer Anwendung auf die Stroboskopie" kürzlich in der Zeitschrift für Psychologie Bd. 104 u. 105 mitgeteilt. Es folgt nunmehr die Veröffentlichung der „Lehre von den Gesichtsempfindungen", die sich vorwiegend auf die sorgfältig ausgearbeiteten Vorlesungshefte, außerdem auf unveröffentlichte Vorträge, Notizen und dgl. stützt. An manchen Stellen schien es mir notwendig, auf frühere Publikationen meines Mannes und auf gegnerische Ansichten zu verweisen; diese Einschübe sind als „Anmerkungen der Herausgeberin" gekennzeichnet.

Auf die neuere Literatur wurde in Fußnoten verwiesen. Von einem ausführlichen Literaturverzeichnis habe ich abgesehen; ein solches findet sich für den Raumsinn bei F. B. Hofmann, „Die Lehre vom Raumsinn des Auges" (Handbuch der Augenheilkunde, Berlin, Julius Springer 1925). Für den Lichtsinn verweise ich auf die Zusammenstellung der älteren Literatur von A. König in der 2. Auflage des Handbuches der Physiologischen Optik von Helmholtz (1896), ferner auf die Literaturübersicht bei A. v. TSCHERMAK, ,,Kontrast und Irradiation" (Ergebnisse der Physiologie 1903) und bei C. v. HESS, ,,Farbenlehre" (Ergebnisse der Physiologie 1922), sowie auf die zur Zeitschrift für Psychologie und Physiologie der Sinnesorgane erscheinenden Registerbände.

Auf die grundlegenden Arbeiten E. HERINGS, die von entscheidendem Einflusse auf die Anschauungen und auf die Methodik meines Mannes gewesen sind, wird immer wieder Bezug genommen. ,,Die Selbstzucht, die strenge Kritik, mit der der Forschende sich selbst wie einer fremden Person gegenüber tritt, die unbedingte Ehrlichkeit, die ihn treibt, Schwierigkeiten eher aufzusuchen, als über sie hinwegzugleiten" (HILLEBRAND, ,,EWALD HERING" S. 108), Eigenschaften, die jedem Forscher zukommen sollten und die bei Hering sich zu einer seltenen Vollkommenheit entwickelt hatten, wird man auch Hillebrand in einem das Gewöhnliche übersteigenden Maße zusprechen dürfen.

Innsbruck, im Sommer 1928

Dr. Franziska Hillebrand

Inhaltsverzeichnis

Erster Teil
Lichtsinn

Einleitung 1
I. Die Abhängigkeit der Farbenempfindung vom Reiz 3
   1. Die drei Variablen der Farbenempfindungen: Farbenton, Helligkeit, Sättigung 3
   2. Methoden und Gesetze der Lichtmischung 27
II. Die Abhängigkeit der Farbenempfindung von der Erregbarkeit... 46
   1. Adaptation und Kontrast 46
   2. Farbensinnstörungen 65
III. Farbentheorien 75
   1. Entstehung und Aufgaben der Farbentheorien 75
   2. Die Young-Helmholtzsche Farbentheorie 77
   3. Die Theorie der Gegenfarben von E. Hering 82

Zweiter Teil
Raumsinn

I. Allgemeines 97
   Wirklicher Raum und Sehraum. Bestimmte und unbestimmte, richtige und unrichtige Lokalisation. Ein paar Sätze aus der geometrischen Optik. Terminologische Festsetzungen.
II. Die Lokalisation bei ruhendem Blick 103
   A) Die „primitive" Raumanschauung 103
      1. Die Korrespondenz der Netzhäute und das Gesetz der identischen Sehrichtungen 103
      2. Der Horopter und die Kernfläche 114
      3. Das Sehen mit disparaten Netzhautstellen 121
      4. Die Lokalisation des Kernpunktes 143
   B) Die empirischen Lokalisationsmotive 150
III. Die Lokalisation bei bewegtem Blick 155
   1. Die Unveränderlichkeit der relativen Raumwerte 156
   2. Ruhe der Objekte bei willkürlichen, Scheinbewegung bei unwillkürlichen Blickbewegungen 156
   3. Lokalisation bei Kopf- und Körperbewegungen 167
IV. Nativismus und Empirismus 169
   1. Begriffliche Klärung 169
   2. Die Argumente der Empiristen gegen den Nativismus 173
   3. Kritik des Empirismus 191
Verzeichnis der Publikationen Hillebrands aus dem Gebiete der Lehre von den Gesichtsempfindungen 201
Sachverzeichnis 202

Jedes gesehene Ding hat eine bestimmte Farbenqualität und eine bestimmte Lokalität. Wir haben daher innerhalb der Gesichtsempfindungen diese beiden Hauptseiten zu unterscheiden. Die gesamte (deskriptive und genetische) Lehre von den Gesichtsempfindungen zerfällt also:
1. in die Lehre von der Qualität (Lichtsinn);
2. in die Lehre von der Lokalität (Raumsinn).

Erster Teil
Lichtsinn
Einleitung

Die deskriptive Psychologie hat vollständig abzusehen von den physikalischen Antezedenzien der Farbenempfindungen, mit anderen Worten die Analyse der Empfindungen ist von der ihrer äußeren Ursachen aufs schärfste zu trennen.[1] So kann homogenes und polychromatisches Licht oder verschiedenes polychromatisches Licht dieselbe Empfindung hervorrufen; Unterschieden der physikalischen Ursachen müssen also durchaus nicht immer Unterschiede in den Empfindungen entsprechen. Wir haben demnach auf die Verschiedenheit der Ursachen gar keine Rücksicht zu nehmen, wenn wir wirklich bloß analysieren wollen; wenn zwei Farbenempfindungen gleich aussehen, so sind sie deskriptiv auch als gleich zu behandeln.

Zunächst werden wir uns eine vollkommene Übersicht über die vorkommenden Qualitäten zu verschaffen haben, die ganz und gar deskriptiv sein muß. Dabei ist zu bemerken, daß die letzten Elemente nicht beschrieben, sondern nur an Beispielen aufgezeigt werden können. Vergleichen wir zwei Farben nach ihrem unmittelbaren Eindruck, so

---

[1] „Wenn irgend etwas als durch HERINGs Bemühungen vollständig und definitiv gefestigt gelten muß, so ist es die Forderung des psychologischen oder besser gesagt phänomenologischen Ausgangspunktes in der Farbentheorie. Die siegreiche Klarheit seiner Ausführungen über die schädliche Hereinmengung physikalischer Gesichtspunkte in die Beschreibung der Sinneserscheinungen bleibt vorbildlich für alle Zeit." STUMPF, Die Attribute der Gesichtsempfindungen. Abh. d. preuß. Akad. d. Wissensch. 1917, S. 7.

können sie verschiedene Abweichungen voneinander zeigen, deren Richtungen wir einstweilen folgendermaßen charakterisieren können:

1. **Farbenton.** Gelb, Orange, Rot, Grau. Man nennt dasjenige, was geändert wird, wenn man die Farbenempfindung ändert, den Farbenton.

2. **Helligkeit.** Bei Gleichheit des Farbentones kann die eine Farbe heller sein als die andere.

3. **Sättigung.** Ein Grün kann sozusagen „mehr Farbe" haben als ein anderes. Man vergleiche den stumpfen, matten Eindruck, den eine grün getünchte Wand macht mit dem Grün eines frischen Blattes und dieses wieder mit dem spektralen Grün. Die Grenzfälle der Sättigung bilden einerseits die absolut gesättigten Farben, für die wir Annäherungen in den Spektralfarben besitzen, andererseits die absolut ungesättigten Farben: Weiß, Grau, Schwarz. Der eine dieser beiden Grenzfälle, nämlich die absolut gesättigten Farben, ist nicht im strengen Sinne verwirklicht. Die Spektrallichter zeigen zwar Farben von hoher Sättigung, aber wir werden sehen, daß diese Sättigungsgrade noch weiter gesteigert werden können, so daß wir nicht imstande sind, mit Sicherheit zu sagen, ob und wann Sättigungsgrade vorliegen, die einer Steigerung nicht mehr fähig sind. Hingegen ist der andere Grenzfall, die absolut ungesättigten Empfindungen, in der Schwarz-Weiß-Reihe verwirklicht. Mit Rücksicht auf die beiden genannten Grenzfälle kann man die Qualitäten des Gesichtssinnes einteilen in **Farbenempfindungen im engeren Sinne** und in **farblose Empfindungen** (auch bunte und tonfreie Farben).

Es scheint, daß die angeführten drei Variablen den qualitativen Teil der Gesichtsempfindungen vollständig erschöpfen.[1] Sie sind aber nicht durch die physikalischen Variablen: Wellenlänge, objektive Lichtintensität und Menge des beigemischten weißen Lichtes zu charakterisieren, weil, wie später ausführlich gezeigt werden soll, eine eindeutige Zuordnung zwischen den drei Variablen der Empfindung und diesen drei Variablen physikalischer Natur gar nicht besteht. Die Empfindung (mit ihren Variablen) ist ja überhaupt nicht einzig und allein vom Reiz abhängig, sondern auch vom jeweiligen Zustand des Sehorgans; daher kann dieses, entsprechend seiner veränderten Beschaffenheit, auf einen und denselben Reiz verschieden reagieren. Demgemäß wird unsere Darstellung nicht nur die Abhängigkeit der Farbenempfindung vom Reiz, sondern auch die Abhängigkeit der Farbenempfindung von der Erreg-

---

[1] Bei dieser Anordnung der Empfindungen in dreierlei Ähnlichkeitsreihen bleibt die Frage offen, ob diese drei Momente als „Merkmale" (d. h. Eigenschaften, die an einem einzigen Objekt unterschieden werden können) aufzufassen sind oder ob durch diese Anordnung eben nur die mehrfache Variationsmöglichkeit zum Ausdruck kommen soll.

barkeit des Sehorgans zu behandeln haben. Beide Faktoren sind von derselben Größenordnung; dies ist gegenüber dem noch immer verbreiteten Vorurteil, daß der ausschlaggebende Faktor doch eigentlich der äußere Reiz sei, die Erregbarkeit aber nur eine modifizierende Rolle spiele, mit aller Entschiedenheit zu betonen.

I. Die Abhängigkeit der Farbenempfindung vom Reiz

1. Die drei Variablen der Farbenempfindungen: Farbenton, Helligkeit, Sättigung

Der Farbenton. Im gewöhnlichen Spektrum weißen Lichtes finden wir, daß die Farben von Rot durch Orange in Gelb, von Gelb durch Gelbgrün in Grün, von Grün durch Grünblau in Blau und von Blau in Violett übergehen. Die beiden Enden schließen sich nicht aneinander, Rot ist langwellig, Violett kurzwellig. Man kann aber durch Mischung der Lichter der Endstrecken eine Vermittlung zwischen den beiden Enden des Spektrums herstellen, und zwar nennt man diesen Teil, der nicht durch homogenes Licht erzeugt werden kann, die Purpurstrecke. Wir erhalten auf diese Weise einen geschlossenen Farbenzirkel (Abb. 1). Sehen wir von den Verschiedenheiten der Helligkeit und Sättigung ab, so stellt uns

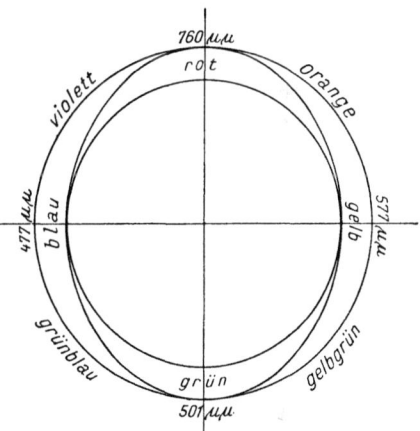

Abb. 1. Farbenzirkel (nach HERING)

dieser Zirkel alle überhaupt vorkommenden bunten Farben (Farbenempfindungen im engeren Sinne) dar. Außer ihnen gibt es, wie schon eingangs erwähnt wurde, die Reihe der farblosen oder tonfreien Empfindungen (die Graureihe).

In bezug auf die Charakterisierung der Farben bestehen zwei sehr verschiedene Auffassungen. Nach der einen, die hauptsächlich von HERING vertreten wurde[1] und als **Mehrheitslehre** bezeichnet werden kann — sie ist auch dieser Darstellung zugrunde gelegt —, erscheinen gewisse Farben einfach, die übrigen dagegen als Mischfarben, also als zusammen-

---

[1] Zur Lehre vom Lichtsinne. Wien 1878. § 29, S. 85 und § 38, S. 109. (Im folgenden zitiert: Lichtsinn.) Zur Erklärung der Farbenblindheit aus der Theorie der Gegenfarben. Lotos. N. F. I. S. 1ff. und Grundzüge der Lehre vom Lichtsinn. Handb. d. Augenheilk. § 12. (Im folgenden zitiert: Grundzüge.)

gesetzte Empfindungen. Nach der anderen Auffassung, die den Namen Einheitslehre trägt, muß jede Farbenempfindung „erscheinungsmäßig als eine völlig einfache Empfindung"[1] bezeichnet werden. Unter den vielen angesehenen Forschern, welche den Unterschied von einfachen und zusammengesetzten Empfindungen leugnen, somit Anhänger der Einheitslehre sind, seien E. v. BRÜCKE, HELMHOLTZ, v. KRIES, G. E. MÜLLER, STUMPF genannt.

HERING ist bei der Aufstellung seiner Lehre davon ausgegangen, daß im Farbenzirkel gewisse ausgezeichnete Punkte auffallen: Rot, Gelb, Grün, Blau, die er (im Anschluß an AUBERT und MACH) Grund- oder Urfarben nannte. Eben diese erscheinen ihm einfach, während die übrigen Farben (Orange, Gelbgrün, Grünblau, Violett) nach seiner Meinung den Charakter von zusammengesetzten Empfindungen haben. In der Graureihe sind nach ihm als Grund- oder Urfarben und zugleich als einfache Farben das reine Schwarz und das reine Weiß, also die Qualitäten der Grenzpunkte aufzufassen, als Mischfarben sämtliche dazwischen liegende Grauempfindungen.

Doch ist die Annahme von ausgezeichneten Punkten (Grundfarben) nicht notwendig mit der Mehrheitslehre verbunden, sondern läßt sich auch vom Standpunkte der Einheitslehre vertreten. So sind z. B. G. E. MÜLLER und STUMPF ebenfalls der Meinung, daß Rot, Gelb, Grün, Blau, Schwarz, Weiß in der Mannigfaltigkeit der Farbenerscheinungen ausgezeichnete Stellen einnehmen. Wenn man Grundfarben im phänomenologischen Sinne überhaupt gelten läßt, so werden in der Regel die im vorhergehenden genannten Farben angeführt.[2] Diese Farben unter-

---

[1] STUMPF, Die Attribute der Gesichtsempfindungen. Abh. pr. Akad. 1917. S. 10.

[2] Wenn HELMHOLTZ von „Grundfarben" und „zusammengesetzten Farben" spricht, so nimmt er nur auf ihre Entstehung (durch einfaches oder zusammengesetztes Licht) Bezug; empfindungsmäßig gibt es für ihn nur einfache Farben, von denen keine eine ausgezeichnete Stellung einnimmt. BRENTANO, der zwar ein Anhänger der Mehrheitslehre in dem Sinne ist, daß er einfache und zusammengesetzte Farben unterscheidet, glaubt doch das Grün nicht als „Grundfarbe" gelten lassen zu können. Dabei beruft er sich einerseits auf die eigene Beobachtung, die deutlich zeige, daß das phänomenale Grün aus Blau und Gelb zusammengesetzt sei, andererseits auf das Urteil der von ihm befragten Maler, die alle darin übereinstimmen, daß man aus dem Grün das Blau und Gelb heraussehe und daß es gerade so in der Mitte zwischen diesen beiden Farben stehe, wie das Violett zwischen dem Rot und Blau. Außerdem lasse sich der zusammengesetzte Charakter des Grün auch aus gewissen Erfahrungen bei der Lichtmischung und aus Beobachtungen an Nachbildern erschließen. So erhalte man z. B. bei Mischung von blauem und gelbem Licht, von denen jedes nicht den leisesten Stich ins Grüne zeigt, sondern eher etwas rötlich ist, kein reines Grau oder ein Grau mit rötlichem Stich, sondern ein Grau, das deutlich ins Grüne spielt. Daher könne der grüne Stich „nicht wohl anders denn als ein Blaugelb begriffen

scheiden sich auch dadurch von den übrigen, daß sie niemals ihren Ton, sondern nur ihre Sättigung ändern, wenn das betreffende Netzhautbild vom Zentrum gegen die Peripherie hin wandert.

In der Streitfrage, ob es nur einfache oder auch zusammengesetzte Farbenempfindungen gebe, muß vor allem das Urteil aller Unbefangenen, die weder von Farbenmischungen, noch überhaupt von der physikalischen Entstehung der Farben etwas wissen, herangezogen werden, und dem unbefangenen Beobachter fällt der erwähnte Unterschied zweifellos auf. Es tritt dies in Ausdrücken wie „ein Rot mit einem Stich ins Blaue oder Gelbe", „ein gelbliches oder bläuliches Grün" u. dgl. in Erscheinung; ebenso spricht zugunsten der Mehrheitslehre, wenn der Sprachgebrauch für die Mischfarben entweder Doppelbezeichnungen wählt (Gelbgrün, Blaurot) oder Bezeichnungen, die von bekannten Gegenständen hergenommen sind (Orange). Ethymologisch dürften allerdings alle Farbennamen auf Namen von Naturkörpern zurückzuführen sein, welche die betreffenden Farben in besonders ausgezeichnetem Maße zeigen; aber diese Beziehung zu Naturkörpern ist bei den Namen Rot, Gelb, Grün, Blau tatsächlich aus dem Bewußtsein verschwunden, während von Orange und Violett nicht dasselbe gilt.

Jedenfalls darf man sich nur auf den unmittelbaren Eindruck stützen und weder auf Pigmentmischungen noch auf physiologische Mischungen Rücksicht nehmen. Denn in keinem Falle ist der Umstand, daß die Ursache aus mehreren Komponenten besteht, bzw. einfach ist, dafür entscheidend, daß die Empfindung zusammengesetzt oder einfach sein muß, was wir schon daraus ersehen, daß einfache Lichter und Lichter der verschiedensten Zusammensetzung ganz gleiche Empfindungen erzeugen können. Weiß z. B. ist einfach als Empfindung, zusammengesetzt als Licht; Orange ist zusammengesetzt als Empfindung, kann aber als Licht einfach sein. Es liegt also·bei dem häufig gehörten Einwand, daß auch Orange und Violett durch homogene Strahlung erzeugt

---

werden." Ein reines Grau könne nur erreicht werden, wenn man dem blauen und gelben Licht rotes beimischt, durch welches das Blaugelb neutralisiert werde. Demnach würde die einfache Farbe Rot zwei Farben, Blau und Gelb, entgegenwirken. Daß tatsächlich eine solche Doppelbeziehung besteht, werde durch Beobachtungen an Nachbildern wahrscheinlich gemacht. Gelb erzeugt nämlich als Kontrastfarbe nicht reines Blau, sondern Violett, Blau nicht reines Gelb, sondern Orange. Hier reagieren also zwei Farben auf eine, auf Gelb Rot und Blau, auf Blau Gelb und Rot; aus diesem Grunde sei anzunehmen, daß auf die einfache Farbe Rot auch zwei Farben, nämlich Blau und Gelb, reagieren (Untersuchungen zur Sinnespsychologie. Leipzig 1907, S. 3ff. und S. 129ff.). Zur Kritik der Angaben über die unmittelbare Beobachtung siehe KATZ: Die Erscheinungsweise der Farben. Zeitschr. f. Psychol. Ergänzungsb. 7, 1911, S. 360ff. Über die Gesetze der Lichtmischung findet sich Näheres in I. 2, über Nachbilderscheinungen bei dauernder Verstimmung des Auges in II. 1 dieser Abhandlung.

werden und daher nicht zusammengesetzt sein können, eine Verwechslung zwischen Reiz und Empfindung vor, und um diese immer wieder vorkommende Verwechslung zu vermeiden, wird es gut sein, den Reiz als Licht, die Empfindung als Farbe zu bezeichnen.

Doch ein viel beachtenswerteres Bedenken als der Einwand, daß auch die sogenannten zusammengesetzten Farben durch homogene Strahlung hervorgerufen werden können, ist wiederholt gegen die „Mischfarben" geltend gemacht worden. Man könne doch nicht sagen, daß man, wenn man Orange sieht, Gelb und Rot gleichzeitig an einem und demselben Orte sehe,[1] so wie man etwa c und g in einer simultan erklingenden Quinte gleichzeitig hört. So hat besonders STUMPF darauf hingewiesen, daß Grundfarben doch nicht in demselben Sinne in der Mischfarbe gesehen werden, wie Töne in einem Klange gehört werden.[2]

HERING hat daher später den irreführenden Ausdruck „Mischfarben" durch den harmloseren „Zwischenfarben" ersetzt[3] und auch die vier ausgezeichneten Punkte im Farbenzirkel in einer unverfänglicheren Weise charakterisiert, als das sonst von den Anhängern der Mischqualitäten zu geschehen pflegt. Man könne, meint er, den gesamten Farbenzirkel in eine rotwertige und in eine grünwertige Hälfte zerlegt denken. Den Grenzpunkten, an denen die beiden Hälften zusammenstoßen, kommt weder Rötlichkeit noch Grünlichkeit zu. In ähnlicher Weise könne man den Farbenzirkel zerlegen in eine Hälfte, die durch die gemeinsame Eigenschaft der Gelblichkeit und in eine andere, die durch die gemeinsame Eigenschaft der Bläulichkeit gekennzeichnet ist. Die so entstehenden neuen zwei Grenzpunkte, die notwendig innerhalb der beiden früher erwähnten Hälften liegen müssen, sind weder gelb noch blau. Vier Punkte innerhalb des Farbenzirkels sind somit dadurch ausgezeichnet, daß ihnen eine der vier Eigenschaften: Rötlichkeit, Gelblichkeit, Grünlichkeit oder Bläulichkeit allein zukommt, während die dazwischen liegenden Empfindungen durch die Ähnlichkeit mit den zwei Farben, die ihren Quadranten begrenzen, charakterisiert sind. So erinnert z. B. das Orange zugleich an Gelb und an Rot, das Violett zugleich an Rot und an Blau.[4]

---

[1] Nach BRENTANO sehen wir allerdings im Orange Rot und Gelb, im Violett Blau und Rot gleichzeitig, aber nicht genau an derselben Stelle des Gesichtsfeldes. Sie müssen nach seiner Meinung in unmerklich kleinen Teilen mosaikartig nebeneinander geordnet sein, da es nicht möglich ist, zwei Farben gleichzeitig an demselben Ort zu sehen (a. a. O. S. 51ff.).

[2] Tonpsychologie. Leipzig 1890. II. S. 79 und: Binaurale Tonmischung. Zeitschr. f. Psychol. Bd. 75, S. 330ff.

[3] Grundzüge S. 42 u. öfter.

[4] STUMPF glaubt auf Grund dieser veränderten Ausdrucksweise annehmen zu müssen, daß HERING in späterer Zeit zur „Einheitslehre" übergegangen sei. (Die Attribute der Gesichtsempfindungen, S. 10f.) Nach HILLEBRANDS Meinung ist das nicht der Fall. In Übereinstimmung mit

Diese Betrachtung, die nichts von einer rätselhaften Mischqualität enthält, gibt auch Aufschluß über den für HERINGS Farbentheorie so wichtigen Begriff der Gegenfarben. Von den vier ausgezeichneten Farben werden je zwei solche als Gegenfarbenpaare zusammengefaßt, die die Grenzpunkte einer von den beiden oben besprochenen Halbierungen des Farbenzirkels bilden; es sind also Rot und Grün, Blau und Gelb antagonistische oder Gegenfarben. Zu betonen ist den zahlreichen Mißverständnissen gegenüber, daß dieser Begriff aber ein rein deskriptiver ist und noch gar keine hypothetischen Annahmen über die den Gegenfarben zugrunde liegenden Netzhautprozesse enthält. Nach HERING kommt es tatsächlich nicht vor, daß eine Zwischenfarbe gleichzeitig Rot und Grün, bzw. Gelb und Blau als Komponenten enthält. Daher kann man auch sagen: Gegenfarben sind solche, in betreff deren es nie vorkommt, daß eine Zwischenfarbe an beide erinnert.[1]

Aber die Erklärung, die HERING von den „Zwischenfarben" gibt, scheint doch nicht völlig zureichend zu sein. Denn wenn der gemischte Charakter des Orange nur darin bestehen soll, daß es auf der Übergangslinie zwischen Rot und Gelb liegt, also sowohl an Rot wie an Gelb erinnert, so könnte eingewendet werden, wie dies G. E. MÜLLER getan hat, daß doch auch Rot auf der Übergangslinie zwischen Orange und Violett liegt, also an Orange und Violett erinnern müßte, denn „an etwas erinnern, Verwandtsein u. dgl. seien eben wechselseitige Verhältnisse".[2] Warum bezeichnet man dann nicht Rot als Mischfarbe und Orange wie auch Violett als Grund- oder Hauptfarben? Die Ähnlichkeit allein kann also wohl jenen Schein einer Doppelempfindung (der doch jedenfalls besteht und daher zu erklären ist) nicht begründen — sonst müßte

---

HERING vertritt HILLEBRAND die „Mehrheitslehre" in dem oben erörterten Sinne. Danach sind die Grundfarben in den Farbenerscheinungen als „abstrakte Teile" unterscheidbar und treten ihrem Gewichte, d. h. ihrem Anteil am Ganzen entsprechend, hervor. So ist es auch zu verstehen, wenn im folgenden von „Komponenten" einer Empfindung gesprochen wird.

[1] Dies erscheine aber, bemerkt HERING, „von vornherein höchst auffällig.... wir dürfen daraus schließen, daß im inneren Auge ein physiologischer Prozeß, dessen psychisches Korrelat von gleichzeitig deutlicher Röte und Grüne, bzw. Gilbe und Bläue wäre, entweder überhaupt nicht oder nur unter ganz besonderen, ungewöhnlichen Bedingungen möglich ist" (Grundzüge S. 49). Andere Beobachter glaubten allerdings ein Rotgrün wahrnehmen zu können. Mit besonderer Entschiedenheit spricht sich BRENTANO dahin aus (a. a. O. S. 8), aber auch STUMPF ist der Meinung, daß er in gewissen Fällen ein deutliches Rotgrün sehe und weist auch auf die Angaben anderer Beobachter, Dr. v. ALLESCH und Dr. v. HORNBOSTEL hin (Die Attribute d. Gesichtsempfindungen S. 21). Im folgenden wird dargetan werden, wie nach HILLEBRANDS Meinung diese Erscheinung aufzufassen ist.

[2] Zur Psychophysik der Gesichtsempfindungen. Zeitschr. f. Psychol., Bd. 10, S. 58.

es ebenso angängig sein, das Rot als eine Mischempfindung aus Orange und Violett anzusprechen, was aber sicher niemandem einfällt. Es müssen also, scheint es, gewisse Stellen im Farbensystem primär als Bezugspunkte ausgezeichnet sein. Dies wird begreiflich, wenn man, wie G. E. MÜLLER es getan hat, den Richtungsbegriff in das Gebiet der Farbenempfindungen einführt.[1] Die ausgezeichneten Stellen im Farbensystem (die „Grundfarben") wären dann die Stellen diskontinuierlicher Richtungsänderung und damit die gesuchten Bezugspunkte. Unter diesem Gesichtspunkt dürften wir die Farbentöne nicht auf einem Kreis, sondern wir müßten sie auf einem Viereck anordnen. So ansprechend diese Lösung ist, die sich auch STUMPF zu eigen macht,[2] würde sie doch wohl eine Voruntersuchung voraussetzen. Die getönten (hier als absolut gesättigt angenommenen) Empfindungen bilden ein eindimensionales Kontinuum — daß sie ein geschlossenes Kontinuum bilden, den sogenannten Farbenzirkel, ist für sich kein Beweis gegen die Eindimensionalität; es müßte untersucht werden, ob der Begriff der Richtungsänderung (und damit auch der diskontinuierlichen Richtungsänderung) auf ein Kontinuum von einer Dimension überhaupt anwendbar ist.

Wir wollen daher diese Frage offen lassen und die Anordnung der Farbentöne auf einem Kreis beibehalten.

Die bei weitem häufigste Ursache der Farbenempfindungen besteht in objektiven Lichtstrahlen, doch können Farbenempfindungen auch durch Druck oder durch elektrischen Reiz erzeugt werden. Der Reiz durch Lichtstrahlen wird gewöhnlich als der adäquate Reiz bezeichnet, und zwar kann das Licht als direkte Veranlassung der Farbenempfindungen auftreten oder es kann indirekt Farbenempfindungen hervorbringen. Alle Farbenempfindungen werden durch Lichter hervorgerufen, deren Wellenlängen in dem Intervall von 800 bis 400 $\mu\mu$ liegen. Genauere Bestimmungen (BIEDERMANN und SINGER) ergaben: Urrot $\lambda = 760\ \mu\mu$, Urgelb $\lambda = 577\ \mu\mu$, Urgrün $\lambda = 501\ \mu\mu$, Urblau $\lambda = 477\ \mu\mu$, Violett $\lambda = 390\ \mu\mu$. Diese Zahlenangaben sind aber ziemlich belanglos, erstens weil es sehr von den Versuchsumständen abhängt, wie weit man das Spektrum verfolgen kann (Intensität, Abblendung des Lichtes, Stimmung des Sehorgans), dann aber, weil sich in der Länge des sichtbaren Spektrums sehr beträchtliche individuelle Verschiedenheiten zeigen. Wenn wir Normalsichtige daraufhin untersuchen, wo sie z. B. ihr reines Grün haben, so bemerkt man, daß es an sehr verschiedenen Stellen liegen kann. Es ist eine ziemlich große Schwankungsbreite vorhanden. So kann ein Licht von 500 $\mu\mu$ dem einen rein grün erscheinen, einem andern mit einem Stich ins Gelbe, einem dritten mit einem Stich ins Blaue. Man

---

[1] A. a. O. § 11.
[2] A. a. O. S. 15.

unterscheidet, je nachdem, ob die blauwertige oder die gelbwertige Hälfte überwiegt, die Typen der Blausichtigen und Gelbsichtigen.

Wenn wir uns die Gesamtheit aller vollkommen gesättigten Farbentöne auf der Peripherie eines Kreises angeordnet denken und im Zentrum des Kreises reines Weiß annehmen, so liegen auf den Radien alle Empfindungen, die den betreffenden, auf der Peripherie liegenden Farbenton gemeinsam haben; sie werden gegen das Zentrum hin immer weißlicher. Zweifellos können wir genau dieselbe Überlegung machen mit dem Unterschied, daß wir in das Zentrum das reine Schwarz oder irgend eine Grauempfindung verlegen. Auf diese Weise bekämen wir ein Kontinuum von Kreisflächen d. h. einen Zylinder, dessen Achse gebildet würde durch die Schwarz-Weiß-Reihe und auf dessen Mantel sich die absolut gesättigten Farben befänden (Abb. 2). Eine derartige räumliche Darstellung würde die Gesamtheit unserer Farbenempfindungen repräsentieren; allerdings ist dieses System umfassender als die Mannigfaltigkeit unserer tatsächlichen Farbenempfindungen, weil es, wie schon erwähnt, absolut gesättigte Farben in Wirklichkeit nicht gibt.

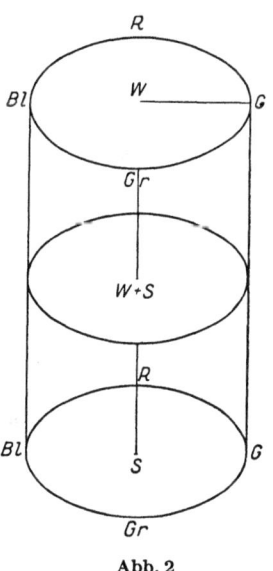

Abb. 2

Man pflegt solche flächenhafte oder räumliche Darstellungen unseres ganzen Systems von Farbenempfindungen als Farbentafeln bzw. Farbenkörper zu bezeichnen. Derartige Abbildungen sind wiederholt versucht worden, so zuerst von NEWTON,[1] dann von LAMBERT,[2] später von RUNGE,[3] in neuerer Zeit von MAXWELL[4] und HELMHOLTZ.[5] Da aber die Prinzipien und auch die Ziele bei diesen Untersuchungen sehr verschieden waren, so sind einige erklärende Worte über die Absichten vorauszuschicken, die man haben kann, wenn man die Farbenempfindungen in ein räumliches System bringt, denn je nach den Absichten, die man verfolgt, kann unter „Farbenkörper" etwas ganz Verschiedenes verstanden werden.

Man kann sich die Aufgabe stellen, alle Lichter, d. h. alle physikalischen Ursachen unserer Farbenempfindungen in ein System zu bringen und dieses System räumlich abzubilden. Das wäre eine rein

---

[1] Optik, Lib. I, Pars II, propos. VI.
[2] Beschreibung einer Farbenpyramide. Berlin 1772.
[3] Farbenkugel, Hamburg 1810.
[4] Experiments on Colours.... Scientif. papers, Bd. 1, 1854.
[5] Handb. d. physiol. Optik. 2. Aufl. S. 325ff. (Im folgenden zitiert: Physiol. Optik.)

physikalische Angelegenheit. Bei dieser Anordnung würde man sich gar nicht darum kümmern, ob in ihr Elemente vorkommen, die ganz denselben Empfindungseffekt haben: physikalischer Farbenkörper.

Man kann aber an die Konstruktion eines sogenannten Farbenkörpers auch mit der Absicht gehen, eine vollkommene Übersicht über die physiologischen Reizwerte (Valenzen) zu geben. Unter Valenz ist die Fähigkeit eines Lichtes zu verstehen, auf der Flächeneinheit der Netzhaut eine photochemische Änderung von bestimmter Größe und Qualität hervorzubringen. Diesfalls würden alle Lichter oder Lichtgemische, welche denselben physiologischen Reizwert haben, nicht verschiedenen Punkten des Farbenkörpers, sondern nur einem einzigen Punkt entsprechen. Wir hätten es dann mit einem Valenzkörper zu tun oder, was dasselbe ist, mit einem physiologischen Farbenkörper. In diesem physiologischen Farbenkörper würde z. B. gar nichts vorkommen, was der Empfindung Schwarz entspricht, und daher würden denjenigen Empfindungen, in welchen die Komponente „Schwarz" enthalten ist, keine besonderen Punkte im physiologischen Farbenkörper zuzuordnen sein, denn dem Schwarz entspricht ja kein Reiz. Wir werden später sehen, daß die Farbentafeln von Maxwell und Helmholtz in diesem Sinne als physiologische Farbentafeln aufzufassen sind.

Man kann sich schließlich auch die Aufgabe stellen, bloß auf Grund der deskriptiven Momente in den Farbenempfindungen selbst eine räumliche Abbildung des ganzen Farbensystems zu versuchen; dabei wird man weder die physikalischen Eigenschaften der Lichter berücksichtigen, noch auch ihre physiologischen Reizwerte, kurz, man wird sich nicht um die Lichter, sondern im strengsten Sinne nur um die Farben zu kümmern haben. Für die gleichen Empfindungen wären die gleichen Punkte anzusetzen. Man würde das einen psychologischen Farbenkörper nennen dürfen. Unser Zylinder ist ein Farbenkörper dieser Art. An einen solchen Farbenkörper kann man nun verschieden strenge Anforderungen stellen. Entweder soll er nur die Aufgabe erfüllen, daß jede Farbenempfindung durch einen Punkt repräsentiert wird — unser Farbenzylinder tut nicht einmal das, denn jede einzelne der absolut gesättigten Farben nimmt eine ganze (und zwar achsenparallele) Gerade ein; oder er soll im eigentlichen Sinne eine Abbildung sein. Dazu ist nötig:

1. daß einer stetigen Reihe von Farbenempfindungen auch eine stetige Reihe von Punkten entspricht;

2. daß, wenn zwischen zwei Farbenpaaren die Distanzen als gleich beurteilt werden, auch die Distanzen zwischen den entsprechenden Punktpaaren gleich sind;

3. daß, wenn eine Reihe von Farbenempfindungen durch Übergang von einer und derselben Richtung entsteht, die ihr entsprechenden

Punkte des Farbenkörpers in einer Geraden liegen.[1] Eine Richtungsänderung wäre z. B. gegeben, wenn ich ein Rot so ändern würde, daß es fortwährend an Sättigung abnimmt, sich z. B. dem Schwarz nähert, von einem bestimmten Moment an aber eine Blaukomponente aufnimmt und ins Violett übergeht.

Von vornherein kann man aber, wie ZINDLER mit Recht betont,[2] nicht wissen, ob eine räumliche Abbildung des Farbensystems, die den genannten strengen Anforderungen entspricht, überhaupt möglich ist. Es ist recht wohl denkbar, daß die Relationen, welche innerhalb des Systems der Farbenempfindungen bestehen, das Raumgebilde, welches sie repräsentieren sollen, überbestimmen. Wenn das der Fall ist, wäre eine Abbildung im strengen Sinne des Wortes überhaupt nicht möglich. Man kann dann nichts anderes tun, als weniger strenge Anforderungen an die Abbildung stellen, wie dies bei unserem Farbenzylinder geschehen ist.[3] Mit Ausnahme der sechs Grundfarben (W, S, R, G, Gr, Bl) läßt sich jede im Farbenzylinder vorkommende Farbe phänomenal aus mehreren Komponenten zusammengesetzt denken, und zwar wird sich im allgemeinen jede Farbe darstellen lassen als quaternäre Mischempfindung:

$$G + R + (S + W)$$
$$R + Bl + (S + W)$$
$$Bl + Gr + (S + W)$$
$$Gr + G + (S + W)$$

In besonderen Fällen wird sich diese vierfache Ähnlichkeitsbeziehung auf eine drei- oder auch zweifache reduzieren. Die Grundfarben lassen sich natürlich nicht weiter charakterisieren, man kann sie nur aufzeigen. Die Mischempfindungen aber müssen sich durch ihre Beziehung zu den Grundfarben charakterisieren lassen, und zwar nicht nur qualitativ durch Angabe der Grundfarben, zwischen denen die betreffende Mischfarbe steht, sondern auch quantitativ durch die Angabe der Stelle, die ihr in diesem Zwischengebiet zukommt. Wir wollen an dem Beispiel eines bestimmten Grau erörtern, wie man diese quantitative Charakteristik zahlenmäßig vollziehen kann. Grau ist ja eine Mischempfindung, d. h. es hat eine Ähnlichkeitsbeziehung zu Weiß und zu Schwarz und was über seine quantitative Charakteristik gesagt werden kann, läßt sich auf jede andere Mischqualität übertragen.

Zahlenmäßige Charakterisierung einer Mischempfindung (z. B. Grau) auf rein deskriptiver (phänomenologischer) Grund-

---

[1] ZINDLER: Über räumliche Abbildungen des Kontinuums der Farbenempfindungen und seine mathematische Behandlung. Zeitschr. f. Psychol. u. Physiol. d. Sinnesorgane. Bd. 20, 1899, S. 228.

[2] A. a. O. S. 228.

[3] Die Frage, ob eine Abbildung im strengen Sinne möglich ist, kann hier nicht entschieden werden.

lage. Wenn man sich Mischempfindungen dadurch erreicht denkt, daß man von der einen isolierten Komponente zur anderen übergeht, so kann man jede einzelne Mischempfindung durch den relativen Ähnlichkeitsgrad gegenüber den isolierten Komponenten charakterisieren und sie graphisch dadurch darstellen, daß man die beiden Komponenten durch zwei Punkte abbildet und die Mischqualität in einen Punkt der Verbindungslinie verlegt, dessen Abstände von den Grenzpunkten so gewählt werden müssen, daß sie den relativen Ähnlichkeitsgraden umgekehrt proportional sind (umgekehrt, weil der Abstand um so geringer ist, je größer die Ähnlichkeit).

Ist D (Abb. 3) ein bestimmtes Grau, so ist seine Weißähnlichkeit charakterisiert durch das Verhältnis $\frac{DS}{DW} = 2$. Durch fortgesetzte Halbierung des Abstandes WS kann man beliebig vielen Graunuancen Punkte der Geraden WS angenähert zuordnen. So kann man durch subjektive Mittenfindung einen subjektiven Maßstab konstrüieren, eine Grauskala, die aber natürlich mit den Reizen gar nichts zu tun hat.

Abb. 3

Die ganze messende Psychophysik beruht darauf, daß man Abstände in gleiche Teile teilen kann. Jeder Graupunkt ist dem W um so ähnlicher, je kleiner DW im Verhältnis zu DS ist. Seine Schwarzähnlichkeit wäre dann durch den reziproken Wert $\frac{DW}{DS}$ charakterisiert, hier $= \frac{1}{2}$. Ein ganz äquivalentes Verfahren wäre es, wenn man den Abstand WD oder SD auf die Größe der ganzen Abstandslinie WS beziehen würde. Dann wäre die Weißlichkeit der Empfindung D definiert durch $\frac{DS}{WS} = \frac{2}{3}$, die Schwärzlichkeit durch $\frac{WD}{WS} = \frac{1}{3}$. In dieser Art von Maßbestimmung liegt noch gar keine Hypothese. Anders ist es, wenn man sich die Grauempfindung durch zwei Erregungsvorgänge zustande gekommen denkt, von denen der eine isoliert die Empfindung W, der andere isoliert die Empfindung S erzeugen würde. Dann kann man diesen hypothetischen Erregungsvorgang auch in ein Größenverhältnis setzen, das aber natürlich den Ähnlichkeitsgraden direkt proportional sein muß und daher den Abständen verkehrt proportional. Man kann dann folgende graphische Darstellung wählen: hier bezeichnet w_0 die Erregungsgröße des isolierten W, s_0 die Erregungsgröße des isolierten S, w und s die Erregungsgrößen der beiden Komponenten in einem gegebenen Grau D (Abb. 4). Es ist dann $\frac{w}{s} = \frac{DS}{DW} = 2 \quad \frac{s}{w} = \frac{DW}{DS} = \frac{1}{2}$.

Aber auch hier kann man die Weißlichkeit durch das Verhältnis der Weißerregung zur Gesamterregung definieren $\frac{w}{w+s} = \frac{2}{3}$, die Schwärzlichkeit durch das Verhältnis der S-Erregung zur Gesamterregung $\frac{s}{w+s} = \frac{1}{3}$. So lange es sich nur um farblose Erregungen (aus der Graureihe) handelt, ist es gleichgültig, für welchen Ausdruck man sich entscheidet. Wenn aber gleichzeitig auch farbige Erregungen hinzu kommen, so handelt es sich nicht bloß um das Verhältnis $\frac{w}{s}$, sondern auch darum, wie groß die gesamte farblose (graue) Erregungskomponente relativ zur farbigen ist. Man muß also dann einen Ausdruck einführen, in welchem die Summe $(w + s)$ vorkommt. Wir werden daher mit HERING bei den Bezeichnungen $\frac{w}{w+s}$ und $\frac{s}{w+s}$ bleiben.

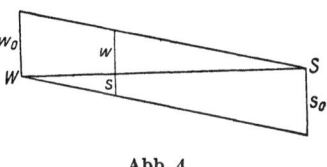

Abb. 4

Die Auffassung des Grau als eine Empfindung, die durch das Zusammenwirken zweier Komponenten entsteht, hat eine interessante Konsequenz: sie läßt nicht zu, die Graureihe als eine Intensitätsreihe aufzufassen, was HERING ja auch wirklich abgelehnt hat. Eine Intensitätsreihe hat nämlich prinzipiell keine obere Grenze (ein Ton kann immer noch intensiver werden, als er es ist, solange man das Organ nicht zerstört); aber eine Reihe, die durch Mischung zweier Komponenten in verschiedenem Verhältnis gebildet wird, hat prinzipielle Grenzen; sie sind dann erreicht, wenn die eine Komponente null wird.

Aus der Komponententheorie läßt sich aber noch eine zweite wichtige Konsequenz ableiten, nämlich hinsichtlich der Frage, wie bei farblosem Licht die Weißlichkeit, also das Verhältnis der W-Erregung zur Gesamterregung mit der objektiven Lichtstärke zunimmt. Und da hier die Helligkeit der Weißlichkeit parallel läuft — wovon später noch ausführlicher die Rede sein soll —, so fällt die obige Frage zusammen mit derjenigen, wie bei farblosen Empfindungen die Helligkeit mit der objektiven Lichtstärke zunimmt.[1]

Machen wir, um die Darstellung möglichst einfach zu gestalten, die Annahme, daß die Schwarzerregung konstant bleibt und die weitere Annahme, daß die Weißerregung proportional mit der Lichtstärke wächst, die von null an um gleiche Beträge zunimmt; ferner, daß der Adaptationszustand konstant bleibt — Annahmen, die aber gar nicht zuzutreffen brauchen. Die Größe des W- und S-Prozesses vor dem Reizeintritt wollen wir je $= 1$ setzen, somit die Weißlichkeit (Helligkeit) des Eigenlichtes der Netzhaut $= \frac{1}{2}$. Wenn jeder objektive Lichtreiz durch längere Zeit (mindestens eine Stunde) fehlt, so empfinden wir nämlich nicht Schwarz, sondern ein gewisses Grau, das sogenannte Eigenlicht der Netzhaut (Lichtnebel). Lassen wir nun die Lichtstärke in gleichen Stufen von einer

---

[1] Vgl. Grundzüge § 21.

solchen Größe wachsen, daß der Weißprozeß immer um den Betrag 1 wächst, so bekommen wir für die Weißlichkeit, bzw. Helligkeit der Graunuancen die Werte: $\frac{1}{2}, \frac{2}{3}, \frac{3}{4}, \frac{4}{5}\ldots$ oder 0,50, 0,67, 0,75, 0,80 .... (Abb. 5). Die Differenzen der Weißlichkeit (Helligkeit) nehmen also bei gleichen Differenzen der Lichtstärke fortwährend ab. Die graphische Darstellung zeigt ein Stück des Zweiges einer gleichseitigen Hyperbel, die einer zur Abszissenachse parallelen Geraden asymptotisch zustrebt (Abb. 6). Man ersieht aus ihr, daß die Weißlichkeit (Helligkeit) anfangs schneller, dann immer langsamer mit der Lichtstärke wächst und sich schließlich asymptotisch der maximalen Helligkeit, dem reinen Weiß (der Geraden WW) nähert.

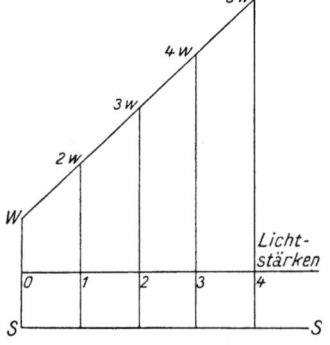
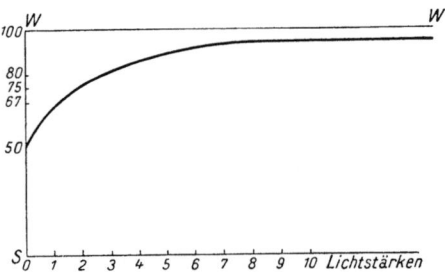

Abb. 5. Abhängigkeitsverhältnis zwischen Lichtstärke und Weißlichkeit (nach HERING)

Abb. 6. Graphische Darstellung der Beziehung zwischen Lichtstärke und Weißlichkeit (Helligkeit) nach HERING

Aus dieser Ableitung folgt auch die Unrichtigkeit des WEBER-FECHNERschen Satzes, daß einem gleichen relativen Reizzuwachs ein gleicher Empfindungszuwachs entspricht,[1] was besagen würde, daß die Beziehung zwischen Weißlichkeit (Helligkeit) und Lichtstärke durch eine Gerade darzustellen wäre. Doch gilt das FECHNERsche Gesetz innerhalb eines gewissen Gebietes, wie sich ebenfalls aus Abb. 6 ersehen läßt, mit großer Annäherung.[2]

Die Helligkeit. Der Begriff ist nur durch Hinweis auf die Erfahrung klar zu machen. In der Schwarz-Weiß-Reihe haben wir alle Helligkeitsstufen gegeben, die überhaupt vorkommen; sie ist aber weder als Reihe von bloßen Helligkeitsunterschieden, noch als Reihe von Qualitätsunterschieden allein aufzufassen, sondern als eine Reihe von Qualitäten, die Helligkeit haben, aber nicht Helligkeiten sind. Daß jedoch hier die Helligkeitsunterschiede den Qualitätsunterschieden parallel laufen, wurde schon erwähnt. Jede beliebige Farbenempfindung (im engeren Sinn)

---

[1] Elemente der Psychophysik. 2. Aufl. I. S. 134.
[2] Vgl. HILLEBRAND. E. HERING S. 15ff.

kann in bezug auf ihre Helligkeit einer Stelle der Schwarz-Weiß-Reihe gleichgesetzt werden.[1]

Wiederholt ist nun die Frage aufgeworfen worden, ob die elementare Differenz, die wir Helligkeit nennen, nicht mit demselben Recht als Intensität bezeichnet werden dürfte. Man könnte geneigt sein, dies als bloßen Streit um Worte aufzufassen, aber es handelt sich durchaus nicht nur um eine nomenklatorische Angelegenheit. Überall nämlich, wo Intensität vorhanden ist, führt die allmähliche Abnahme derselben zum völligen Verschwinden des spezifischen Phänomens, dem sie zukommt — wenn die Intensität einer Ton- oder einer Druckempfindung null wird, ist weder eine Ton- noch eine Druckempfindung mehr da.[2] Bezeichnet man die Helligkeit als Intensität, so schließt also dieser Ausdruck die Behauptung ein, hell — dunkel sei ein Analogon zu laut — still. Dort, wo absolutes Schwarz gegeben ist, müßte daher die Intensität null gegeben sein. Schwarz ist aber durchaus kein bloßer Mangel, also kein Analogon der Stille, sondern eine positive Empfindung. Bereits HELMHOLTZ hat darauf hingewiesen, daß ein großer Unterschied besteht zwischen der Empfindung, die ein Fleck unseres Gesichtsfeldes, von welchem kein Licht in unser Auge fällt, erzeugt und dem Mangel an Empfindung für die Objekte hinter unserem Rücken.[3] Es geht also der Empfindungsvariablen, mit der wir uns jetzt beschäftigen, die charakteristische Eigenschaft ab, die überall zu finden ist, wo wir sonst von „Intensität" sprechen. Aber wenn auch die Intensität kein Synonymon der Helligkeit ist, so läuft sie vielleicht doch der Strahlungsenergie der einzelnen Lichter, die man mit Recht als Intensität bezeichnen kann, parallel? Auch das ist nicht der Fall. Wenn ich von einem Spektrum die Strahlungsenergie der einzelnen homogenen Lichter dadurch bestimmen würde, daß ich sie von einem absolut schwarzen Körper absorbieren lasse und die dadurch entstehende Erwärmung durch ihr mechanisches Äqui-

---

[1] Praktisch ist dieses Gleichsetzen allerdings nicht so einfach. Es gibt verschiedene Methoden, die auf indirektem Wege diese Aufgabe lösen wollen. Man hat das hiebei eingeschlagene Verfahren als heterochrome Photometrie bezeichnet. Siehe KAYSER: Handb. d. Spektroskopie, Bd. 3.

[2] STUMPF hält allerdings dieses Kriterium nicht für fähig, die Intensität zu definieren, da die Umkehrbarkeit fehle: auch die räumliche Ausdehnung bringe das Phänomen zum Schwinden, wenn sie null werde (a. a. O. S. 41). Nach HILLEBRAND ist dieses, von TITCHENER für die zeitliche Ausdehnung im selben Sinne verwertete Argument nicht zwingend, weil es εἰς ἄλλο γένοσ führe. Offenbar schwebt ihm dabei vor, daß die räumliche Ausdehnung den Variablen der Qualität nicht koordiniert werden dürfe.

[3] „Das Schwarz ist eine wirkliche Empfindung, wenn es auch durch Abwesenheit des Lichtes hervorgebracht wird. Wir unterscheiden die Empfindung des Schwarz deutlich von dem Mangel aller Empfindung.... Die Objekte hinter unserem Rücken.... erscheinen uns nicht schwarz, sondern für sie mangelt alle Empfindung." Physiol. Optik, S. 281.

valent ausdrücke, so würde ich eine Energiekurve erhalten, die eine ganz andere ist als die Helligkeitskurve, die ich etwa photometrisch bestimme. Das ersieht man am besten daraus, daß für alle unsere terrestrischen Lichtquellen das Energiemaximum überhaupt nicht im sichtbaren Teil des Spektrums liegt, sondern jenseits des weniger brechbaren Endes. Es ist auch ganz verständlich, daß zwischen Energieverteilung und Helligkeitsverteilung keineswegs Parallelismus bestehen muß. Auf dem Wege von der physikalischen Strahlung bis zur Empfindung liegt ja ein photochemischer Prozeß, nämlich in der lichtempfindlichen Schichte der Netzhaut. Dieser Prozeß besteht darin, daß strahlende Energie verlorengeht und chemische Energie auftritt, daß also Energie ihre Form verändert, ebenso wie ein Teil der Strahlungsenergie, die von der Sonne ausgeht, wenn sie auf das Blatt einer Pflanze trifft, dort zum chemischen Prozeß der Chlorophyllbildung verwendet wird und nicht ausschließlich zur Erwärmung des Blattes. Dieser Energieumsatz in der Netzhaut wird die verschiedenen Wellenlängen, die im Spektrum vorhanden sind, in sehr verschiedenem Maße treffen können, d. h. Licht von der Wellenlänge λ_1 wird mit einer anderen Quote seines Energiebetrages chemisch verwendet als Licht von der Wellenlänge λ_2. Und das heißt wieder: wenn die Strahlungsenergie des Sonnenlichtes für alle Wellenlängen dieselbe wäre, so würde die chemische Energie, die durch den besprochenen Umsatz entsteht, für die verschiedenen Wellenlängen eine sehr verschiedene sein: der geraden Linie auf der einen Seite entspricht eine Kurve auf der andern; und zwar wird die Gestalt dieser Kurve ganz abhängen von der Natur der lichtempfindlichen Substanz, geradeso wie die verschiedenen in der Photographie verwendeten lichtempfindlichen Platten, Papiere, Films u. dgl. ein und dasselbe objektive Phänomen in sehr verschiedenen Helligkeitsverteilungen wiedergeben. Nehmen wir also an, daß die Helligkeit, wie wir sie empfinden, der chemischen Energie in der lichtempfindlichen Substanz proportional ist, so folgt, daß die Helligkeitsverteilung in einem beliebigen Spektrum nicht bestimmt werden kann, wenn man bloß die Verteilung der Strahlungsenergie kennt.

Würde ich nun ein homogenes Licht von Rot aus allmählich durch alle Wellenlängen des Orange in Gelb überführen und dabei bemerken, daß die Helligkeitskurve nicht parallel der Energiekurve verläuft, sondern daß sie z. B. immer steiler ansteigt, so könnte ich dieser rein physiologischen Tatsache den Ausdruck geben: der Gelbkomponente kommt eine größere Helligkeit zu als der Rotkomponente. Es hat also einen Sinn, bei einer zusammengesetzten Farbenempfindung (ob das Licht zusammengesetzt ist oder nicht, spielt keine Rolle) die Helligkeit, mit der sie auftritt, als eine Resultierende der Helligkeiten ihrer Komponenten aufzufassen. Es hat das nicht nur einen guten Sinn, sondern erleichtert auch die Beschreibung mancher Tatsachen. Hier nur ein Beispiel dafür. Da es absolut gesättigte Farben nicht gibt, so muß man jede tatsächlich vorkommende Farbenempfindung so auffassen, als ob sie zwischen einer absolut gesättigten und einer farblosen Empfindung gelegen, aus ihnen „zusammengesetzt" sei; sie liegt also zwischen irgend einem Punkt der Zylinderachse und einem Punkt der dazugehörigen Kreislinie des Mantels (vgl. Abb. 2). Die Helligkeit, welche eine solche Farbenempfindung hat, kann ich dann physiologisch immer als Resultierende der Helligkeiten ihrer Komponenten auffassen. Denke ich mir also jede Farbenempfindung bestehend aus der absolut gesättigten Komponente F, aus absolutem Weiß W und absolutem Schwarz S, so ist der relative Anteil der Komponenten F und W das Bestimmende für die Helligkeit des Gesamteindrucks; die Werte der drei Komponenten müßte ich mir dann als echte Brüche vorstellen, die sich zu 1 ergänzen, oder was dasselbe ist, ich müßte sie in Prozenten angeben. Wenn man also zwei Töne des Spektrums miteinander auf Helligkeit vergleicht, so ist damit noch kein Vergleich der den farbigen Komponenten als solchen zukommenden Helligkeiten gegeben, es spielt vielmehr jedenfalls die gleichzeitig vorhandene Weiß- oder Schwarzempfindung ihre erhellende, respektive verdunkelnde Rolle. Eben dieser Umstand macht, daß wir von der Reihe der absolut gesättigten Farben nicht unmittelbar (wie bei der Schwarz-Weiß-Reihe) entscheiden können, ob sie eine qualitative Reihe mit konstanter Helligkeit ist oder ob auch die Helligkeit variiert und wie sie variiert.

Anmerkung der Herausgeberin

Es ist Hillebrand gelungen, die von Hering vermutungsweise ausgesprochene Ansicht, daß den absolut gesättigten Farben „spezifische", d. h. unveränderlich mitgegebene Helligkeiten zukommen,[1] exakt zu beweisen. Die Ergebnisse seiner experimentellen Untersuchungen sind in der Abhandlung „Über die spezifische Helligkeit der Farben" dargelegt; später hat Hillebrand diese Ergebnisse gegen Angriffe F. Exners[2] verteidigt.[3]

Da uns absolut gesättigte Farben nicht gegeben sind, muß die Unter-

---

[1] *„Ich hatte ursprünglich angenommen, daß alle Farbenempfindungen, wenn wir sie ganz rein, d. h. frei von jeder Beimischung der Weiß- und Schwarzempfindung, haben könnten, gleich hell sein müßten. Als ich jedoch im Jahre 1882 an die messende Untersuchung der Weißvalenz farbiger Pigment- und Spektrallichter ging, überzeugte ich mich bald, daß diese Annahme irrig gewesen"* (Pflügers Arch., Bd. 40, 1887, S. 19). *Vor Hering hat schon Marty die Meinung ausgesprochen, daß den absolut gesättigten Farben verschiedene Helligkeiten zukommen.* (Die Frage nach d. geschichtl. Entwicklung d. Farbensinnes. Wien 1879, S. 119 ff.).

[2] *Einige Versuche und Bemerkungen zur Farbenlehre*, Wien, Sitzungsber. d. mathem. naturw. Kl., Bd. 127, Heft 9, 1918, und: *Zur Kenntnis d. Purkinjeschen Phänomens*, ebenda, 128, Heft 1, 1919.

[3] *Purkinjesches Phänomen und Eigenhelligkeit*, und: *Grundsätzliches zur Theorie der Farbenempfindungen*.

suchung einen indirekten Weg gehen. Es zeigte sich, daß, wenn man die Weißvalenz, d. h. den weißwirkenden Reizwert verschiedenfarbiger Lichter konstant erhält, die Helligkeit sich je nach dem Ton der Farbe in verschiedenem Sinne ändert.

Man kann die farbige Komponente eines Pigmentpapieres (z. B. Blau) dadurch für das eine Auge zum Schwinden bringen, daß man dieses Auge durch eine Binde längere Zeit vor jedem Lichteintritt schützt. Man sieht dann mit diesem Auge, das man dunkeladaptiert nennt, die Farbe als Grau von bestimmter Helligkeit und ist imstande, eine Gleichung mit einem andern Grau herzustellen, das auf dem Farbenkreisel durch Mischung von Weiß und Schwarz erzeugt wird.[1] Nun besagt das Gesetz von der Konstanz der optischen Valenzen, daß zwei physikalisch ungleiche, aber gleich aussehende Lichter hinsichtlich ihrer Reizwerte unter allen Umständen füreinander substituierbar sind, d. h. daß sie, sowohl wenn sie mit andern Lichtern in Kombination treten, wie auch, wenn das Sehorgan irgendwelche Stimmungsänderungen (z. B. durch Adaptation) durchmacht, vollständig füreinander eintreten können.[2] Wenn auch dieser Satz in dem Sinne einzuschränken ist, daß Farbengleichungen bei Änderung der Adaptation nicht durchwegs bestehen bleiben, was später ausführlicher zur Sprache kommen soll, so bleiben sie doch jedenfalls in den hier in Betracht kommenden Fällen bestehen.[3] Es haben also die beiden Lichter, die für das dunkeladaptierte Auge gleich aussehen, auch für das nicht adaptierte Auge, das neben der farblosen auch die farbige Komponente sieht, gleiche Weißvalenz. Der zur Herstellung der Gleichung erforderliche W-Betrag gibt die Weißvalenz des zum Versuch benützten Pigmentpapiers an. Auf solche Art läßt sich die Weißvalenz verschiedener Pigmentpapiere bestimmen und man kann von jeder Farbe Mischungen in verschiedenen Sättigungsgraden mit gleicher Weißvalenz herstellen. So haben z. B. die Mischungen:

$$80\ Bl + 127{,}5\ W + 152{,}5\ S$$
$$120\ Bl + 118\ \ W + 122\ \ S$$
$$280\ Bl + \ \ 80\ W + \ \ 0\ \ S$$

die gleiche Weißvalenz $= 150$, was sich aus der am Farbenkreisel hergestellten Gleichung

$$360\ Bl = 90\ W$$

ergibt, wobei das von den schwarzen Sektoren ausgesandte Licht ($360\ S = 6\ W$) einzurechnen ist. Diese Gemische sehen bei Dunkeladaptation und gänzlicher Farblosigkeit vollständig gleich aus, bei Helladaptation und Sichtbarkeit der farbigen Komponente aber ergeben sich Farbenempfindungen verschiedener Helligkeit, und zwar zeigt sich, daß ein Gemisch um so dunkler

---

[1] Über die Herstellung von Farbengleichungen auf dem Farbenkreisel siehe I. 2, über Adaptation II. 1.
[2] *Hering*: Über *Newtons* Gesetz der Farbenmischung. Lotos 7. S. 34 ff.
[3] Vgl. *Purkinjesches Phänomen und Eigenhelligkeit*. S. 78 ff.

ist, je mehr Blau oder Grün, um so heller, je mehr Rot oder Gelb es enthält. Diese Erscheinung hängt aber aufs engste mit dem Purkinjeschen Phänomen zusammen. Wenn man zwei ursprünglich gleich helle Empfindungen (z. B. Rot und Blau) durch Steigerung der Weißempfindlichkeit in der Richtung nach zwei verschiedenen Stellen der Schwarz-Weiß-Reihe hin ändert, hört die Helligkeitsgleichheit auf, und zwar so, daß das Blau heller, das Rot dunkler erscheint. Daraus kann man mit Recht schließen: wenn die Weißvalenz beider Lichter beim Übergang zur Dunkeladaptation gleich stark gestiegen, die anfänglich gleiche Helligkeit aber ungleich geworden ist, so kann diese Ungleichheit nur darin ihren Grund haben, daß das Zurücktreten der farbigen Erregungskomponente einen verschieden starken Einfluß auf die Helligkeit der beiden Empfindungen ausübt. Kehrt man den Vorgang in der Weise um, daß man, anstatt von einer Helligkeitsgleichung auszugehen und diese durch Adaptationsänderung in eine Ungleichung zu verwandeln, zwei Lichter so wählt, daß sie bei vollständiger Dunkeladaptation gleich hell aussehen, so erscheinen diese dem helladaptierten Auge der Helligkeit nach sehr verschieden. Dabei zeigt sich, daß die roten oder gelben Lichter bei Helladaptation viel heller, die grünen oder blauen viel dunkler sein müssen als das graue Vergleichsfeld. Aus dieser Anordnung geht also hervor, daß relativ zu einem bestimmten Vergleichsgrau der Richtungssinn, in welchem sich die anfängliche Helligkeitsgleichheit ändert, einen Gegensatz zeigt; bei zunehmender Dunkeladaptation nähert sich das rote (und gelbe) Licht dem grauen Vergleichsfeld von oben, das blaue (oder grüne) von unten her, bis sie beide, wenn völlige Farblosigkeit erreicht ist, dem Grau gleich sind. Je gesättigter die Pigmentpapiere sind, desto stärker macht sich die Aufhellung bzw. Verdunkelung bemerkbar. Daraus läßt sich schließen, daß der Grad der Aufhellung bzw. Verdunkelung sein Maximum erreichen würde, wenn auch die Sättigung ihr Maximum erreichte — was man ,,absolute Sättigung" nennt. Diese absolut gesättigten Empfindungen müßten dann notwendig ungleiche Helligkeiten haben, die Farbenpaare Rot und Gelb größere als die Farbenpaare Grün und Blau. Wir haben es also nicht nur bei der Schwarz-Weiß-Reihe, sondern auch bei den Farbenempfindungen im engeren Sinn mit einer qualitativen und zugleich mit einer quantitativen, nämlich einer Helligkeitsreihe, zu tun.

Stumpf hält die Eigenhelligkeit der Farben als ,,rein phänomenale Tatsache", also ohne Bezugnahme auf physiologische Prozesse für gesichert. Und zwar sei Gelb die hellste Farbe, dann folge Rot, dann Grün und schließlich Blau.[1] *Doch kann man nach Hillebrand die ,,Eigenhelligkeit" nicht aufrecht halten, wenn man — wie Stumpf dies tut — die Möglichkeit offen läßt, daß eine Farbenerscheinung bei steigender objektiver Lichtstärke an Helligkeit auch dann zunehmen könnte, wenn die Weißbeimischung*

---

[1] *A. a. O. S. 24 ff.*

ungeändert erhalten bliebe.[1] *Wenn es sich zeigen ließe, daß die Helligkeit vom Farbenton unabhängig variabel ist, so müßte wohl die Lehre von der Eigenhelligkeit aufgegeben werden, doch kommt tatsächlich eine solche isolierte Änderung nicht vor; mit der Veränderung der Helligkeit durch Steigerung der objektiven Lichtstärke ändert sich immer auch die Sättigung, also der Schwarz- oder Weißgehalt der Empfindung.*

Die Sättigung. Die Sättigung kann definiert werden als das Verhältnis der farbigen zur farblosen Komponente einer Empfindung, oder mit anderen Worten: sie ist der reziproke Wert des Abstandes, den eine gegebene Empfindung von einer Empfindung der Graureihe hat.

$$S = \frac{F}{W+S}.$$

Hypothetisch ist sie durch das Verhältnis der Erregungsgröße der farbigen Komponente zur Gesamterregungsgröße definierbar. Die am meisten gesättigten Farben, die uns tatsächlich begegnen, sind die durch Spektrallichter hervorgerufenen. Doch sind auch sie nicht absolut gesättigt, weil sich ihre Sättigung immer noch steigern läßt. Betrachtet man z. B. ein spektrales Rot, nachdem man das Auge zuvor für blaugrünes Licht ermüdet hat, so erscheint dasselbe erheblich gesättigter, als wenn eine solche Ermüdung nicht vorangegangen ist. Und umgekehrt kann man den Eindruck, den eine Spektralfarbe macht, durch Herabminderung der Lichtintensität sehr ungesättigt machen. Die Ansicht, daß Spektralfarben absolut gesättigt seien, geht auf den Fehler zurück, daß man die Sättigung physikalisch zu definieren suchte. So meinte HELMHOLTZ, die Sättigung einer Farbenempfindung hänge ab von der relativen Menge des objektiv beigemischten weißen Lichtes. Wäre dies richtig, so müßte eine durch spektrales Licht erzeugte Empfindung absolut gesättigt sein, denn hier fehlt ja in der Tat alles weiße Licht. Aber die obige Definition ist unhaltbar, und zwar aus zwei Gründen. Es ist zwar ganz richtig, daß reines Weiß (also die isolierte Weißempfindung) nur durch zusammengesetztes Licht erzeugt werden kann; die Folgerung ist aber falsch, daß Weiß als bloße Komponente einer Mischempfindung (z. B. weißliches Gelb) nur durch objektive Beimischung weißen Lichtes erzeugt werden könne und niemals durch homogenes Licht. Am deutlichsten wird dies, wenn man das Auge längere Zeit hindurch ausruhen läßt und es dann mit homogenem Licht reizt; dann werden alle Farbenempfindungen mehr oder weniger weißlich. Auch wenn man die Intensität eines homogenen Lichtes sehr stark steigert, nähert sich die Farbe immer mehr dem Weiß, verliert also an Sättigung. Schwächt man die Intensität eines Lichtes, so wird die Farbe nicht bloß weniger hell, sondern sie nähert sich auch dem Schwarz, wird also ungesättigter.

---

[1] *A. a. O. S. 26.*

Der zweite, prinzipiell noch wichtigere Fehler liegt in folgendem: die Sättigung wird bestimmt durch das Verhältnis zwischen der farbigen und farblosen Komponente der Empfindung. Die farblose Komponente kann dabei Weiß, Schwarz oder jedes beliebige Grau sein. Der eine Teil dieser farblosen Komponente, nämlich das Schwarz, ist aber durch keinen objektiven Reiz bedingt, kann also auch nicht durch die Größe des objektiven Reizes gemessen werden. Infolgedessen ist die Größe des farblosen Anteils der Empfindung durchaus nicht bestimmt durch die Menge des weißen Lichtes, weil diese ja im besten Falle nur die Größe der Weißempfindung bestimmt. Es kann aber eine Empfindung auch dadurch an Sättigung verlieren, daß die Schwarzkomponente größer wird. Man sieht also, daß die Sättigung nicht durch den äußeren Reiz, d. h. durch die Beimischung weißen Lichtes definiert werden kann. Und ebenso verfehlt ist es, den Farbenton der Wellenlänge und die Helligkeit der Lichtintensität zuordnen zu wollen. Die Unrichtigkeit der letzteren Zuordnung ist bereits ausführlich behandelt worden.[1] Daß man den Farbenton am besten durch Änderung der Wellenlänge ändern kann, ist zwar richtig, aber eindeutig ist auch diese Beziehung nicht. Überhaupt sind Farbenton, Helligkeit und Sättigung nicht unabhängig voneinander variabel. Wenn man z. B. eine Farbe durch irgendwelche Mittel heller macht, so ändert sich immer

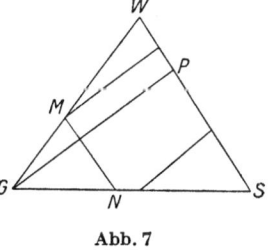

Abb. 7

auch ihr Sättigungsgrad, vielfach auch ihr Farbenton. Die genaueren Verhältnisse sollen an Hand des Farbendreiecks aufgezeigt werden. Da sich zwischen einer bestimmten Farbe (z. B. Gelb) einstetiger Übergang bis zum Weiß, aber auch ein solcher bis zu jedem beliebigen Grau (das Schwarz als Grenzfall mit inbegriffen) herstellen läßt, so bilden die Empfindungen, die den betreffenden Farbenton (z. B. jenes Gelb) gemeinsam haben, ein zweidimensionales Kontinuum und sind daher nur auf einer Fläche abbildbar.[2]

Abb. 7 stellt ein solches Sättigungsgebiet dar. Dabei entsprechen den Eckpunkten Grenzfälle, die tatsächlich nicht realisiert zu sein brauchen. G sei der Ort des absolut gesättigten Gelb, W der Ort des

---

[1] Vgl. S. 15.

[2] Daher muß jede Darstellung unseres Farbensystems verfehlt sein, die diesen Umstand unberücksichtigt läßt, so die LAMBERTsche (Beschreibung einer Farbenpyramide, Berlin 1772), wie auch das Farbenoktaeder von EBBINGHAUS (Grundzüge d. Psychologie, Bd. 1, 3. Aufl., S. 197). Es fehlen hier eine Menge möglicher (und in der Tat vorhandener) Qualitäten. Man braucht nur einen Kegel bzw. eine Pyramide in unsern Farbenzylinder einzuzeichnen, um sich davon zu überzeugen.

reinen Weiß, S der Ort des absoluten Schwarz.[1] Denkt man sich von G aus zu beliebigen Punkten der gegenüberliegenden Seite WS Gerade gezogen (z. B. die Gerade GP), so würde jede derartige Gerade die Empfindungen repräsentieren, die zwischen dem Urgelb und einem bestimmten Grau liegen; es wären das also Linien abnehmender Sättigung. Jede innerhalb des Dreiecks zu WS gezogene Parallele (z. B. MN) würde die Empfindungen gleicher Sättigung darstellen.

Aus dieser rein deskriptiven Übersicht über die sämtlichen Empfindungen, denen ein und derselbe Farbenton gemeinsam ist, läßt sich entnehmen, daß Helligkeit und Sättigung nicht unabhängig voneinander variabel sind. Auf dem Wege von G nach W werden die Helligkeiten größer, auf dem von G nach S kleiner, gleichzeitig aber ändert sich der Sättigungsgrad; und ebenso ändert sich mit der Helligkeit die Sättigung jener Empfindungen, die auf den Geraden liegen, die von G zu irgend einem Punkt der Seite WS führen. Nur eine unter ihnen — es sei GP — ist dadurch ausgezeichnet, daß auf ihr Empfindungen abnehmender Sättigung, aber konstanter Helligkeit liegen. Linien gleicher Helligkeit, aber verschiedener Sättigung stellen auch alle zu GP parallel gezogenen Geraden vor; diese beginnen schon mit einem Gelb von geringerer Sättigung und enden mit irgend einer Grauempfindung.

Auf Linien gleicher Sättigung (Parallelen zu WS) liegen Empfindungen verschiedener Helligkeit. Empfindungen desselben Sättigungsgrades können aber nicht in allen Helligkeitsgraden auftreten, der Bereich der Helligkeit wird durch den Sättigungsgrad bestimmt. Wenn man zu MN eine Parallele sehr nahe dem G zieht, so zeigt ihre geringe Größe den geringen Bereich der variablen Helligkeit an.

Diese zunächst etwas kompliziert erscheinenden Verhältnisse sind ohne weiteres verständlich, wenn man annimmt, daß mit den Qualitäten G, W, S unabänderlich bestimmte Helligkeiten verbunden sind, daß also das quantitative Merkmal der Helligkeit mit der qualitativen Bestimmtheit der Empfindung mitgegeben ist. Dann wird die Helligkeit jeder dem Farbendreieck angehörenden Empfindung durch dieselben reziproken Abstände[2] von den Helligkeiten dieser drei Empfindungen bestimmt, durch die auch ihre Ähnlichkeit mit den drei Qualitäten G, W, S gegeben ist.

Wenn nun die Empfindungen, denen ein bestimmter Farbenton

---

[1] Das Größenverhältnis der Dreiecksseiten müßte der Anzahl der unterscheidbaren Stufen entsprechen, die sich zwischen den betreffenden Empfindungen einschalten lassen.

[2] „Abstand" heißt hier soviel wie Grad der Unähnlichkeit. Man kann von Abständen sprechen, weil es prinzipiell möglich ist, von einer Empfindung C zu sagen, sie sei der Empfindung A ähnlicher oder weniger ähnlich als der Empfindung B. Es kehren hier dieselben Überlegungen wieder, die wir am Beispiel eines bestimmten Grau (S. 12) durchgeführt haben.

gemeinsam ist, ein zweidimensionales Kontinuum bilden, so folgt ohne weiteres, daß die Annahme verfehlt sein muß, man könne durch bloße Änderung der Lichtintensität alle Empfindungen erzeugen, die einen und denselben Farbenton haben. Die Kurve der Abb. 8 (das Dreieck GWS hat dieselbe Bedeutung wie in Abb. 7) gibt eine schematische Darstellung der Empfindungen, die entstehen, wenn ein Licht (etwa von der Wellenlänge 570 $\mu\mu$) vom Nullwert der Intensität bis zu einem sehr hohen, aber noch erträglichen Intensitätswert ansteigt. Bei der Intensität null liegt die Empfindung in A, sie gehört also der Schwarz-Weiß-Reihe an (Empfindung des Eigenlichtes). Bei steigender Intensität wird die Empfindung heller und zugleich gesättigter, d. h. sie entfernt sich von der Graureihe immer mehr. Bei einem gewissen mittleren Wert der Lichtintensität erreicht sie, etwa in B, das Maximum der Sättigung — durch Anwendung anderer Mittel, z. B. des Kontrastes, könnte die Empfindung allerdings noch gesättigter werden, sich also dem Punkte G noch mehr nähern. Bei weiterer Steigerung der Lichtintensität wird die Empfindung immer heller (nähert sich dem W), wird aber auch weniger gesättigt. Sehr intensives gelbes Licht erzeugt eine Empfindung, die zwar sehr hell, aber wenig gesättigt ist (C). Vom weiteren Verlauf (bei außerordentlich hohen Intensitätsgraden) wollen wir absehen, wahrscheinlich behält die Empfindung nichts mehr von ihrem früheren Farbenton. Es wird also durch die Änderung der objektiven Lichtstärke aus der zweidimensionalen Mannigfaltigkeit derjenigen Empfindungen, die bei gegebenem Farbenton überhaupt möglich sind, eine bloße lineare Reihe herausgeschnitten.

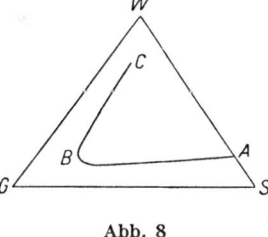

Abb. 8

In dem unbegründeten, aber verbreiteten Vorurteil, man müsse mit einem Licht von gegebener Wellenlänge durch bloße Intensitätsänderung alle Empfindungen herstellen können, denen ein bestimmter Farbenton (z. B. Gelb) gemeinsam ist, haben gewisse Schwierigkeiten ihren Grund, die dazu beigetragen haben, daß man glaubte, neben den gewöhnlich angeführten drei Variablen auch die „Intensität" als Empfindungsvariable gelten lassen zu müssen. So bereitete die Unterbringung des „Braun" im Farbenzirkel große Verlegenheiten.[1] Unsere früheren Überlegungen erklären aber ohne weiteres, daß braune Töne nicht durch bloße Herabsetzung der Lichtintensität realisiert werden können. Sie liegen nämlich zwischen dem unteren Ast der Kurve AB und der Seite GS,[2] also nicht auf der Kurve selbst, d. h. sie erfordern eine bestimmte

---

[1] v. BRÜCKE: Über einige Empfindungen im Gebiete der Sehnerven. Sitzungsber. d. Wien. Akad., Bd. 77, Abt. 3.

[2] Daß am Eckpunkt G nicht reines Gelb, sondern ein zwischen Rot

Kombination von Sättigung und Helligkeit. Diese Kombination (relativ hoher Grad von Sättigung und von Schwärzlichkeit) kann durch simultanen Helligkeitskontrast erreicht werden, welcher die Weißempfindung der farblosen Komponente sehr zu Gunsten der Schwarzempfindung schwächt, die Sättigung der farbigen Komponente aber unverändert läßt.[1] Es ist also durchaus nicht notwendig, anzunehmen, das „Braun" sei durch „Intensität" — im Sinne eines von der Helligkeit verschiedenen Elementes der Empfindung — ausgezeichnet.[2]

Ähnlich wie mit dem „Braun" verhält es sich mit den sogenannten „leuchtenden Farben", Empfindungen, die bei großem Helligkeitsgrad auch noch ein Maß von Sättigung besitzen, das auf der Kurve selbst nicht vertreten ist. Auch diese können nicht durch die Reizgröße allein, sondern nur durch diese und den Adaptationszustand genetisch definiert werden.

STUMPF erscheint es unmittelbar klar, daß man den leuchtenden Farben, wie sie bei hoher Lichtintensität auftreten, gegenüber dem matten Eindruck des Eigenlichtes hohe Intensitätsgrade zuschreiben müsse, und zwar außer ihrer Helligkeit.[3] Doch dürfte man bei ausreichender Berücksichtigung des Umstandes, daß nur durch eine zweidimensionale Mannigfaltigkeit alle Empfindungen eines und desselben Farbentones dargestellt werden können, hier ohne Einführung einer neuen Variablen auskommen.[4]

Es frägt sich, ob aber doch aus anderen Gründen die Annahme einer neben der Helligkeit bestehenden „Intensität" notwendig ist. Für G. E. MÜLLER ist es selbstverständlich, daß die Gesichtsempfindungen, wie überhaupt alle Empfindungen, Intensität besitzen.[5] Am eingehendsten

---

und Gelb liegender Farbenton anzusetzen ist, kann hier unberücksichtigt bleiben.

[1] Vgl. Spezifische Helligkeit der Farben, S. 16ff., und PURKINJEsches Phänomen und Eigenhelligkeit, S. 65f.

[2] Ein orangefarbenes Feld wird durch entsprechende Verhüllung mit Schwarz, d. h. durch Vermehrung der Schwärzlichkeit bei unverändertem Sättigungsgrad kastanienbraun, noch rötlichere Farbentöne geben Rotbraun, grünlichgelbe Farbentöne Olivenbraun, d. h. denjenigen Farbenton, in welchem man gleichzeitig Rot und Grün sehen wollte.

[3] A. a. O. S. 79ff.

[4] Auch das Moment der „Eindringlichkeit" (d. h. der Fähigkeit, die Aufmerksamkeit zu erregen) könnte zur Erklärung des starken Effektes, den gewisse Lichter hervorrufen, mit herangezogen werden. Gewiß hat STUMPF recht, wenn er die Eindringlichkeit nicht als „immanente Eigenschaft" der Empfindung gelten lassen will (a. a. O. S. 39), weil sie vielfach durch akzidentielle Umstände bestimmt wird, so bei der „nationalen Fahnenfarbe" oder bei der erregenden Wirkung, die das matteste Grau auf einen Briefmarkensammler ausüben kann. Aber nicht immer ist dies der Fall; gewisse Lichter können ein für allemal eine aufmerksamkeitserregende Wirkung ausüben.

[5] Zur Psychophysik der Gesichtsempfindungen. S. 6.

gemeinsam ist, ein zweidimensionales Kontinuum bilden, so folgt ohne weiteres, daß die Annahme verfehlt sein muß, man könne durch bloße Änderung der Lichtintensität alle Empfindungen erzeugen, die einen und denselben Farbenton haben. Die Kurve der Abb. 8 (das Dreieck GWS hat dieselbe Bedeutung wie in Abb. 7) gibt eine schematische Darstellung der Empfindungen, die entstehen, wenn ein Licht (etwa von der Wellenlänge 570 $\mu\mu$) vom Nullwert der Intensität bis zu einem sehr hohen, aber noch erträglichen Intensitätswert ansteigt. Bei der Intensität null liegt die Empfindung in A, sie gehört also der Schwarz-Weiß-Reihe an (Empfindung des Eigenlichtes). Bei steigender Intensität wird die Empfindung heller und zugleich gesättigter, d. h. sie entfernt sich von der Graureihe immer mehr. Bei einem gewissen mittleren Wert der Lichtintensität erreicht sie, etwa in B, das Maximum der Sättigung — durch Anwendung anderer Mittel, z. B. des Kontrastes, könnte die Empfindung allerdings noch gesättigter werden, sich also dem Punkte G noch mehr nähern. Bei weiterer Steigerung der Lichtintensität wird die Empfindung immer heller (nähert sich dem W), wird aber auch weniger gesättigt. Sehr intensives gelbes Licht erzeugt eine Empfindung, die zwar sehr hell, aber wenig gesättigt ist (C). Vom weiteren Verlauf (bei außerordentlich hohen Intensitätsgraden) wollen wir absehen, wahrscheinlich behält die Empfindung nichts mehr von ihrem früheren Farbenton.

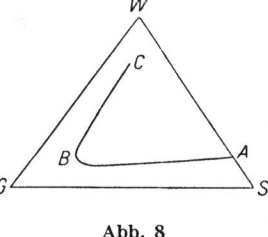

Abb. 8

Es wird also durch die Änderung der objektiven Lichtstärke aus der zweidimensionalen Mannigfaltigkeit derjenigen Empfindungen, die bei gegebenem Farbenton überhaupt möglich sind, eine bloße lineare Reihe herausgeschnitten.

In dem unbegründeten, aber verbreiteten Vorurteil, man müsse mit einem Licht von gegebener Wellenlänge durch bloße Intensitätsänderung alle Empfindungen herstellen können, denen ein bestimmter Farbenton (z. B. Gelb) gemeinsam ist, haben gewisse Schwierigkeiten ihren Grund, die dazu beigetragen haben, daß man glaubte, neben den gewöhnlich angeführten drei Variablen auch die „Intensität" als Empfindungsvariable gelten lassen zu müssen. So bereitete die Unterbringung des „Braun" im Farbenzirkel große Verlegenheiten.[1] Unsere früheren Überlegungen erklären aber ohne weiteres, daß braune Töne nicht durch bloße Herabsetzung der Lichtintensität realisiert werden können. Sie liegen nämlich zwischen dem unteren Ast der Kurve AB und der Seite GS,[2] also nicht auf der Kurve selbst, d. h. sie erfordern eine bestimmte

---

[1] v. BRÜCKE: Über einige Empfindungen im Gebiete der Sehnerven. Sitzungsber. d. Wien. Akad., Bd. 77, Abt. 3.

[2] Daß am Eckpunkt G nicht reines Gelb, sondern ein zwischen Rot

Kombination von Sättigung und Helligkeit. Diese Kombination (relativ hoher Grad von Sättigung und von Schwärzlichkeit) kann durch simultanen Helligkeitskontrast erreicht werden, welcher die Weißempfindung der farblosen Komponente sehr zu Gunsten der Schwarzempfindung schwächt, die Sättigung der farbigen Komponente aber unverändert läßt.[1] Es ist also durchaus nicht notwendig, anzunehmen, das „Braun" sei durch „Intensität" — im Sinne eines von der Helligkeit verschiedenen Elementes der Empfindung — ausgezeichnet.[2]

Ähnlich wie mit dem „Braun" verhält es sich mit den sogenannten „leuchtenden Farben", Empfindungen, die bei großem Helligkeitsgrad auch noch ein Maß von Sättigung besitzen, das auf der Kurve selbst nicht vertreten ist. Auch diese können nicht durch die Reizgröße allein, sondern nur durch diese und den Adaptationszustand genetisch definiert werden.

STUMPF erscheint es unmittelbar klar, daß man den leuchtenden Farben, wie sie bei hoher Lichtintensität auftreten, gegenüber dem matten Eindruck des Eigenlichtes hohe Intensitätsgrade zuschreiben müsse, und zwar außer ihrer Helligkeit.[3] Doch dürfte man bei ausreichender Berücksichtigung des Umstandes, daß nur durch eine zweidimensionale Mannigfaltigkeit alle Empfindungen eines und desselben Farbentones dargestellt werden können, hier ohne Einführung einer neuen Variablen auskommen.[4]

Es frägt sich, ob aber doch aus anderen Gründen die Annahme einer neben der Helligkeit bestehenden „Intensität" notwendig ist. Für G. E. MÜLLER ist es selbstverständlich, daß die Gesichtsempfindungen, wie überhaupt alle Empfindungen, Intensität besitzen.[5] Am eingehendsten

---

und Gelb liegender Farbenton anzusetzen ist, kann hier unberücksichtigt bleiben.

[1] Vgl. Spezifische Helligkeit der Farben, S. 16ff., und PURKINJEsches Phänomen und Eigenhelligkeit, S. 65f.

[2] Ein orangefarbenes Feld wird durch entsprechende Verhüllung mit Schwarz, d. h. durch Vermehrung der Schwärzlichkeit bei unverändertem Sättigungsgrad kastanienbraun, noch rötlichere Farbentöne geben Rotbraun, grünlichgelbe Farbentöne Olivenbraun, d. h. denjenigen Farbenton, in welchem man gleichzeitig Rot und Grün sehen wollte.

[3] A. a. O. S. 79ff.

[4] Auch das Moment der „Eindringlichkeit" (d. h. der Fähigkeit, die Aufmerksamkeit zu erregen) könnte zur Erklärung des starken Effektes, den gewisse Lichter hervorrufen, mit herangezogen werden. Gewiß hat STUMPF recht, wenn er die Eindringlichkeit nicht als „immanente Eigenschaft" der Empfindung gelten lassen will (a. a. O. S. 39), weil sie vielfach durch akzidentielle Umstände bestimmt wird, so bei der „nationalen Fahnenfarbe" oder bei der erregenden Wirkung, die das matteste Grau auf einen Briefmarkensammler ausüben kann. Aber nicht immer ist dies der Fall; gewisse Lichter können ein für allemal eine aufmerksamkeitserregende Wirkung ausüben.

[5] Zur Psychophysik der Gesichtsempfindungen. S. 6.

setzt sich STUMPF mit der Intensitätsfrage auseinander, sie bildet das Zentralproblem seiner sorgfältigen Untersuchung über die Attribute der Gesichtsempfindungen und hat offensichtlich für ihn wegen der Unterscheidung von Empfindungen und Vorstellungen große Bedeutung.[1] Wir haben schon erwähnt, daß STUMPF der Ansicht HERINGS beipflichtet, daß die Helligkeit nicht als Intensität anzusprechen sei; man müsse sie als neues Merkmal annehmen, das von der Helligkeit verschieden sei und sich auch nicht parallel mit ihr, sondern nach einem ganz anderen Gesetz ändere: von geringster Intensität sei das Eigenlicht der Netzhaut, von da nehme sie nach beiden Seiten (d. h. nach der steigenden und abnehmenden Helligkeit) zu, erst sehr langsam, später rascher, bei hohen Helligkeitsgraden „rapid".[2] Von den Gründen, die STUMPF für seine Auffassung anführt, sind die wichtigsten die unmittelbar phänomenologischen, zu denen besonders die schon erwähnte Berufung auf den intensiven Charakter der „leuchtenden Farben" gehört. Die biologische Erwägung, daß die Empfindungen an Nervenprozesse gebunden und diese gewiß von inkonstanter Größe seien, daher auch den Empfindungen ein inkonstanter Stärkegrad zugesprochen werden müsse, scheint STUMPF selbst keine allzu große Beweiskraft beizulegen. In der Tat würde ja die variable Helligkeit allein schon diesem Bedürfnis nach Korrespondenz genügen.[3]

Die speziellen physiologischen Erfahrungen gehören den Tatsachen der sogenannten Farbenschwelle an: für die verschiedenen Grauempfindungen sind verschieden große farbige Zusatzreize erforderlich, um die Farbigkeit eben merklich zu machen, woraus man auf verschiedene Intensität des Grauprozesses schließen könne.[4] Damit ist aber nicht bewiesen, daß den diesen Prozessen entsprechenden Empfindungen verschiedene Intensitäten zukommen; das Bindeglied muß durch ein unbewiesenes und unbeweisbares Parallelitätsprinzip hergestellt werden. STUMPF hält denn auch diese Überlegung offensichtlich für bloß sub-

---

[1] Die Phantasievorstellungen unterscheiden sich nach STUMPF von den Anschauungen hauptsächlich durch ihre geringere Intensität. Empfindung und Vorstellung. Abh. pr. Ak. 1917.

[2] Die Attribute der Gesichtsempfindungen, S. 79.

[3] Hauptsächlich richtet sich dieses Argument gegen die Annahme einer konstanten Intensität, „die eben ihrer Konstanz wegen nie bemerkt, also auch nicht direkt empirisch nachgewiesen werden könnte, sondern nur etwa auf Grund deduktiver Argumente angenommen werden müßte." Auf die Möglichkeit eines konstanten Stärkegrades für die Gesichtsempfindungen hatte HILLEBRAND hingewiesen. (Über d. spez. Helligkeit d. Farben, S. 20.)

[4] Vgl. RÉVÉSZ: Über die Abhängigkeit der Farbenschwellen von der achromatischen Erregung. Zeitschr. f. Sinnesphysiologie, Bd. 41, S. 1ff. Über die von Weiß ausgehende Schwächung der Wirksamkeit farbiger Lichtreize, ebenda, S. 102ff. Über d. kritische Grau, ebenda, Bd. 43, S. 345ff.

sidiär.[1] Immerhin glaubt STUMPF die erwähnten Feststellungen als Bestätigung der direkten Beobachtung auffassen zu dürfen.

Da wir aber, wie erwähnt, die Besonderheiten, die gewisse Farbenempfindungen der Beobachtung darbieten, ohne Zuhilfenahme einer neuen Variablen erklären zu können glauben, so scheint uns eine endgültige Entscheidung der Intensitätsfrage noch nicht erreicht zu sein.

Nach HERING kommt den Gesichtsempfindungen keine Intensität zu, doch biete das „Gewicht" in gewissem Sinne einen Ersatz dafür.[2] Es ist darunter die Größe des der Empfindung bzw. jeder ihrer Komponenten zugrunde liegenden Erregungsprozesses zu verstehen. Da nach HERING zwischen den Empfindungen und den zugrunde liegenden psychophysischen Prozessen strenge Proportionalität herrscht, so hängt (ganz allgemein) „die Reinheit, Deutlichkeit oder Klarheit" einer Empfindung ab von dem Verhältnis, in welchem das Gewicht derselben, d. i. die Größe des entsprechenden psychophysischen Prozesses, zum Gesamtgewicht aller gleichzeitig vorhandenen Empfindungen, d. i. zur Summe der Größen aller entsprechenden psychophysischen Prozesse, steht.[3] Bei den Gesichtsempfindungen macht sich das Hervortreten einer Komponente (ihr größeres Gewicht) im Sinne einer größeren Ähnlichkeit mit dem Grenzpunkt einer Reihe geltend, wobei aber zu berücksichtigen ist, daß nicht die absolute Größe des psychophysischen Prozesses, sondern sein Verhältnis zur Summe der vorhandenen Erregungsgrößen maßgebend ist. Eine Mischempfindung ist demnach durch die Abstände von den Grenzfarben charakterisiert, die in umgekehrtem Verhältnis zueinander stehen wie die Gewichte der zugrunde liegenden psychophysischen Prozesse. Das Gewicht drückt also hier den Anteil einer Farbenkomponente (ihre relative Stärke) an dem Ganzen aus.

Damit fände die Intensitätsfrage eine einfache Lösung. Ein Blau wäre intensiver blau zu nennen, wenn es möglichst wenig durch andere Farben, seien es bunte oder tonfreie, verhüllt ist. Dann fällt aber die relative Stärke einer Farbe zusammen mit ihrer Sättigung. Man braucht nur den Sättigungsbegriff, der gewöhnlich bloß auf das Verhältnis der farbigen zur farblosen Komponente einer Empfindung bezogen wird, sinnvoll zu erweitern, so daß innerhalb der bunten Empfindungen etwa einem Orange größere oder geringere Rotsättigung zugeschrieben würde. Dann aber sollte man, meint STUMPF, den Terminus Sättigung überhaupt streichen und dafür „Intensität der einzelnen Farbenkomponenten" einsetzen. Vom Standpunkte der Mehrheitslehre sei es überhaupt eine Inkonsequenz, die Sättigung als besonderes Attribut der Gesichtsempfindungen aufzuführen, denn jede einzelne in einer Misch-

---

[1] A. a. O. S. 82.
[2] Grundzüge, S. 111.
[3] Lichtsinn, S. 83.

empfindung enthaltene Komponente müsse vollkommen gesättigt gedacht werden. Der Begriff zeigt ja nur ein Verhältnis an und ist nicht ein Attribut der einfachen Farbenempfindung, sondern eines Komplexes. Sättigung ,,bedeutet nur, daß in einem Komplex eine bestimmte getönte Grundfarbe, nach welcher er benannt wird, mehr oder minder stark gegenüber den tonfreien Farben vertreten ist. Oder im erweiterten Sinne: daß überhaupt eine bestimmte Farbe, nach welcher der Komplex benannt wird, mehr oder minder stark darin vertreten ist."[1] Das ist vollständig zuzugeben. Schon HERING hat ja die eine oder andere Bezeichnung zur Wahl gestellt und darauf aufmerksam gemacht, daß die Behauptung, jeder Farbe komme außer einem bestimmten Sättigungsgrad noch ein bestimmter Intensitätsgrad zu, genau genommen eine Tautologie sei.[2] Doch fällt ,,Intensität" in diesem Sinne nicht mit dem üblichen Begriff zusammen, und um Mißverständnissen vorzubeugen, wurde von uns die Bezeichnung ,,Sättigung" festgehalten.

Jedenfalls hängt dieser Begriff eng zusammen mit dem phänomenologischen Unterschied von Grund- und Mischempfindungen; vom Standpunkt der Mehrheitslehre aus läßt er sich zweifellos in völlig ungezwungener Weise anwenden. STUMPF glaubt ihn aber auch für die Einheitslehre, zu der er sich bekennt, festhalten zu können, ,,sofern die Grundqualitäten, auf die eine gegebene Farbenempfindung trotz ihrer Einfachheit bezogen wird, als in einem bestimmten quantitativen Verhältnis stehend, vorgestellt oder gedacht werden."[3] So gefaßt dürfte sich die ,,Einheitslehre" von der von uns vertretenen ,,Mehrheitslehre" kaum mehr unterscheiden. Die Grundfarben sind in den Farbenerscheinungen als ,,abstrakte Teile" unterscheidbar. Diesen abstrakten Teilen kommen verschiedene Gewichte zu, durch welche der jeweilige Ähnlichkeitsgrad der gegebenen Empfindung zu den Urfarben ausgedrückt werden kann.

2. Methoden und Gesetze der Lichtmischung

Wir haben bisher von den physikalischen Ursachen unserer Farbenempfindungen abgesehen, uns also nicht darum gekümmert, ob eine Farbenempfindung durch homogenes (Licht einer Wellenlänge) oder durch polychromatisches Licht hervorgerufen war. In der Tat ist aber fast alles Licht in unserer Umgebung spektral zerlegbar, d. h. es ist hervorgerufen durch polychromatisches Licht; dieses also spielt beim Sehen unter alltäglichen Umständen die Hauptrolle. Das führt uns auf die Gesetze der Lichtmischung; wir werden uns zu fragen haben, ob durch polychromatisches Licht neue Empfindungen entstehen.

---
[1] A. a. O. S. 45.
[2] Lichtsinn, S. 57.
[3] A. a. O. S. 86.

Die homogenen Lichter können die verschiedensten Gemische eingehen. Veranschlagen wir die unterscheidbaren Farbentöne eines lichtstarken Spektrums auf etwa 200, so sind alle Kombinationen zu 2, 3, 4 .... 200 Elementen möglich und in jeder einzelnen Kombination können wieder alle Intensitätsverteilungen vorkommen, da jede einzelne Komponente alle Werte von Null bis zum erreichbaren Maximum annehmen kann. Das gibt eine praktisch unübersehbare Zahl von physikalischen Möglichkeiten. Nehmen wir nun an, daß jeder einzelnen von diesen möglichen Kombinationen eine besondere Empfindung entsprechen würde — gemeint ist hier eine Empfindung von besonderem Farbenton —, so müßte das System unserer Farbenempfindungen eine ebenso unübersehbare Reichhaltigkeit zeigen. Die Reihe der Spektralfarben würde nur einen verschwindenden Bruchteil dieser Mannigfaltigkeit darstellen. Die Tatsachen zeigen aber genau das Gegenteil: Die Reihe der Spektralfarben vermehrt um die Purpurstrecke (die durch Mischung der Endstrecken des Spektrums entsteht), erschöpfen die sämtlichen, überhaupt vorkommenden Farbentöne mit Ausnahme des Weiß, dem ja physikalisch kein einfaches Licht entspricht. Nimmt man die Empfindung Weiß samt den Übergängen, die von jeder Farbe zum Weiß hin stattfinden können, zu den Spektralfarben hinzu, so wächst dem System der Empfindungen damit nur eine Dimension zu. Sie lassen sich dann zwar nicht mehr auf einer Linie, wohl aber auf einer Fläche abbilden. Bestehen bleibt die ungeheure Diskrepanz zwischen der unabsehbaren Dimensionenzahl, die durch die physikalische Zusammensetzung ermöglicht ist, und dem ärmlichen zweidimensionalen System der Empfindungen.

Man pflegt zwar diesem letzteren noch eine Dimension hinzuzufügen, indem man das Schwarz mit allen Übergängen hinzunimmt; allein, da dem Schwarz kein Reiz entspricht, ist für diese Dimension physikalischerseits schon durch die Intensität vorgesorgt und somit bleibt das oben erwähnte Mißverhältnis bestehen.

Auf dieses Mißverhältnis hat schon NEWTON aufmerksam gemacht. Dem Entdecker der Tatsache, daß die physikalische Natur eines Lichtstrahles sich im allgemeinen als Zusammensetzung aus Elementen einer eindimensionalen, durch variable Brechbarkeit charakterisierten Mannigfaltigkeit darstelle, mußte es auffallen, daß die physiologischen Wirkungen an Reichhaltigkeit so sehr hinter den physikalischen Verschiedenheiten zurückstehen, oder was dasselbe ist, daß eine einzige Empfindung durch eine große Menge physikalisch sehr verschiedener Vorgänge erzeugt werden kann. Heute weiß jeder, daß das Aussehen einer Körperfarbe keinen Schluß auf die physikalische Zusammensetzung des betreffenden Lichtes gestattet (physikalische Verschiedenheit gleich aussehender Lichter bei spektraler Auflösung). Das Problem, das hiermit

gegeben ist, besteht darin, ein Gesetz zu finden, das die viel größere Mannigfaltigkeit der Lichtgemische auf die viel kleinere der Farben reduziert. Bevor wir aber auf die Prinzipien dieser Reduktion eingehen, wird es notwendig sein, den Begriff der „physiologischen Lichtmischung" festzusetzen und die in Verwendung stehenden Methoden der Lichtmischung kennen zu lernen. Wir verstehen unter physiologischer Lichtmischung denjenigen Effekt, der entsteht, wenn man Lichter verschiedener Wellenlänge gleichzeitig auf eine und dieselbe Netzhautstelle wirken läßt. Nicht zu verwechseln damit ist die Mischung flüssiger oder pulverisierter Pigmente, die von NEWTON als gleichwertig mit den übrigen Mischungsmethoden angesehen wurde und von der noch immer vielfach geglaubt wird, daß sie dasselbe leiste wie die Mischung von Spektrallichtern. Nehmen wir der Einfachheit wegen an, Sonnenlicht passiere zwei Glasplatten, von denen die eine mit Kupferoxydsalz blau, die andere mit einer Chrombleiverbindung gelb gefärbt ist. Beim Durchgang durch die erste Platte werden die roten und gelben Strahlen fast ganz absorbiert, die grünen und violetten werden geschwächt, die blauen gut durchgelassen, wovon man sich durch spektrale Auflösung des durchgegangenen Lichtes überzeugen kann. Tritt das übriggebliebene Licht durch die gelbe Platte, so werden die violetten und blauen Strahlen beinahe ganz absorbiert, somit bleiben fast nur die grünen Strahlen übrig. Es findet also keine Summation der Reize statt, wie das von einer physiologischen Lichtmischung gefordert wird, sondern eine Art von Subtraktion („subtraktive Lichtmischung"). Ähnlich verhält es sich bei der Mischung pulverisierter Pigmente. Wenn auch der Stoff, aus dem das Pulver besteht, in dicken Schichten undurchsichtig ist, so dringt doch das Licht in ihn bis zu einer geringen Tiefe ein. Fällt nun weißes Licht auf ein derartiges Pulver, so wird nur ein kleiner Teil bereits von der Oberfläche reflektiert; der größere Rest wird erst von den tieferen Teilchen reflektiert. Dabei wird alles Licht außer der Eigenfarbe des Stoffes absorbiert und so erscheint der Stoff gefärbt, und zwar um so mehr gefärbt, je tiefer das Licht eindringt. Das tiefer eindringende Licht hat also Teilchen beider Substanzen zu passieren und demnach wird auch hier nur dasjenige Licht wirklich zum Auge gelangen, welches weder von den Teilchen der einen, noch von denen der anderen Substanz absorbiert wurde. Mischungen dieser Art sind daher in der Regel auch viel dunkler als die Komponenten und sie werden noch dunkler, wenn man Bindemittel (z. B. Öl) zur Anwendung bringt, deren Brechungsexponent dem der Substanzen näher steht als der Brechungsexponent der Luft. Die Ergebnisse solcher Pigmentmischungen hängen also häufig auch von physikalischen Erscheinungen ganz anderer Art ab; daß sie anders ausfallen, als die physiologischen Lichtmischungen, sieht man z. B. daran, daß bei der Mischung von blauem und gelbem Licht auf der Netzhaut keineswegs

Grün entsteht, während dies doch bei der Mischung eines blauen und gelben Pigmentes der Fall ist.

Zum Unterschied von der „subtraktiven Lichtmischung" können wir die physiologische Lichtmischung, mit der wir es hier allein zu tun haben, auch als additive bezeichnen.

Eine der meist verbreiteten Methoden der physiologischen Lichtmischung besteht darin, daß man verschiedene Teile eines Spektrums auf der Netzhaut zur Deckung bringt. Läßt man ein paralleles Strahlenbündel weißen Lichtes auf ein Prisma auffallen, so wird bekanntlich ein Teil der Strahlen stärker gebrochen als der andere und wir erhalten auf diese Weise ein Spektrum. Das divergierend austretende Licht kann mittels einer Konvexlinse gesammelt werden, so daß im Auge (oder auf einem Schirm) sämtliche Strahlen wiederum in einem Punkt vereinigt sind. Man kann aber auch vor oder hinter der Konvexlinse einen Schirm mit Spalten anbringen und zwei (oder mehrere) ausgewählte Strahlen zusammenleiten; so lassen sich aus dem Spektrum beliebige Strahlen herausfassen.

Eine zweite Art der Lichtmischung ist die durch unbelegte Planspiegel. Eine Glasplatte ist so aufgestellt, daß eine hinter ihr befindliche Farbe durch sie hindurch gesehen, eine andere vor ihr liegende Farbe durch sie reflektiert wird. So werden dieselben Teile der Netzhaut gleichzeitig durch das von der Glastafel durchgelassene und durch das reflektierte Licht getroffen (LAMBERTsche Methode).

Das bequemste und am häufigsten angewendete Verfahren ist wohl das der Kreiselmischung. Zwei oder mehrere Farbenkreise mit geschlitztem Radius sind so ineinander gesteckt, daß sich jedes beliebige Mischungsverhältnis dadurch erreichen läßt, daß man sie gegeneinander verschiebt. Werden diese Farbenkreise auf einer rotierenden Achse sehr schnell gedreht, so hat man den Eindruck einer gleichmäßig gefärbten, ruhigen Fläche. Allerdings entsteht die Frage, wie sich der Erfolg solcher Sukzessivmischungen zu Simultanmischungen verhält. Darauf gibt das TALBOT-PLATEAUsche Gesetz Antwort. Die beiden Sektoren des Farbenkreisels seien α und β. Denkt man sich das vom Sektor α und das vom Sektor β ausgesandte objektive Licht auf die ganze Kreiselscheibe verteilt, so wird durch die beiden gleichzeitig von den ganzen Scheiben ausgesandten Lichter ganz dasselbe Resultat erzielt, wie durch die sukzessive Kreiselmischung. Das Gesetz stellt übrigens auch fest, daß, wenn einmal jene Geschwindigkeit der Umdrehung erreicht ist, bei der die Mischfarbe ruhig und ohne Flimmern erscheint, eine weitere Erhöhung der Geschwindigkeit an dem Erfolg nichts mehr ändert. In großem Umfang hat MAXWELL diese Lichtmischungsmethode zur Anwendung gebracht, die sich auch besonders zur Demonstration vor einem größeren Publikum eignet.

Eine vierte Methode der Lichtmischung ist die durch ein doppeltbrechendes Kalkspatprisma. Wenn zwei farbige Felder unmittelbar aneinander grenzen, so kann man durch ein derartiges Prisma die Grenzlinie in zwei Linien spalten: zwischen diesen beiden Bildern sieht man dann die Ränder der beiden Felder übereinander geschoben, so daß eine Mischung der beiden Lichter zustande kommt.

Zur Erforschung der Lichtmischungsgesetze hat, wie wir früher erwähnten, die Tatsache angeregt, daß Lichter von ganz verschiedener physikalischer Beschaffenheit gleiche Empfindungen erzeugen können. Die Lichtmischungsgesetze haben also die Reduktion aus der hohen Mannigfaltigkeit der Lichtgemische auf die viel kleinere der Farben verständlich zu machen.

Lichtern, welche gleiche Empfindungen erzeugen, schreiben wir gleiche Valenz, bzw. gleiches Valenzgemisch zu trotz ihrer physikalischen Verschiedenheit. Wir verstehen, wie schon einmal gesagt wurde, unter der optischen Valenz eines Lichtes sein Vermögen, in der Netzhaut eine bestimmte Art von Veränderung in einer bestimmten Größe anzuregen und wir beziehen dieses Vermögen auf die Flächeneinheit der Netzhaut.[1] Optische Valenz kommt also dem Lichte zu, nicht der Farbe.

Wir könnten ebensogut von der photographischen Valenz eines Lichtes sprechen, nur müßten wir sie beziehen auf eine lichtempfindliche Platte von ganz bestimmter chemischer Beschaffenheit. Der Unterschied wäre nur der, daß die Platte in einer einzigen Art auf Licht reagiert, die Netzhaut aber in sehr vielen Arten. Daher entspräche die photographische Platte eher der Netzhaut eines total Farbenblinden.

Die physiologische Äquivalenz zweier Lichtgemische wird als „Farbengleichung" bezeichnet $\left(\text{z. B. } \underbrace{\frac{aR + bGr + cBl}{L_1}} = \underbrace{\frac{mW + nS}{L_2}}\right)$. Richtiger würde man allerdings von Valenzgleichung sprechen, weil hier zwei Dinge gleich gesetzt werden, welche dieselbe Wirkung erzeugen. Natürlich entsteht jetzt die Frage, ob das eine dieser Lichter unter allen Umständen als physiologischer Ersatz für das andere angesehen werden kann; d. h. ob das Licht L_1 auch dann, wenn es in Komplikation mit beliebigen Mitursachen tritt, durch das gleich aussehende Licht L_2 ersetzt werden kann? Die Komplikationen können mannigfacher Art sein; vor allem kann der Fall eintreten, daß das Organ gleichzeitig von einem dritten irgendwie beschaffenen Licht M gereizt wird. Diesfalls

---

[1] So ist also z. B. die Rotvalenz das Vermögen, die Empfindung Rot in einer gewissen Stärke zu erzeugen. Ähnlich Grünvalenz, Weißvalenz usw. Aus der Homogeneität eines Lichtes folgt übrigens durchaus nicht, daß dasselbe nur eine einzige optische Valenz haben müsse; ein homogenes Licht kann physiologisch ebensogut ein Valenzgemisch sein, wie es möglich ist, daß ein polychromatisches Licht eine einfache Valenz habe.

frägt es sich, ob L_1 mit M zusammentreffend denselben phänomenalen Mischungseffekt ergibt wie L_2 mit M zusammentreffend? Diese Frage ist zu bejahen, d. h. wenn zwei physikalisch verschiedene Lichter eine Farbengleichung ergeben und man mischt zu jedem derselben dasselbe dritte Licht oder zwei Lichter, die ebenfalls untereinander eine Farbengleichung ergeben, so entstehen Mischlichter, welche untereinander wieder gleich sind. Wenn man also zwei Farbengleichungen zueinander addiert, oder wenn man die eine von der anderen subtrahiert, so entstehen wieder Farbengleichungen, gleichgültig, welches die physikalische Beschaffenheit aller dabei verwendeten Lichter sein möge. Gilt dieser Satz, dann gilt auch der folgende: Wenn man die Intensität der beiden Lichter, die eine Farbengleichung ergeben, in gleichem Maße steigert oder herabsetzt, so ergibt sich wieder eine Farbengleichung.[1] **Man darf also Farbengleichungen behandeln wie arithmetische Gleichungen.**

Eine weitere Frage ist, ob eine Farbengleichung bestehen bleibt, wenn die Erregbarkeitsverhältnisse des Organs beliebig geändert werden. HERING glaubte, auch diese Frage allgemein bejahen zu können, d. h. er meinte auf Grund seiner Beobachtungen annehmen zu dürfen, daß das Fortbestehen einer Gleichung unabhängig von der jeweiligen Stimmung der betreffenden Netzhautstelle ist. Er hat der Ansicht, daß gleich aussehende Lichter hinsichtlich ihrer Reizwerte **ausnahmslos füreinander substituierbar sind,** durch das schon erwähnte **Gesetz von der Konstanz der optischen Valenzen** Ausdruck gegeben.[2]

Später hat sich allerdings gezeigt, daß Farbengleichungen bei Stimmungsänderungen des Organs (z. B. durch Adaptation) nicht in allen Fällen bestehen bleiben. So ergab sich, daß Gleichungen zwischen je zwei Paaren komplementärer Lichter (also farbloser Lichtgemische aus physikalisch verschiedenen Komponenten) nicht erhalten bleiben, wenn man den allgemeinen Adaptationszustand erheblich ändert. Ja die anfängliche Gleichheit macht einer sehr bedeutenden Ungleichheit Platz,[3] was wahr-

---

[1] A. KÖNIG hat das Bestehenbleiben von Farbengleichungen bei Intensitätsänderungen lange Zeit bestritten, aber mit Unrecht, denn diese Tatsache ist nur ein spezieller Fall der allgemeinen Erfahrung, daß sich aus der Addition von Farbengleichungen wieder Farbengleichungen ergeben. Jedenfalls sollte man sich darüber klar sein, daß man, wenn man mit Farbengleichungen rechnet, den obigen Satz annehmen muß, sonst darf man überhaupt nicht rechnen. Selbstverständlich ist dieser Satz nicht, denn physikalisch sind ja die Reize nicht gleich.

[2] Über NEWTONS Gesetz d. Farbenmischung. Lotos, Bd. 7, 1887, S. 34 ff.

[3] Vgl. A. TSCHERMAK: „Über die Bedeutung der Lichtstärke und des Zustandes des Sehorgans für farblose optische Gleichungen", Pflügers Archiv, Bd. 70, S. 297 ff., 1898, und „Die Hell-Dunkeladaptation des Auges und die Funktion der Stäbchen und Zapfen", Asher-Spiros Ergebn. d. Physiologie, 1. Jahrg., besonders S. 727 ff. und S. 794 ff., 1902.

scheinlich davon herrührt, daß die Weißvalenz langwelliger Lichter beim Übergang zur Dunkeladaptation eine geringere Steigerung erfährt als die kurzwelliger.

Eine Erfahrungstatsache von der allergrößten Wichtigkeit ist ferner die folgende: wenn wir vier beliebige Lichter zur Verfügung haben, deren Intensität beliebig geändert werden kann (wobei die Lichter homogen oder polychromatisch und im letzteren Fall beliebig zusammengesetzt gedacht werden können), so läßt sich aus ihnen immer eine Gleichung bilden. Entweder: $A + B + C = D$ oder $A + B = C + D$.

Allgemein: $\pm A \pm B \pm C \pm D = 0$.[1]

Dieser Satz ist empirisch ermittelt und läßt sich nicht weiter erklären, aber jede Farbentheorie muß sich so einrichten, daß sie dieser fundamentalen Tatsache gerecht wird.

Wenn nun die optische Valenz eines Lichtes ungeändert bleibt, auch wenn es mit einem andern gemischt wird, so läßt sich, scheint es, die Mischung zweier Lichter analog behandeln wie die Wirkung zweier Kräfte, die an zwei Punkten einer gewichtslosen Linie (eben der Mischlinie) angreifen. Wir denken uns diese Kräfte zunächst parallel (Abb. 9). Die Qualität der beiden Lichter entspricht dann dem Orte und die Quantität der Größe der beiden Kräfte.

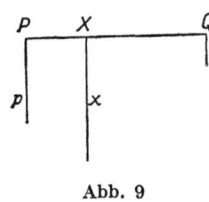

Abb. 9

Wie nun durch den Ort und durch die Größe der beiden Kräfte die Größe der Resultierenden und zugleich ihr Angriffspunkt bestimmt ist, so wird auch durch die Qualität und durch die Intensität der beiden Lichter Qualität und Intensität des Mischlichtes bestimmt sein. Wenn die zwei Kräfte in P und Q angreifen und die Größe der ersten Kraft p, die der zweiten q ist, so ist der Ort der Resultierenden X bestimmt durch die Proportion $PX : QX = q : p$ ($QX \cdot q = PX \cdot p$). Die Größe der Resultierenden $x = p + q$.

NEWTON hat diese Analogie zum ersten Male in Anwendung gebracht, indem er die Mischung zweier (und natürlich auch beliebig vieler) Lichter nach der Methode der Schwerpunktkonstruktion behandelte.[2] Das Tertium comparationis liegt hier im Moment der additiven Verknüpfung.

Vgl. auch v. KRIES und NAGEL: Über den Einfluß von Lichtstärke und Adaptation auf d. Sehen d. Dichromaten. Zeitschr. f. Psychol. und Physiol., Bd. 12, S. 1ff., 1896.

[1] Nur muß man bedenken, daß hier der Natur der Sache nach nur positive Werte zugelassen werden können. Das negative Vorzeichen hat also nur den Sinn, daß die betreffende Größe auf die andere Seite der Gleichung hinüber zu schaffen ist.

[2] Optik, Lib. I. Pars II. Propos. VI. (OSTWALDs Klassiker Nr. 96, S. 99ff.).

In der Tat sind in beiden Fällen alle Bedingungen erfüllt, welche zu einer additiven Verknüpfung gehören.

1. ist das Ergebnis beiderseits unabhängig von der Reihenfolge, in der sich die zu verknüpfenden Elemente bieten; 2. ist das Ergebnis unabhängig von der Reihenfolge, in welcher die einzelnen Verknüpfungsakte vollzogen werden, ganz wie bei den Kräften $(a + b) + c = a + (b + c)$; 3. wird bei jeder additiven Verknüpfung verlangt, daß die Summe den Teilen gleichartig sei, d. h. daß über Gleichheit und Ungleichheit durch dasselbe Verfahren entschieden wird, durch welches man auch bei den einzelnen Teilen darüber entscheidet. Nun muß aber eines Unterschiedes gedacht werden, der zwischen dem Falle der mechanischen Kräfte und dem Falle der optischen Valenzen besteht. Handelt es sich um parallel wirkende Kräfte, so können wir sie durch dieselbe Maßeinheit messen (Druck, Gewicht). Bei Lichtern ist das aber nicht möglich. Wir besitzen kein für verschiedene Lichter geltendes Maß, außer wenn sie qualitativ dieselbe Valenz haben (also beide nur Rotvalenz, oder beide nur Grünvalenz). Daß die physikalischen Energiewerte der Lichter nicht das Analogon der Gewichtsgrößen bilden können, ist klar, denn zwischen physikalischer Strahlung und Empfindung liegt ein photochemischer Prozeß und man müßte wissen, mit welcher Energiequote jede Strahlenart an diesem chemischen Prozeß beteiligt ist. Die Gesamtenergie eines Strahlenbündels, das die Sonne auf ein grünes Blatt sendet, wird zum Teil zur Chlorophyllbildung, zum Teil zur Erwärmung des Blattes verwendet, zum Teil von diesem wieder ausgesandt. Fällt dasselbe Strahlenbündel auf ein mineralisches grünes Pigment, so sind die Verhältnisse durchaus andere.[1] Aus demselben Grunde braucht eine photographische Platte durchaus nicht die Helligkeitswerte des photographierten Gegenstandes wiederzugeben. Schon zwei lichtempfindliche Platten von verschiedener chemischer Beschaffenheit zeigen einen objektiv identischen Gegenstand nicht in derselben Helligkeitsverteilung, wiederum in einer anderen Helligkeitsverteilung zeigt ihn die lichtempfindliche Substanz in der Netzhaut. Hat eine lichtempfindliche Substanz die Eigentümlichkeit, daß sie durch Strahlen von der Wellenlänge λ_1 sehr wenig, durch solche von λ_2 stark zersetzt wird, so sieht man ohne weiteres, daß das objektive Energieverhältnis für das Verhältnis der Reizwerte nicht entscheidend sein kann.

Soll man also etwa die Helligkeitswerte als Maße benützen, um die NEWTONsche Konstruktion durchzuführen? Auch das ist nicht möglich. Die Helligkeitswerte sind für das, was man farbige Reizwerte nennt, nicht entscheidend. Mischt man homogenes Rot und homogenes Gelb und bestimmt den Schwerpunkt nach der Helligkeit der Komponenten,

---

[1] Vgl. S. 16.

so fällt dieser auf einen Ort des Spektrums, der dem Gelb viel zu nahe liegt. Umgekehrt sind diejenigen Quantitäten komplementärer Lichter, die gemischt Weiß geben, durchaus nicht gleich hell.

Wir haben also für Lichter verschiedener Qualität keine gemeinsame Maßeinheit, mittels deren wir ihre Valenzen messen könnten; weder die Helligkeitskurve eines Spektrums, noch die Kurve der Energieverteilung kann als Darstellung der physiologischen Reizwerte eines Spektrums gelten. Aus diesem Grunde ist das NEWTONsche Schwerpunktsverfahren nicht durchführbar und es ist natürlich auch unmöglich vorauszubestimmen, welchem homogenen Licht ein physikalisch definiertes Gemisch dem Tone nach gleicht, was NEWTON für möglich hielt.[1]

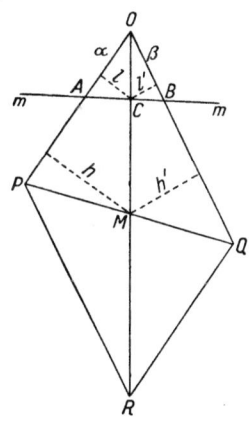

Abb. 10

Wie muß also das mechanische Bild umgestaltet werden, damit eine einwandfreie Analogie mit der Lichtmischung hergestellt werde? Im mechanischen Falle müssen ebenfalls Größen eingeführt werden, die keine gemeinsame Maßeinheit besitzen; man muß also die Schwerkraft fallen lassen und gerichtete Kräfte einführen. Dabei darf aber nicht die Zerlegung der Kräfte in horizontale und vertikale Komponenten verwendet werden, da hiefür die optische Analogie fehlt.

OP und OQ seien zwei Kräfte, die an der gewichtlosen Linie mm angreifen (Abb. 10). Die in A angreifende Kraft sei gemessen durch die Maßeinheit $\alpha \,(= AO)$, die in B angreifende durch die Maßeinheit $\beta \,(= BO)$. Dann ist $OP = x\alpha$ und $OQ = y\beta$, wobei x und y die (unbenannten) Maßzahlen bedeuten, d. h. sie zeigen an, wie oft die individuelle Maßeinheit α bzw. β in den betreffenden Kräften selbts enthalten ist. Nun zeigt uns die Erfahrung, daß die beiden Kräfte OP und OQ sich nach dem Satz vom Kräfteparallelogramm zusammensetzen, also die Resultierende OR ergeben. Auf optischem Gebiet zeigt uns die Erfahrung, daß die beiden gemischten Lichter denselben Effekt ergeben wie ein drittes Licht von ganz bestimmter Qualität und Intensität. Es fragt sich also nur mehr, ob im mechanischen Fall die Resultierende OR vollständig charakterisiert werden kann; wenn ja, dann ist auch die optische Resultierende vollständig charakterisiert.

---

[1] Es kann übrigens nicht nur der Ort des Mischlichtes nicht definiert werden, sondern auch die Orte der homogenen Lichter auf der Kreisperipherie sind durch nichts bestimmt, sie hängen davon ab, wie man das Spektrum auf die Peripherie verteilt. Das ist anders bei einem Interferenz- und anders bei einem Dispersionsspektrum; und unter den Dispersionsspektren wieder verschieden je nach der brechenden Substanz des Prismas.

$\dfrac{a\,l}{\beta\,l'} = \dfrac{AC}{BC}$ (da sich die Flächeninhalte der Dreiecke ACO und CBO wie die Grundlinien verhalten). Und wegen

$$\frac{l}{l'} = \frac{h}{h'} \quad \text{auch} \quad \frac{a\,h}{\beta\,h'} = \frac{AC}{BC}$$

$$\frac{x\,a}{y\,\beta} = \frac{h'}{h} \qquad \frac{a\,y\,\beta}{\beta\,x\,a} = \frac{AC}{BC}$$

also: $\dfrac{AC}{BC} = \dfrac{y}{x}$; d. h., die Lage des Angriffspunktes der Resultierenden kann durch die (unbenannten) Maßzahlen allein bestimmt werden, er teilt die Strecke AB im umgekehrten Verhältnis der Maßzahlen. Mit anderen Worten: wenn wir uns jetzt die starre Linie mm mit Gewichten in A und B belastet denken, die sich wie die Maßzahlen unserer beiden Kräfte verhalten, so liegt der Angriffspunkt der Resultierenden im Schwerpunkt dieser Gewichte.

Auch über die Größe der Resultierenden läßt sich eine Aussage machen. Da die Maßeinheit freisteht, kann man OC dazu machen und es γ nennen. Denken wir uns die Seiten eines Parallelogramms wie Maßstäbe eingeteilt, und zwar OP und QR in Einheiten $=\alpha$, hingegen OQ und PR in Einheiten $=\beta$, so lassen sich durch die Teilungspunkte Gerade durchlegen, die alle mit mm parallel sind und auch auf der Resultierenden OR gleiche Teile abschneiden, und zwar lauter Teile von der Größe γ. Es gibt dann offenbar so viele Parallele, als es Skalenteile auf dem Linienzug OPR gibt. Nennen wir z die Maßzahl von OR mit Bezug auf die Maßeinheit γ, so ist offenbar $z = x + y$; und es gibt keine andere als gerade die Maßeinheit γ, für welche diese einfache Beziehung der Maßzahlen besteht. Denkt man sich jetzt, wie oben, die Maß**zahlen** durch Gewichte repräsentiert, so stimmt die Schwerpunktkonstruktion also auch in dem Sinn, daß die Maßzahl der Resultierenden durch die Summe der beiden Gewichte repräsentiert wird.

Es ist für das Verständnis dieser ganzen Deduktion wichtig, sich klar zu sein, welcher Teil derselben der Ausdruck von Tatsachen ist und welcher aus willkürlichen Festsetzungen besteht. Tatsachen sind die beiden Kräfte OP und OQ und daher das Parallelogramm $OPRQ$ und die Diagonale OR als Ausdruck der Resultierenden nach ihrer Richtung und Größe. Willkürlich sind die Maßeinheiten und alles, was aus ihnen folgt. Denken wir sie anders gewählt als im Betrage von α und β, dann läge mm anders und daher auch A, B und C. Aber die Deduktion würde sich identisch wiederholen: AB würde durch C wieder in dem Verhältnis der neuen Maßzahlen geteilt; und in Bezug auf das neue γ wäre z wiederum $= x + y$.

Zusammenfassend kann man also sagen: wenn ich für zwei gerichtete Kräfte ihre bezüglichen Maßeinheiten willkürlich festsetze und es mir zur Regel mache, die Maßeinheit der Resultierenden so zu wählen, daß ihre Maßzahl gleich der Summe der Maßzahlen der Komponenten ist, dann, aber auch nur dann, kann ich die Kräfte auf eine starre Gerade so wirkend denken, daß Größe und Angriffspunkt der Resultierenden nur mehr durch die (unbenannten) Maßzahlen der Komponenten bestimmt sind.

Denken wir uns also in der obigen Zeichnung bloß die Kräfte OP und OQ gegeben, so kann ich eine Gerade mm in ganz beliebiger Weise durchlegen; der Angriffspunkt auf dieser Geraden ist dann sofort gegeben, weil die Maßeinheiten OA und OB und damit aber auch die Maßzahlen x und y gegeben sind. Auch die Richtung der Resultierenden ist gegeben und mit Rücksicht auf $z = x + y$ auch ihre Größe, da ja die Maßeinheit γ nicht mehr willkürlich ist, wenn man sich einmal für eine bestimmte Lage von mm entschieden hat.

Denkt man sich statt der zwei in der Papierebene liegenden Kräfte OP und OQ deren drei, OP, OQ, ON im Raum liegend, so kann man eine freigewählte Ebene EE durch sie durchlegen und die Strecken, die sie von O weg abschneidet, als Maßeinheiten ansehen (Abb. 11). Es lassen sich dann genau dieselben Betrachtungen über die Resultierende anstellen wie vorhin; man muß nur die Kräfte OP und OQ zusammenfassen und ihre Resultierende dann mit ON vereinigen, also die frühere Deduktion zweimal machen.

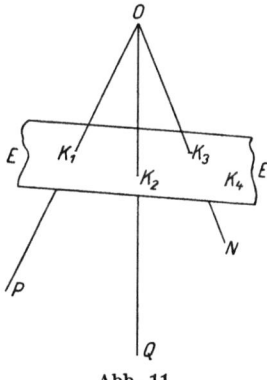

Abb. 11

Die drei Maßeinheiten können noch immer frei gewählt werden; die Resultierende hat wieder eine erzwungene Maßeinheit und ihre Maßzahl ist wieder gleich der Summe der Maßzahlen der drei Komponenten. Aber mit der Wahl dieser drei Einheiten ist die Ebene EE festgelegt; für eine vierte Kraft könnte die Maßeinheit nicht mehr frei gewählt werden. Geometrisch ist das ohne weiteres klar. Wenn ich den Kräften K_1 und K_2 bestimmte Maßeinheiten willkürlich zuteile, so ist die Ebene EE noch immer beweglich (nämlich um die Achse $K_1 K_2$); ist aber für K_3 die Maßeinheit ebenfalls gewählt, so steht die Ebene fest. Außerdem besteht die Beziehung, daß eine vierte Kraft immer mit den drei ursprünglichen Kräften zu einer Kräftegleichung vereinigt werden kann, wenn diesen drei Kräften beliebige Größen gegeben werden können. Wenn man eine vierte Kraft zunächst so wählt, daß ihre Richtung innerhalb des Strahlenbündels OP, OQ, ON liegt, so kann man immer die Größen der drei ersten Kräfte K_1, K_2, K_3 so wählen, daß die vierte Kraft selbst die Resultierende ist, mithin die Wirkungsgleichung $K_4 = K_1 + K_2 + K_3$ (ohne Koeffizienten!) besteht.[1] Liegt die vierte Kraft aber

---

[1] Da diese vierte Kraft immer als Funktion der drei ursprünglichen Kräfte dargestellt werden kann, ist diejenige Maßeinheit, welche eine Schwerpunktkonstruktion gestattet, eine erzwungene.

außerhalb, z. B. in K_4, so können die Größen der Kräfte so gewählt werden, daß K_4 mit K_1 eine Resultierende ergibt, die mit der Resultierenden von K_2 und K_3 identisch ist, so daß nunmehr die Wirkungsgleichung $K_1 + K_4 = K_2 + K_3$ besteht. Sobald aber eine solche Gleichung besteht, ist eben dadurch auch die Maßeinheit von K_4 definiert; sie ist dann immer durch die Strecke zwischen O und der Ebene EE repräsentiert. Es bleibt wesentlich dieselbe Überlegung, wenn wir sagen: da die Maßzahlen durch Gewichte repräsentiert werden können, mit denen die Ebene EE belastet wird, so kann man die Größen der drei in K_1, K_2, K_3 lastenden Gewichte immer so wählen, daß ein in einem vierten Punkt aufgelegtes Gewicht durch eine Gleichung mit den übrigen dreien verbunden ist: liegt es innerhalb des Dreiecks $K_1 K_2 K_3$, so muß es im Schwerpunkt liegen und gleich der Summe der drei Gewichte sein. Liegt es außerhalb, so muß es zusammen mit einem der drei Gewichte denselben Schwerpunkt haben, wie die anderen zwei Gewichte zusammen und die beiden Summen müssen ebenfalls einander gleich sein.

Jetzt ist die Störung beseitigt, welche der Schwerpunktkonstruktion NEWTONS entgegenstand. Stellen wir nunmehr die Analogie zwischen dem mechanischen Fall (Zusammensetzung von Kräften) und dem optischen (Lichtmischung) her, so entspricht der Größe der Kräfte die Intensität der Lichter. Da aber die Lichter nur als Reize in Betracht kommen, darf auch die Intensität nur als Reizwert aufgefaßt werden und muß daher für jede Lichtart ihre eigene Einheit haben; innerhalb derselben Lichtart kann sie natürlich der Lichtmenge proportional gesetzt werden, darf also z. B. durch Spaltbreiten gemessen werden. Der Richtung der Kräfte entspricht die Qualität der Reizwerte, insofern irgend ein Licht die Empfindung Rot, ein anderes die Empfindung Grün hervorrufen kann. Da, wenn die Ebene EE einmal festgesetzt ist, jedem Strahl eines gegebenen Strahlenbüschels ein bestimmter Punkt der Ebene zugehört, so können ebensogut die Punkte der Ebene als Analoga der Qualitäten der Reizwerte angesehen werden.

Für drei Lichter müssen die Einheiten willkürlich sein, für jedes weitere ist die Einheit erzwungen. Das besagt: eine optische Gleichung (Valenzgleichung) muß immer die Eigenschaft haben, daß die Summe der Maßzahlen zu beiden Seiten des Gleichheitszeichens dieselbe ist; daher müssen die Maßeinheiten so eingerichtet werden, daß diese Bedingung erfüllt wird. Was im mechanischen Fall als „Komponenten" und „Resultierende" bezeichnet wird, heißt im optischen „Lichter, die additiv gemischt werden" und „Licht, das diesem Gemisch empfindungsgleich ist". Und schließlich zeigt unser Bild von den gerichteten Kräften, daß man Richtung und Größe der Resultierenden nicht voraussagen kann, daß vielmehr beides empirisch gegeben sein muß; auf Grund dessen kann man dann die Maßeinheit der Resultierenden so definieren, daß die Maßzahlen der Schwerpunktregel genügen. Analog kann man weder die Qualität noch die Intensität jenes Lichtes vorhersagen, welches einem gegebenen Gemisch wirkungsgleich ist.

Vielleicht könnte man aber einwenden, daß die ganze Analogie eine nichtssagende Spielerei sei. Denn welchen Wert soll es haben, Regeln für die Maßeinheiten aufzustellen, wenn das Ergebnis einer Lichtmischung und dasjenige neue Licht, das ihr gleicht, empirisch ermittelt werden muß? Doch nur den, daß man der fertigen Tatsache einer optischen Gleichung ein mechanisches Bild an die Seite stellt; also nur den didaktischen Wert einer Illustration. Man kann doch aus einer selbstkonstruierten Analogie nicht mehr herauslesen, als man von vornherein in sie hineingelegt hat. Das ist nun allerdings richtig: man kann durch die Analogie keine Relationen erzwingen. Hingegen kann die Möglichkeit, eine Übereinstimmung in sekundären, also abgeleiteten Relationen nachzuweisen, zur **Aufdeckung primärer Relationen führen, die übereinstimmen müssen**, wenn die sekundären übereinstimmen. Und das führt uns nun zu folgender Problemstellung: Welche Eigenschaften müssen die Lichter als optische Reizwerte besitzen, um die Analogie mit gerichteten Kräften zu erfüllen? Denn bisher ist die Analogie ja nur soweit hergestellt worden, daß wir eine Störung beseitigt haben. Dem mechanischen Bild kommen aber eine Reihe von Eigenschaften zu, von denen gezeigt werden muß, daß sie sich in analoger Weise auch bei der Lichtmischung vorfinden:

1. Werden die Maßeinheiten dreier Kräfte willkürlich gewählt, so ist durch sie eine Ebene bestimmt und die Maßeinheit der vierten Kraft ist nunmehr durch die Bestimmung erzwungen, daß sie gleich der Summe der Maßzahlen der drei Komponenten sein muß. Ebenso muß sich zwischen je vier Lichtern immer eine Gleichung herstellen lassen; oder was dasselbe ist: **willkürlich sind die Maßeinheiten nur für drei Lichter, für jedes weitere ist die Maßeinheit erzwungen**. Diese Bedingung ist erfüllt.[1]

2. Wenn, nach Annahme dreier Grundkräfte, einer vierten, fünften, sechsten .... durch empirische Gleichungen[2] ihre Orte und Maßeinheiten zugewiesen sind, so entstehen ja auch Relationen zwischen diesen neuen Orten und diese neuen Relationen müssen wieder Ausdruck von Kräftegleichungen sein. Würde sich also z. B. ergeben, daß die vierte, fünfte und sechste Kraft in einer Geraden liegen, so muß eine Gleichung zwischen diesen Kräften bestehen, derart, daß 4 und 6 im umgekehrten Verhältnis

---

[1] Vgl. S. 33.

[2] Es ändert nichts an der Sache, daß man diesen neuen Kräften ihre Richtungen und Größen schon mittels des Parallelogrammsatzes vorherbestimmen kann. Denn auch dieser Satz ist nur empirisch und könnte jedesmal neu gewonnen werden. Auf optischem Gebiete ist das sogar immer so: ich muß jedesmal durch eine empirische Gleichung dem neuen Licht seinen Ort und Koeffizienten zuweisen.

der Strecken stehen und die Summe gleich der fünften Kraft sein muß. Oder: wenn vier neu aufgefundene Kräfte so liegen, daß die geradlinige Verbindung von 4 und 6 die von 5 und 7 schneidet, so muß der Schnittpunkt der gemeinsame Angriffspunkt der Resultierenden von 4 und 6 und von 5 und 7 sein, die Kräfte müssen wieder im umgekehrten Verhältnis der Strecken stehen und es müssen die Summen gleich gemacht werden. Ebenso müßte es möglich sein durch Lichtmischung zu **neuen Relationen zu gelangen**. Daß dies tatsächlich der Fall ist, läßt sich am besten ersehen, wenn wir an dem konkreten Beispiel einer Lichtmischung die Schwerpunktkonstruktion durchführen und zeigen, welche Konsequenzen sich aus ihr entwickeln lassen.

Auf dem Farbenkreisel wird die Gleichung: $120\,R + 210\,Gr + 30\,Bl = 98\,W + 262\,S$ empirisch ermittelt. Man korrigiert sie zunächst so, daß das vom schwarzen Papier ausgesandte Licht zum Weiß gerechnet wird und daher das S verschwindet. Auf der rechten Seite ergibt sich dann $102\,W$ und die Maßeinheit für W ist $\frac{102}{360}$ oder, was dasselbe ist, der Koeffizient, mit dem W, wenn es in irgendwelche Gleichungen eintritt, multipliziert werden muß $= 3{,}53$. Dann sucht man den Schwerpunkt für R und Bl; er sei α und ist durch die Gleichung $\frac{R\,a}{Bl\,a} = \frac{30}{120}$ gegeben, d. h. die Strecke $R\,Bl$ ist im Verhältnis $1:4$ zu teilen (Abb. 12). Der Punkt α ist dann belastet mit $120 + 30 = 150$. Hierauf bestimmt man den Schwerpunkt von α und Gr durch die Gleichung $\frac{a\,W}{Gr\,W} = \frac{210}{150}$. Es ist daher die Strecke $a\,Gr$ im Verhältnis $7:5$ zu teilen. Hiedurch ist der Ort des W bestimmt.

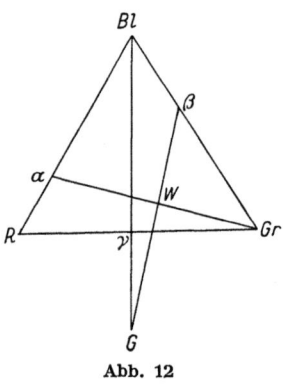

Abb. 12

Verbindet man nun mit der ersten Gleichung die ebenfalls empirisch hergestellte Gleichung:

$$143\,Bl + 110\,G + 107\,Gr = 127\,W + 233\,S,$$

so läßt sich mit Hilfe der Schwerpunktkonstruktion der Ort für G ermitteln. Doch ist die zweite Gleichung zunächst zu korrigieren. Nach Einrechnung des vom schwarzen Papier ausgesandten Lichtes ergibt sich für die rechte Seite $131\,W$; dieser Wert ist mit dem Koeffizienten $3{,}53$ zu multiplizieren $= 462$. Es muß aber auch die Maßzahl für G so korrigiert werden, daß die Summen der Maßzahlen auf beiden Seiten einander gleich sind.

$$462 - (143 + 107) = 212.$$

Erst die so korrigierte Gleichung $143\,Bl + 212\,G + 107\,Gr = 462\,W$ kann zur Auffindung des Ortes für G verwendet werden. Es ist zunächst der Schwerpunkt (β) für Bl und Gr zu finden nach der Gleichung $\frac{Bl\,\beta}{Gr\,\beta} = \frac{107}{143}$. Der Punkt β ist dann belastet mit $107 + 143 = 250$. Hierauf kann aus der Gleichung $\frac{GW}{\beta W} = \frac{250}{212}$ der Ort des G gefunden werden. Seine Maßeinheit ist dann $\frac{110}{212}$, bzw. der Koeffizient für $G = \frac{212}{110} = 1{,}93$.

Verbindet man G mit Bl, so entsteht γ. Hieraus ist eine neue Gleichung unmittelbar abzulesen, denn γ muß der Schwerpunkt für R und Gr, wie auch für G und Bl sein. Es müssen sich daher die Maßzahlen umgekehrt wie die Streckenabschnitte verhalten und die Summen müssen beiderseits gleichgemacht werden. Natürlich müssen, wo erzwungene Maßeinheiten auftreten, diese benützt werden: also die korrigierten Werte; hier ist das bloß beim Gelb der Fall. Den Bedingungen, daß R und Gr, sowie Bl und G in bestimmtem Verhältnis stehen und die Summen gleich sein müssen, genügen ∞ viele Gleichungen, weil die absoluten Größen der Summen ja beliebig sind. Will man aber den ganzen Kreisel ausfüllen, so ist natürlich die Summe 360 gegeben. Man teilt also 360 einerseits im Verhältnis von $R\,\gamma : Gr\,\gamma$, andererseits von $Bl\,\gamma : G\,\gamma$ und erhält so die neue Gleichung. Nur ist zu berücksichtigen, daß man den Betrag von G als korrigierten Wert erhält. Wenn man also die Gleichung zusammenstellt, muß der Wert für Gelb durch 1,93 dividiert werden; was dann übrig bleibt, wird mit Schwarz ausgefüllt.

Zu beachten ist, daß die graphische Darstellung für die neue Gleichung nur das Verhältnis angibt, in welchem $R : Gr$ und dasjenige, in welchem $Bl : G$ stehen müssen; die Beträge selbst gibt sie nicht an, ja sie gibt nicht einmal an, daß die beiderseitigen Summen einander gleich sein müssen. Letzteres ist erst dazugebracht worden, indem wir beiderseits den Vollkreis (also 360^0) in den graphisch gegebenen Verhältnissen geteilt haben. Es muß also die graphische Darstellung durch Einführung der Summengleichheit ergänzt werden, erst dadurch sind die hinreichenden Bedingungen zur konstruktiven Auffindung einer neuen Gleichung gegeben.

Man kann aber auch rechnerisch zu demselben Resultat gelangen. Wenn man aus den gegebenen zwei Gleichungen das W eliminiert (indem man die erste Gleichung mit einem entsprechenden Faktor multipliziert), werden die beiden Kraftgruppen einander gleich. Nach Subtraktion der entgegengesetzt gerichteten Kräfte — die eine soll vertikal aufwärts, die andere abwärts gerichtet sein — besteht wieder Gleichgewicht und γ ist der gemeinsame Schwerpunkt. Daher müssen die so berechneten Werte den früher graphisch dargestellten Werten genügen. Überdies ist aber auch die Summengleichheit garantiert, wenn man nicht für G den korrigierten Wert benützt. Letzteres ist aber unnötig, weil man bei der Herstellung der Gleichung doch wieder den gewöhnlichen Teilkreis benützt, daher die Maßzahl für Gelb durch denselben Koeffizienten dividieren müßte, mit dem man sie früher multipliziert hat. Somit erreicht man durch die arithmetische Behandlung der Farbengleichungen dasselbe wie durch die Schwerpunktkonstruktion.

Die rechnerischen Operationen waren: Multiplikation einer Gleichung mit einem Faktor und Subtraktion derselben Größen auf beiden Seiten der Gleichung. Für Lichtreize ist das gestattet, wenn folgende Sätze gelten: 1. Wenn die Intensitäten gleich aussehender Lichtgemische im selben Verhältnis gesteigert oder geschwächt werden, sehen die Gemische wieder gleich aus. 2. Wenn zu gleichaussehenden Lichtern gleiche oder auch bloß gleich aussehende Lichter zugemischt oder aus der Mischung ausgeschieden werden, bleibt die Gleichheit erhalten.

Beide Sätze kann man zusammenziehen: **Die physiologische Äquivalenz physikalisch verschiedener Lichter darf wie eine echte Gleichung arithmetisch behandelt werden.**[1]

Man gelangt also zu dem Resultat, daß die beiden empirisch aufgefundenen Fundamentalsätze der Lichtmischung notwendige Bedingungen für die Analogie zwischen Lichtern als Reizwerten und gerichteten Kräften sind, oder mit anderen Worten, daß man aus dem mechanischen Falle die Lichtmischungsgesetze ableiten kann.

Die Komplementärlichter. Wenn irgend ein Licht mit farbiger Valenz gegeben ist, so läßt sich immer ein zweites Licht finden, welches, wenn man es gleichzeitig mit dem ersten auf dieselbe Netzhautstelle wirken läßt, eine farblose Empfindung erzeugt. Zwei solche Lichter nennt man komplementär (nicht die Farben sind komplementär!). Der Effekt einer solchen komplementären Mischung ist immer eine Empfindung aus der Graureihe, aber welche, läßt sich nicht von vornherein sagen. Es sind in früheren Zeiten zahlreiche Versuche gemacht worden, um die komplementären Paare aus den Spektrallichtern zusammenzustellen.[2] Es ist das aber ein undurchführbares Unternehmen, weil das, was wir „farblos" nennen, in Bezug auf die Erregung außerordentlich variabel ist; es kann objektiv nicht definiert werden, wovon später noch die Rede sein soll. Auch HELMHOLTZ hat die Schwankungen bemerkt und durch die Annahme, unser Urteil über das, was weiß ist, sei so variabel, zu erklären versucht. Sicher handelt es sich aber nicht um eine Urteilstäuschung.

Die Valenzkurve der homogenen Lichter. Gemäß der Schwerpunktkonstruktion kann man alle homogenen Lichter auf einer Tafel anordnen, wenn drei beliebige Lichter (Wahl- oder Eichlichter) samt ihren Maß-

---

[1] Vgl. S. 32.
[2] Messungen der Wellenlängen komplementärer Lichter sind ausgeführt worden durch HELMHOLTZ, v. KRIES, v. FREY, KÖNIG, DIETERICI. Vgl. Physiol. Optik., S. 317 bis 319.

einheiten gegeben sind. Wir wollen annehmen, daß wir bei Konstruktion einer solchen „Farbentafel", die besser als Valenztafel oder Valenzdreieck zu bezeichnen wäre, weil es sich ja nur um die Darstellung der optischen Reizwerte handelt, drei bestimmte Spektrallichter, ein rotes, ein grünes und ein violettes mit bestimmter Maßeinheit zugrunde legen.[1] Für die übrigen Spektrallichter seien die Orte durch die Schwerpunktkonstruktion gefunden; sie sollen auf der ausgezogenen Kurve liegen (Abb. 13). Diese Kurve verläuft eine Zeitlang geradlinig. Das heißt: die Mischung zweier Lichter (Gelb und Rot) erzeugt eine Empfindung, die genau gleich ist der Empfindung, die durch ein dazwischen liegendes Spektrallicht (Orange) erzeugt werden kann. Dann macht die Kurve eine scharfe Biegung; diese bedeutet, daß in dieser Gegend zwei gemischte Lichter eine Empfindung ergeben, die zwar denselben Farbenton hat wie eine gewisse homogene Farbe, z. B. Grün, aber viel weniger gesättigt ist. Im weiteren Verlauf zeigt die Kurve eine ganz sanfte Krümmung: d. h. die Empfindung, die sich durch Mischung zweier Lichter ergibt, weicht von der durch das entsprechende homogene Licht erzeugten Empfindung auch in Bezug auf Sättigung sehr wenig ab. W bezeichnet den Ort des weißen Mischlichtes; die punktierten Linien verbinden je zwei komplementäre Lichter des Spektrums.[2]

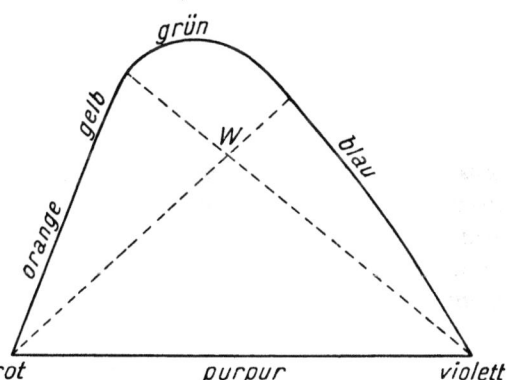

Abb. 13. Valenzkurve der homogenen Lichter (nach v. KRIES)

[1] Eine derartige Farbentafel wurde von MAXWELL (Experiments on Colours... Scientif. papers, Bd. 1, 1854, und: On the theory of compound colours. Scient. papers, Bd. 1, 1860) und von HELMHOLTZ (Über die Zusammensetzung von Spektralfarben, Pogg. Ann. 1855 und Physiol. Optik, S. 32ff.) fast gleichzeitig konstruiert. Daß es sich hier nicht um eine Darstellung der Farbenempfindungen handelt, sieht man schon aus Folgendem: Das System der Farbenempfindungen ist für ein bestimmtes Individuum ein gegebenes; das System der Valenzen bezieht sich aber immer auf die Lichter, die man eben in Bezug auf ihre Reizwerte untersuchen will. Ich kann also von einer Valenztafel sprechen relativ zu einem gegebenen Dispersionsspektrum oder relativ zu einer gegebenen Kollektion von farbigen Papieren. Immer muß sich die Valenztafel auf ein gegebenes System von Reizen beziehen und auf einen bestimmten Empfänger; letzterer könnte auch eine photographische Platte sein. Von einer Valenztafel „an sich" zu reden, hat überhaupt keinen Sinn.

[2] Wenn das Abbildungsprinzip richtig ist, dann muß sich das z. B. auch dadurch erkennen lassen, daß für alle komplementären Gemische der-

Würden wir mit Benützung derselben drei Wahllichter nunmehr auch die Orte für beliebige Pigmentlichter ermitteln, so würden diese alle innerhalb der Fläche liegen, weil sie weniger gesättigt sind. Würde man umgekehrt als Wahllichter drei Pigmentlichter verbinden und nun durch Kreiselmischung für sehr viele andere Pigmente die Orte ermitteln, so würde man auch eine Kurve erhalten; ginge man jetzt aber zu Spektrallichtern über, so würden diese durchwegs außerhalb dieser Kurve liegen. Die Kurve der Spektrallichter kann durch die Purpurstrecke ergänzt werden. Daß diese eine Gerade ist, ist selbstverständlich. Es besagt das nur, daß jedes Lichtgemisch sich selbst gleich ist. Jedes beliebige Mischlicht kann durch Mischung eines homogenen Lichtes (inklusive Purpur) mit Weiß ersetzt werden (GRASSMANN). Dieser Satz gestattet, den kompliziertesten Lichtgemischen ihren Ort anzuweisen. So ist es z. B. auch möglich, die Mischung zweier oder mehrerer Pigmentlichter zu bestimmen. Man weist ihnen mittels des GRASSMANNschen Satzes ihre Orte an, bestimmt den Schwerpunkt, verbindet ihn mit dem Weißpunkt und verlängert bis zur Grenze der Valenztafel, wodurch dann der Farbenton gefunden wird.

Zwei Gerade, die sich auf der Valenztafel schneiden und bis zu den Rändern der Tafel reichen, bestimmen immer eine Gleichung zwischen vier homogenen Lichtern (inklusive Purpur), dem Schnittpunkt entspricht die Farbe der Mischung; reichen sie nicht bis zu den Grenzen der Tafel, so bestimmen sie eine Gleichung zwischen polychromatischen Lichtern, die ihrerseits die verschiedenste physikalische Zusammensetzung haben können.

Man kann sich aber durch solche Betrachtungen über die Leistungsfähigkeit einer Valenztafel leicht täuschen lassen. Es ist eine ungenaue Ausdrucksweise, zu sagen: die Valenztafel gestattet, den Farbenton eines Mischlichtes zu finden. Man muß sagen: wenn die Komponenten durch empirische Gleichungen mit den Wahllichtern verbunden sind und dadurch ihre Orte erhalten haben, kann man den Ort des Mischlichtes finden, der seinerseits aber nur dann über die Qualität der Empfindung etwas aussagt, wenn ihm selbst durch eine empirische Gleichung ein Licht zugewiesen worden ist. Über die Empfindung, die dieses Licht hervorruft, hat aber dann jene empirische Gleichung entschieden, und nicht die Valenztafel. Kurz gesagt, die Valenztafel ist ein Umweg, um aus gegebenen Gleichheitsbeziehungen neue zu gewinnen. Dieser Umweg kann durch arithmetische Behandlung ausgeschaltet werden. Aber wenn uns auch die Valenztafel keine neuen Erkenntnisse gibt, so bietet sie doch den Vorteil, daß man gewisse Verhältnisse mit einem Blick übersehen kann.

---

selbe W-Punkt gefunden wird. Das läßt sich aber auch durch bloße Rechnung feststellen: zwei Gemische, die beide dasselbe Quantum W ergeben, müssen untereinander gleich aussehen.

Binokulare Farbenmischung und Wettstreit.[1] Ganz kurz nur soll auf die Erscheinungen eingegangen werden, die man als binokulare Farbenmischungen und als Wettstreit zu bezeichnen pflegt; ohne Heranziehung des Raumsinnes können sie nämlich nicht ausreichend verständlich gemacht werden. Hier sei nur vorgreifend erwähnt, daß jeder Netzhautstelle im Mittelgebiet[2] des einen Auges eine Netzhautstelle im Mittelgebiet des andern Auges derart zugeordnet ist, daß die Sehrichtung unverändert bleibt, ob beide Netzhautstellen gereizt werden oder nur eine. Daher wird die entsprechende Sehfeldstelle von diesen „identischen" Netzhautstellen in Bezug auf Farbe und Helligkeit abhängen. Beim binokularen Sehen kommt es nun vor, daß solche identische Netzhautstellen qualitativ verschieden gereizt werden und in solchen Fällen tritt entweder eine ruhige, gleichmäßige Mischfarbe ein oder es wird die Wirkung des einen Reizes unterdrückt, so daß das gemeinsame Sehfeld ganz mit der Farbe erfüllt ist, die dem anderen Reiz entspricht. Es kann aber auch ein zeitlicher Phasenwechsel entstehen, indem bald binokulare Mischung, bald Unterdrückung der einen Farbe eintritt; in diesem Falle spricht man vom Wettstreit der Sehfelder. Gewöhnlich kommt noch hinzu, daß verschiedene Partien des Sehfeldes zur selben Zeit verschiedene Phasen des Wettstreites zeigen, so daß an der einen Stelle die eine, an der andern Stelle die andere Farbe prädominiert, während wieder andere Stellen eine Mischfarbe zeigen; die Erscheinung nimmt dann den Charakter des Fleckigen an.

Ob binokulare Farbenmischung oder ob Wettstreit eintritt, hängt von mehrfachen Bedingungen ab. Große Helligkeitsdifferenzen sind der binokularen Mischung ungünstig, sie rufen Wettstreit hervor. Solange der Helligkeitsunterschied noch nicht sehr groß ist, ist die binokulare Mischfarbe der helleren Komponente ähnlicher, ohne sie aber ganz zu erreichen; erst bei sehr großem Helligkeitsunterschied kommt es vor, daß die eine Farbe der andern gänzlich unterliegt. Ferner ist ein höherer Sättigungsgrad der Komponenten für die binokulare Mischung ungünstig; man verwendet also, um Mischfarben zu erzeugen, wenig gesättigte Komponenten. Wenn sich die Komponenten im Farbenzirkel nahe stehen, so ist das eine günstige Bedingung für die Mischung. Der ungünstigste Fall ist dann gegeben, wenn die Komponenten komplementäre Lichte sind; hier kommt eine ruhige, persistierende Mischung eigentlich niemals vor, die Erscheinung des Fleckigen ist dann besonders auffallend. Mischt man Schwarz und Weiß binokular, so tritt ebenfalls ein unter Umständen lang dauernder Wettstreit ein, sobald es aber zur Mischung kommt, entsteht der Eindruck des Glanzes, und zwar des Graphitglanzes.

---

[1] Vgl. HERING: Lichtsinn. §§ 50 bis 55 (inkl.).
[2] Das Gesamtgesichtsfeld zerfällt in ein größeres Mittelgebiet und in zwei unokulare Seitengebiete.

Eine weitere interessante Tatsache ist, daß, wenn eine bestimmte Netzhautstelle gleichmäßig belichtet wird, so daß sich gar keine Einzelheiten unterscheiden lassen, und wenn auf der korrespondierenden Stelle der andern Netzhaut Konturen sichtbar werden, also Grenzlinien zweier Flächen, im Wettstreit dann niemals das gleichmäßige Licht, sondern immer der Kontur siegt (Prävalenz der Konturen). Hiebei ist zu beobachten, daß nicht nur der Kontur selbst, sondern auch die unmittelbar anliegenden Teile des betreffenden Netzhautbildes prävalieren.

Bei binokularer Mischung entsteht immer eine Mischfarbe, deren Helligkeit zwischen den Helligkeiten der Komponenten liegt, während die monokulare Mischung eine Mischfarbe ergibt, die heller ist als jede einzelne Komponente. Man muß daher mit HERING annehmen, daß sich bei der binokularen Mischung beide Netzhäute nur mit einem Bruchteil der ihnen zugehörigen Empfindung geltend machen, und zwar so, daß diese Bruchteile sich immer zu Eins ergänzen. HERING hat dieses Verhalten als komplementären Anteil der beiden Netzhäute charakterisiert.

II. Die Abhängigkeit der Farbenempfindung von der Erregbarkeit

1. Adaptation und Kontrast

Wir haben bisher nur die Abhängigkeit der Farbenempfindung vom objektiven Lichtreiz betrachtet. Jede Farbenempfindung hängt aber außer vom Reiz auch von der Erregbarkeit ab, d. h. derselbe Reiz kann verschiedene Empfindungen ergeben, wenn sich die Erregbarkeit ändert, geradeso wie beim Muskel derselbe Reiz verschiedene Kontraktionen ergeben kann, wenn die Erregbarkeit einmal groß, einmal klein ist. Nun hängt die Erregbarkeit zwar von sehr verschiedenen Umständen ab (z. B. auch von der Temperatur), aber hauptsächlich doch davon, ob der Sehnerv schon durch vorausgegangene Reize in einen Zustand der Ermüdung versetzt worden ist. Der Reiz erzeugt also eine Empfindung, verändert aber zugleich die Erregbarkeit für die späteren Reize, d. h. es ist nicht gleichgültig, ob ein Reiz auf einen ausgeruhten Nerven trifft oder auf einen solchen, der früher schon durch Reize beansprucht war. Bei einem länger andauernden Reiz wird die Erregbarkeit des Organs während der ganzen Reizdauer fortwährend eine andere, so daß der frische Reiz anders wirkt als der Reiz in seinem späteren Verlauf. Diesen Vorgang bezeichnet man als Anpassung, Adaptation des Organs (AUBERT).

Man kann zwischen einer Helligkeits- (Dunkelheits-) Adaptation und einer Farbenadaptation unterscheiden. Die erstere ist ein alltägliches Phänomen. Wir sind geblendet, wenn wir aus einem dunklen Raum plötzlich ins helle Tageslicht treten, nach einiger Zeit haben wir uns aber an den neuen Zustand gewöhnt, die enorme Anfangshelligkeit macht einer mittleren Helligkeit Platz — wir sind helladaptiert. Umgekehrt ist es, wenn wir aus einem hellen Raum in ein stark abgedunkeltes Zimmer treten; wir sehen alles dunkel. Aber auch da braucht nur einige Zeit zu vergehen, so können wir die Gegenstände wieder unterscheiden — wir sind dunkeladaptiert.

Es sei eine Reizskala von weißem Licht gegeben (Abb. 14); die Intensität wächst von Null bis zu einem hohen Grade an. Für einen bestimmten Erregungszustand des Sehorgans ist jeder Intensitätsstufe dieser Reizskala eine bestimmte Helligkeit zugeordnet. Wenn nun die subjektiven Helligkeiten auch auf einer Skala aufgetragen werden, so könnte die eine Skala der andern so zugeordnet werden, daß die entsprechenden Skalenteile aufeinander zu liegen kommen.[1] Die Adaptation besteht nun darin, daß infolge eines länger andauernden Reizes sich die eine Skala gegen die andere (natürlich kontinuierlich) verschiebt. Es kann also ein und derselbe Reiz bald eine Empfindung von größerer, bald eine von geringerer Helligkeit hervorrufen. Ausgegangen wird vom Zustand des vollständig ausgeruhten Sehorgans;[2] dann besteht die Zuordnung $O - H_0$ usw., d. h. die Zuordnung, die durch die horizontalen Linien angedeutet ist. Die Kurve zeigt, wie sich die durch

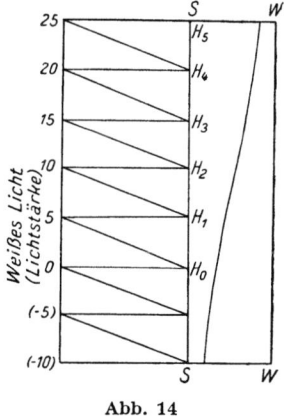

Abb. 14

di Lichtstärken 0, 5, 10, ... entstehenden Empfindungen immer mehr, aber asymptotisch der Empfindung Weiß nähern (im untern Teil nähern sich die Empfindungen immer mehr asymptotisch der Empfindung Schwarz). Die Abstände jedes Kurvenpunktes von der W-Linie werden um so kleiner, je näher die Empfindung dem W steht. Die Erregungskomponenten sind natürlich den Abständen reziprok: die W-Komponente ist um so größer,

---

[1] In Abb. 14 ist der Einfachheit wegen angenommen, daß gleichen Reizunterschieden auch gleiche Empfindungsunterschiede entsprechen. Tatsächlich ist das durchaus nicht der Fall. Es kommt uns aber hier nicht auf die Zuordnungsverhältnisse selbst an, sondern nur auf die Änderungen dieser Zuordnung; und daher kann die genannte Vereinfachung ohne Schaden benützt werden.

[2] Dieser ist gegeben, wenn das Sehorgan mindestens eine Stunde lang vor jedem Licht geschützt gewesen ist. Dieser Zustand kann mit jedem andern Adaptationszustand dadurch verglichen werden, daß von jedem andern Adaptationszustand derjenige Reiz angegeben wird, der dieselbe Empfindung erzeugt, wie sie bei vollständig ausgeruhtem Organ und Lichtmangel vorhanden ist.

je geringer der Abstand der Empfindung vom reinen W ist. Bei der Lichtstärke null, also bei vollständig ausgeruhtem Organ, herrscht das Grau des Eigenlichtes. Ist durch einen länger dauernden Reiz Adaptation für diesen Reiz eingetreten (z. B. für den Reiz 5), so verschiebt sich die ganze Empfindungsskala gegenüber der Reizskala so, daß die schrägen Linien gelten.[1] Dem Reiz 0 entspricht dann eine noch dunklere Empfindung als das Eigenlicht, wie wir das ja sofort sehen, wenn wir die vorher beleuchteten Augen schließen. Wir können diese dunklere Empfindung unmittelbar mit dem Eigenlicht vergleichen, wenn wir bloß lokal adaptieren. Lege ich auf schwarzes Tuch eine weiße Scheibe und fixiere deren Mittelpunkt 1 bis 2 Minuten lang, so wird diese allmählich immer dunkler. Nach Entfernung der weißen Scheibe sieht die von ihr eingenommene Stelle des Tuches viel schwärzer aus als die Umgebung, obwohl objektiv beide nahezu lichtlos sind. Man pflegt diese Erscheinung als **sukzessiven Helligkeitskontrast** oder als **negatives Nachbild** zu bezeichnen.

Ob man ein negatives Nachbild bei offenen Augen erzeugt, indem man z. B. auf einen grauen bzw. schwarzen Hintergrund blickt, oder bei geschlossenen, ist prinzipiell gleichgültig. Die Erscheinung besteht immer darin, daß die Wirkung eines Lichtreizes nicht bloß von diesem Lichtreiz abhängt, sondern auch von der Erregbarkeit der betreffenden Netzhautstelle; und durch die Adaptation wird eben diese Erregbarkeit geändert. Diese Änderung kann ich am besten konstatieren, wenn ich nur ein beschränktes Feld der Netzhaut (wie beim Versuch mit der Scheibe) „ermüde", d. h. seine Erregbarkeit herabsetze. Dann wird ein über die ganze Netzhaut gleichmäßig verteilter Reiz (grauer Hintergrund) auf Stellen verschiedener Erregbarkeit verschieden wirken. Das wird immer der Fall sein, wie hell oder wie dunkel ich den gleichmäßigen Hintergrund wähle: der Grenzfall ist der, daß ich ihn vollständig lichtlos mache (z. B. durch Schließen der Augen).

Nach der früher üblichen, besonders von HELMHOLTZ vertretenen Lehre wurde der sukzessive Kontrast als „Ermüdungserscheinung" aufgefaßt. Aber Ermüdung wäre nur eine schwächere Reaktion auf einen Reiz; wenn aber gar kein Reiz vorhanden ist, d. h. wenn gar kein Licht auf die „ermüdete" Stelle fällt (wie etwa bei geschlossenen Augen), so könnte sich dieser Auffassung zufolge die Ermüdung überhaupt nicht äußern. Daher muß das tiefere Schwarz als eine positive Verstärkung der Schwarzerregung aufgefaßt werden, nicht als eine bloße Schwächung der Wirkung, die der W-Reiz ausübt, denn ein solcher ist ja gar nicht da. Man sieht aber auch, daß der sukzessive Kontrast nur eine Teilerscheinung der Adaptation ist. Wenn man die letztere als Verschiebung der beiden

---
[1] Die Zuordnungslinien können natürlich viel steilere sein, als wir angenommen haben.

Skalen auffaßt, so ist beides erklärt: die allmählich schwächere Wirkung des kontrasterregenden Reizes und der Dunkelkontrast nach plötzlicher Entfernung des Reizes.

Die Adaptation könnte sich aber natürlich auch auf die ganze Netzhaut erstrecken. Wenn wir aus hellem Tageslicht in ein Dunkelzimmer treten, so ist das Schwarz des Dunkelzimmers ein viel tieferes, als wenn wir uns bereits längere Zeit im dunklen Zimmer aufgehalten hätten. Lichtmangel genügt also nicht, um ein sehr dunkles Grau (Schwarz) zu erzeugen, das Eigenlicht ist nicht tief schwarz. Erst wenn wir uns vorher in einem helleren Raum befunden haben und daher hell adaptiert sind, sehen wir tiefes Schwarz.

HERING hat dieser Tatsache den Ausdruck gegeben: Die Empfindung Schwarz entsteht unter dem Einfluß objektiven Lichtes (nämlich unter dem vorher wirksam gewesenen Einfluß, der den Adaptationszustand verändert).

Noch eine Folgeerscheinung ist zu erwähnen, die bis auf HERING gänzlich übersehen wurde.

Wenn wir uns in einer mond- und sternlosen (also vollständig dunklen) Nacht draußen im Freien befinden, so würde zunächst überhaupt nichts zu sehen sein. Die Gesamtempfindung wäre aber durchaus nicht die des tiefsten Schwarz, sondern die des Eigenlichtes. Wir wollen nun annehmen, daß mit beginnender Dämmerung allmählich Licht auf die Gegenstände fällt, aber nur sehr wenig. Dann würde objektiv ein Reizintervall zwischen dem dunkelsten Gegenstand — es sei ein Tunneleingang — und dem hellsten — es sei der Himmel — bestehen. Dieses Intervall sei dargestellt durch a (Abb. 15 I). Je mehr wir uns dem Sonnenaufgang nähern, desto größer wird die Helligkeit; der Tunneleingang hat immer noch die Helligkeit null, aber der Himmel ist viel heller geworden (Reizintervall b und c). Die Verhältnisse in der Empfindung sind aber andere. Bei vollkommenem Lichtmangel herrschte das Eigenlicht der Netzhaut, dem eine ganz bestimmte Helligkeit zukommt. Sobald nun die objektive Intensität (das Reizintervall) wächst, bekommen wir ein Helligkeitsintervall, das nach beiden Seiten zunimmt; der Tunneleingang erscheint dunkler, der Himmel heller (Abb. 15 II). Es entspricht daher der einseitigen Erweiterung des Reizintervalles eine doppelseitige Erweiterung des Empfindungsintervalles.

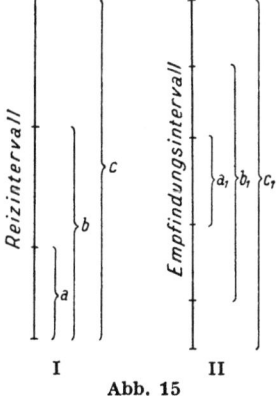

Abb. 15

Auch das „Schlechtsehen", wenn man aus einem dunklen Raum plötzlich in einen hellen kommt, erklärt sich aus dem Schema der Abb. 14. „Gut sehen" heißt nicht bloß richtig akkommodieren, so daß ein scharfes

Bild entsteht, sondern auch gut vom Hintergrund unterscheiden. Es müssen also die Helligkeiten von Objekt und Hintergrund hinreichend verschieden sein. In allen Gebieten also, in denen ein Lichtstärkenunterschied nur mit einem geringen Helligkeitsunterschied verbunden ist, wird man schlecht sehen. Denken wir uns nun, wir seien längere Zeit in einem hellen Raum gewesen, so daß der durch die schrägen Linien charakterisierte Adaptationszustand besteht. Dann wird der Lichtstärke 10 ein Helligkeitsgebiet entsprechen, wo die Helligkeit noch ziemlich rasch mit der Lichtstärke zu- und abnimmt. Wenn also ein Objekt nur etwas größere oder kleinere Lichtstärke hat als der Hintergrund, so wird es sich noch deutlich abheben können. Denken wir uns aber, wir hätten uns lange in einem dunklen Raum aufgehalten und kommen gut ausgeruht in ein helles Zimmer, dann herrscht der Adaptationszustand, der durch die horizontalen Linien charakterisiert ist und der Lichtstärke entspricht ein Gebiet, in welchem sich die Helligkeit nur langsam mit der Lichtstärke ändert; also werden kleinen Lichtstärkenunterschieden fast gar keine Helligkeitsunterschiede entsprechen: wir sind „geblendet" und unterscheiden Objekte nicht mehr vom Hintergrund, wenn sie nicht sehr verschieden hell sind.

Nun gibt es aber nicht bloß eine Helligkeitsadaptation und einen Helligkeitskontrast, sondern auch eine chromatische Adaptation und einen Farbenkontrast. Damit wir diese letzteren Erscheinungen unter dieselben einfachen Gesichtspunkte bringen können, wollen wir noch kurz beim Helligkeitskontrast verweilen und ihm nur einen etwas veränderten Ausdruck geben. Die Schwarz-Weiß-Reihe, die wir jetzt immer als eine Helligkeitsreihe aufgefaßt haben, kann man natürlich ebenso gut als eine Mischreihe aus den beiden Komponenten Schwarz und Weiß ansehen und daher physiologisch als eine Zusammensetzung zweier Erregungsvorgänge auffassen: $100\% \, W + 0\% \, S \ldots 50\% \, W + 50\% \, S$ (Eigengrau) $\ldots 0\% \, W + 100\% \, S$. Dann wird unsere graphische Darstellung nur die eine Änderung erleiden, daß in der Empfindungslinie die zwei Komponenten S und W zum Vorschein kommen müssen. An einem konkreten Fall erörtert, besagt das: bei vollkommen ausgeruhtem Organ entspricht dem Nullpunkt des Reizes (geschlossene Augen) eine bestimmte Kombination von Weißerregung und Schwarzerregung. Diese Kombination ist das Eigenlicht der Netzhaut, sie wird aber auch durch den Reiz 5 (Abb. 14) erreicht, wenn dieser solange wirkt, bis die vollständige, durch die schräge Linie angedeutete Adaptation erreicht ist. Ist dies geschehen und stellt man nun den Nullpunkt des Reizes her, indem man die Augen schließt, so tritt ein bedeutend gesteigerter Schwarzprozeß auf, der Weißprozeß ist gemindert. Die Adaptation ist daher nur als Ermüdung für eine der beiden Komponenten aufzufassen, für die andere muß sie geradezu als eine Erregbarkeitssteigerung gedacht werden. Es hat nun viel für sich, diese Prozesse in ihrem physiologischen Charakter als gegensätzlich aufzufassen, ebenso wie Verbrauch und Ersatz oder wie Assimilation und Dissimilation. Es ist das nicht eine notwendige Forderung, wohl aber eine bequeme und anschauliche Verdeutlichung. Von hier aus finden wir nun leicht den Übergang zum Farbenkontrast, bzw. zur chromatischen Adaptation. Zuerst die Tatsachen: wenn jemand eine blaue Brille trägt, so erscheint ihm der Schnee zunächst blau, dann aber wieder weiß. Befinden wir uns längere Zeit in einem Raum mit künstlicher Beleuchtung, so sehen wir unser Schreibpapier weiß, obwohl es eigentlich gelblich wahrgenommen werden müßte.

Es gibt aber nicht nur eine allgemeine chromatische Adaptation, sondern auch eine lokale. Legen wir eine gelbe Scheibe auf grauen Grund von mittlerer Helligkeit und fixieren dieselbe ein bis zwei Minuten, so wird sie während der Fixation fortwährend ungesättigter; entfernen wir sie dann plötzlich, so erscheint die betreffende Stelle des Hintergrundes deutlich blau gefärbt. Machen wir dasselbe mit Blau, so erscheint als Nachbild Gelb. Reizen wir mit Rot, so erhalten wir ein blaugrünes Nachbild; reizen wir mit Grün, so wird das Nachbild purpurrot. Kurz, wir können sagen, daß die kontrasterregende und die Kontrastfarbe sich im Farbenzirkel ungefähr diametral gegenüberstehen.

Festzuhalten ist, daß das längere Fixieren, welches zur Erzeugung eines Nachbildes nötig ist, immer mit einer Abschwächung der kontrasterregenden Farbe parallel geht; diese Seite des Vorganges wird sehr häufig übersehen.

Wir wollen uns jetzt die chromatische Adaptation an dem Schema der Abb. 16 klarmachen. Jedes Licht, das eine farbige Valenz besitzt, hat immer auch eine Weißvalenz, denn es gibt keine absolut gesättigten Farben. Wenn wir also die Wirkung eines farbigen (z. B. gelben) Lichtes verfolgen, so müssen wir immer auch diese Weißvalenz in Betracht ziehen, daher wird die Anordnung jetzt etwas komplizierter als bei der Helligkeitsadaptation. Die horizontalen Linien veranschaulichen die Zuordnung zwischen Reiz und Erregung bzw. Empfindung bei vollkommen ausgeruhtem Auge; die farblose Komponente ist zusammengesetzt aus einer Schwarz- und aus einer Weißkomponente. Denken wir uns nun den Reiz 25 (um nur ein Beispiel zu wählen) längere Zeit einwirkend, so kann sich dadurch eine Verschiebung der beiden Erregungsskalen ergeben, wie sie durch die schrägen Linien dargestellt ist.[1] Demnach wird jetzt ein Reiz von der Größe 10 eine Empfindung hervorrufen, die überhaupt keine farbige Komponente hat, sondern nur eine Schwarz-

---

[1] Die Neigung ist absichtlich für die farbige Komponente anders gemacht wie für die farblose, um anzudeuten, daß hier verschiedene Erregungsverhältnisse bestehen können.

Weiß-Komponente, und zwar in diesem konkreten Fall eine solche Komponente, in der ebensoviel Weiß wie Schwarz enthalten ist (mittleres Grau). Wir sehen also hier die Abnahme der Sättigung infolge der Adaptation und können sie sogar genau definieren durch diejenige Intensität des gelben Lichtes (10), welche gerade eine farblose Empfindung erzeugt. Gehen wir nun bei diesem so definierten Adaptationszustand mit dem Reiz unter 10 herunter, so erzeugt er erfahrungsgemäß bereits eine Blauempfindung, die man auch durch einen objektiven Reiz erzeugen könnte. Gehen wir z. B. bis auf Null herunter, so sieht man, daß die Blaukomponente schon eine beträchtliche Größe erreicht. Diese Erfahrung ist es

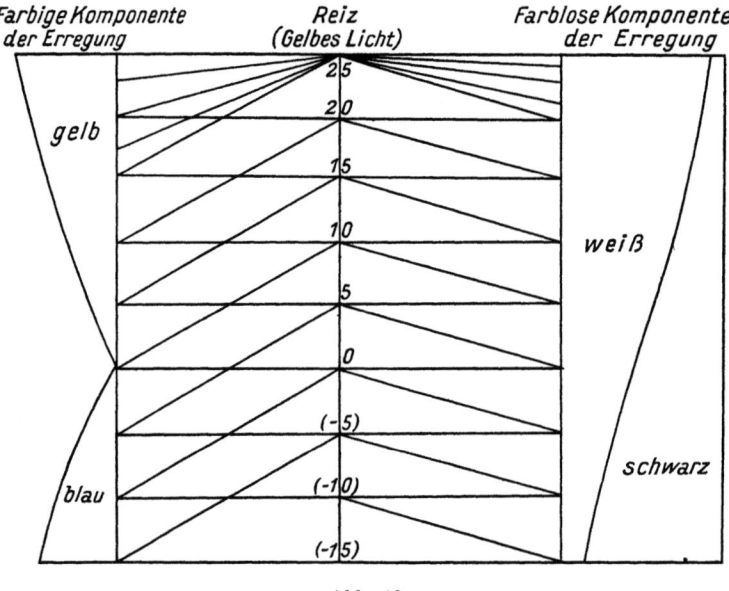

Abb. 16

also, welche berechtigt, die gelb und die blau wirkenden Reize auf einer Skala aufzutragen und auch die Erregungen, welche diesen beiden Empfindungen entsprechen, als antagonistisch aufzufassen. Es ist dann nur eine Konsequenz, wenn man diejenigen Reize, welche auf solche Weise die Empfindung Blau hervorrufen, als negative Reize ansieht, wenn man also die Lichter gelber Valenz und die Lichter blauer Valenz auf einer einzigen Skala anordnet und sie in einem Punkt zusammenstoßen läßt. Diese Anordnung ist nur ein Ausdruck für die Adaptationsphänomene;[1] allerdings entspricht sie, wie wir sehen werden, auch anderen Erscheinungen in bester Weise.

---

[1] Es ist daher ganz unberechtigt, wenn v. KRIES die „Gegenfarben" ablehnt, weil kein Unbefangener das Blau als Gegenteil des Gelb bezeichnen

Die Bezeichnung „negativer Reiz" hat viel Widerspruch erregt; es habe keinen Sinn, einen Reiz negativ zu nennen, weil es keine negativen Vorgänge gibt. Aber diese Benennung hat gar nichts Bedenkliches an sich. Ich kann auch festsetzen, daß die Kräfte, welche auf einen Punkt wirken, der zugleich Anfangspunkt eines Koordinatensystems sein soll, dann mit + bezeichnet werden, wenn sie rechts von der Ordinatenachse liegen, und mit —, wenn sie links von ihr liegen; über die Natur dieser Kräfte wird gar nichts ausgesagt, es soll nur angedeutet werden, daß der Punkt in Ruhe bleibt, wenn die Kräfte gleiche Richtung und gleiche Größe haben, daß sie sich also in ihrer Wirkung aufheben. Ebenso sage ich, wenn ich von zwei Vorgängen die Größe des einen als positiv, die des andern als negativ bezeichne, über die Natur der so gemessenen Vorgänge gar nichts aus; ich will also keineswegs behaupten, daß der eine Vorgang kleiner als Null sei. Ich sage nur aus, daß gewisse, genau definierte Wirkungen dieser beiden Vorgänge sich gegenseitig aufheben; die Quantitäten der beiden Vorgänge, welche erforderlich sind, damit sich die Wirkungen gerade aufheben, bezeichne ich mit derselben absoluten Zahl und gebe willkürlich der einen Quantität das Zeichen +, der andern das Zeichen —. Ich kann ja auch die Geldsumme, die mir jemand schuldig ist, als positiv bezeichnen und sie derjenigen Geldsumme, die ich schulde, als einer negativen Größe entgegenstellen.

Es hat daher einen guten Sinn, zwei Lichtstrahlen mit + und — zu bezeichnen, wenn sich ihre Farbenvalenzen bei gleichzeitiger Wirkung auf die Netzhaut aufheben. Gelb und Blau verhalten sich bei gleichzeitigem Einwirken in der Tat komplementär, d. h. sie heben sich in ihrer Wirkung auf; es ist daher berechtigt, den Blaureiz als negativen Gelbreiz aufzufassen. Keinen Sinn aber hätte es, zwei Lichtstrahlen als positiv und negativ einander entgegen zu setzen, wenn sie einen Körper erwärmen, d. h. wenn sie sich nicht aufheben, sondern summieren.

Wir haben also auch beim sukzessiven Farbenkontrast gesehen, daß die Bedingung für denselben ein Ermüdungsvorgang ist und dieser äußert sich psychisch dadurch, daß ein Reiz, der sonst eine deutliche Gelbempfindung hervorbringen würde, nun eine farblose Empfindung hervorruft. An diese Tatsache will ich jetzt anknüpfen.

Die Adaptation ist ein allmählicher Prozeß, der sogleich beginnt, sobald ein Reiz zu wirken anfängt. Die in der Zeichnung (Abb. 16) dargestellten Zuordnungsverhältnisse entwickeln sich also so, wie es das vom Punkt 25 ausgehende Strahlenbüschel zeigt (ein ebensolches Strahlenbüschel wäre bei allen anderen Punkten 20, 15 .... zu zeichnen). Die

---

werde. (Die Gesichtsempfindungen. Nagels Handb. d. Physiol., Bd. 3, S. 135.) Durch die von HERING betonte Gegensätzlichkeit von Blau und Gelb soll nur gesagt werden, daß es nie vorkommt, daß eine Zwischenfarbe sowohl an Blau wie an Gelb erinnert.

Adaptation strebt aber bei einem gegebenen konstanten Reiz einem gewissen stationären Endzustand zu, sie geht nicht in infinitum weiter. Dieser Endzustand wird in der Zeichnung durch die schrägen Linien dargestellt: die Valenzen sämtlicher Lichter sind in einem bestimmten Sinn dauernd verschoben und wir sprechen dann von einer chromatischen Verstimmung. Wenn wir uns längere Zeit in einem künstlich (etwa durch Gaslicht) beleuchteten Raum befunden haben, so sind wir für Gelb adaptiert, es wird uns dann ein farblos erscheinendes graues oder weißes Papier auf schwarzem Hintergrund ein deutlich blaues Nachbild liefern. Obwohl nun hier gar nichts anderes gegeben ist, als was jeder, der die Nachbildererscheinungen überhaupt kennt, hätte voraussagen können, so frappiert dieses Phänomen unter gewissen Umständen doch auch den in diesem Gebiet Erfahrenen. Und das hat folgenden Grund: gewöhnlich machen wir die Nachbildversuche in der Weise, daß wir bei hellem Tageslicht etwa eine gelbe Scheibe auf einen schwarzen oder grauen Grund legen, dieselbe ein paar Minuten fixieren und dann die Augen schließen. Da sich dieser Vorgang innerhalb kurzer Zeit abspielt, kann es nicht übersehen werden, daß wir von einem gelben Vorbild ausgegangen sind. Anders aber steht es, wenn wir uns stundenlang in einem Raum aufhalten, der durch Gas oder elektrisches Licht erleuchtet ist. Was die Adaptation anlangt, ist der Fall prinzipiell genau derselbe wie der vorige; wir haben uns an den rotgelben Ton dieser Beleuchtung ebenfalls erst adaptieren müssen, aber dieser Übergang ist längst vergessen. Nunmehr ist der Zustand eingetreten, daß uns unser gewöhnliches Schreibpapier geradeso weiß erscheint wie bei hellem Tageslicht, obwohl es Strahlen aussendet, die uns bei weißer Beleuchtung einen intensiv rotgelben Eindruck machen würden. Nun überrascht es, daß ein weißes Vorbild keinen bloßen Helligkeits-, sondern einen sehr starken Farbenkontrast ergibt. Diese Beobachtung ist besonders instruktiv, weil sie zeigt, daß Adaptation und Kontrast nur zwei Seiten eines und desselben Phänomens sind. Dieselbe Erscheinung tritt bei jedem beliebigen Nachbildversuch ein. Ein rotes Vorbild, das bei normaler Stimmung ein grünes Nachbild liefern würde, ergibt in einem Auge, das einer dauernden Gelbverstimmung ausgesetzt war, kein grünes, sondern ein blaugrünes Nachbild. Kurz, wir haben zur Farbe des Nachbildes, wie es sich bei nicht verstimmtem Organ einstellen würde, immer die Komponente der Kontrastfarbe zu addieren. Daraus folgt, daß wir, wenn uns bloß der Farbeneindruck eines Vorbildes gegeben ist, niemals sagen können, welche Farbe das Nachbild haben wird. Denn das hängt immer auch von der chromatischen Dauerverstimmung ab. Daher muß man vorsichtig sein, wenn man aus dem Ergebnis eines Nachbildversuches etwa ein Argument für oder gegen irgend eine Farbentheorie machen will.

Noch ist aber ein Punkt aufzuklären. Wir sprechen von einem „Ton der Allgemeinbeleuchtung" und sagen, daß wir uns an diesen adaptieren. Wir blicken aber doch nicht immer zu der Lichtquelle hin oder auf einen und denselben Hintergrund, sondern schauen zwanglos herum auf alle möglichen Gegenstände, die sehr verschieden gefärbt sind. Woher kommt die Adaptation? Der Fall scheint doch ein anderer zu sein, als wenn wir zu Versuchszwecken eine gelbe Scheibe minutenlang starr fixieren. Tatsächlich verhält sich die Sache so: Beim zwanglosen Herumwandern des Blickes sehen wir allerdings Gegenstände der verschiedensten Färbung und die Adaptation nach der einen Richtung wird durch die Adaptation nach der andern Richtung bis zu einem gewissen Grad ausgeglichen. Wenn aber (wie z. B. beim Gaslicht) die roten und gelben Strahlen stark prävalieren, so gruppieren sich die von den verschiedenen Gegenständen ausgesandten Lichtstrahlen um einen andern Nullpunkt, als die Lichtstrahlen es tun, welche von denselben Gegenständen bei Tageslicht ausgesandt werden. Es ist mit einem Wort die Durchschnittsvalenz der verschiedenen Lichter, welche den dauernden Adaptationszustand bedingt. Wenn wir also verlangen, daß ein farblos (grau) aussehendes Vorbild auch ein farbloses Nachbild ergeben soll, so müßten wir unter Verhältnissen beobachten, in denen die Durchschnittsvalenz der blaugelben Reizlinien = 0 und die Durchschnittsvalenz der rotgrünen Reizlinien ebenfalls = 0 ist. Solche Verhältnisse sind aber niemals gegeben, es kommt nicht vor, daß eine weißaussehende Scheibe auf schwarzem Grund ein schwarzes Nachbild auf weißem Grund liefert; immer ist das Nachbild sowohl des Grundes wie auch der Scheibe irgendwie gefärbt. Ja, man könnte das farblose Nachbild eines farblos erscheinenden Vorbildes geradezu als Kriterium für die chromatisch neutrale Stimmung des Sehorgans oder, was dasselbe ist, für die Farblosigkeit der Allgemeinbeleuchtung benützen.

Es gibt aber kein Tageslicht, das in dem besprochenen Sinne neutral wäre, weder bei reinem noch bei irgendwie bewölktem Himmel und zu keiner Tageszeit. Das zeigt nicht nur das Nachbildkriterium, von welchem eben die Rede war, sondern man kann es auch direkt nachweisen, was um so wichtiger ist, als man ja an der Beweiskraft des Nachbildkriteriums zweifeln könnte. Wenn man durch einen Verband das eine Auge durch Stunden vor Lichtzutritt schützt, es also gänzlich ausruhen läßt, während das andere Auge frei bleibt, und wenn man nun für kurze Zeit die Binde lüftet und bald mit dem einen, bald mit dem andern Auge auf irgend ein beliebig gefärbtes Feld blickt, so erscheint dasselbe dem einen Auge stets in einem andern Farbenton wie dem andern (wobei ich von den Unterschieden der Helligkeit und Sättigung gänzlich absehe). Man kann auf diese Weise die einzelnen Teile eines objektiven Spektrums nachbilden. Dann gibt es nur zwei Stellen, an welchen die beiden Augen keinen Farbenunterschied sehen, nämlich die Stelle, für welche das freie Auge ermüdet ist und die andere Stelle, welche der ersteren im Farbenzirkel diametral gegenübersteht. Für beide Stellen ergeben die Eindrücke beider Augen nur einen Sättigungsunterschied, für die eine zugunsten des geschützten, für die andere zugunsten des freien Auges.

So wie die Farbe des Nachbildes nicht allein aus der Farbe des Vorbildes angegeben werden kann, ebensowenig kann zu einem angegebenen Licht, auch wenn seine Farbe bekannt ist, das komplementäre angegeben werden. Auf der Adaptation beruht die Variabilität der Komplementärfarben. Jetzt erklärt es sich auch, warum es nicht gelingen kann, die komplementären Paare aus den Spektrallichtern zusammenzustellen.[1]

Es zeigt sich aber, daß nicht bloß die vorhergehende Reizung einer Netzhautstelle ihre Erregbarkeit verändert, sondern daß auch die gleichzeitige Reizung der Umgebung einer Netzhautstelle die Erregbarkeit dieser Stelle selbst ändert. Und zwar erfolgt die Änderung in demselben Sinne wie bei der sukzessiven Adaptation, d. h. es wird die Erregbarkeit für eine gegensinnige Erregung gesteigert. Man bezeichnet diese Erscheinung als simultanen Kontrast, und zwar gibt es wieder einen simultanen Helligkeits- und einen simultanen Farbenkontrast.[2]

Ein grauer Kreis erscheint auf weißem Grunde viel dunkler als ein grauer Kreis von gleicher Lichtstärke auf schwarzem Grunde. Ein kleines, graues Feld auf farbigem Grunde erscheint im allgemeinen immer in der Gegenfarbe, also z. B. rötlich auf grünem Grunde. Dabei ist es vorteilhaft, das Ganze mit einem durchscheinenden Papier zu bedecken, damit die Konturen und die kleinen Unregelmäßigkeiten des Papieres (das Korn) verschwinden (Meyerscher Florkontrast[3]).

Besonders schön läßt sich der simultane Farbenkontrast an farbigen Schatten zeigen. Wird in ein verdunkeltes Zimmer gefärbtes und weißes Licht je durch eine Öffnung von regulierbarer Breite eingelassen, so wirft ein vor einem weißen Schirm passend aufgestellter Stab zwei aneinandergrenzende Schatten, den einen von der Farbe des farbigen Fensters, den andern in der Kontrastfarbe.

Die Wirkung des Kontrastes nimmt mit der Entfernung der kontrastierenden Felder ab, d. h. die Änderung der Erregung ist am stärksten in der unmittelbaren Umgebung der kontrasterregenden Stelle und nimmt mit größerem Abstand nach einem unbekannten Gesetze ab.

---

[1] Vgl. S. 42.

[2] Vgl. Hering: Lichtsinn, 2. Mitteilung, und besonders: Grundzüge, §§ 26 bis 32 (inkl.); ferner A. Tschermak: Über Kontrast und Irradiation. Ergebnisse der Physiologie, II., S. 726ff., 1903.

[3] Über Kontrast- und Komplementärfarben. Pogg. Annalen, Bd. 95, S. 170ff., 1855.

Es zeigte sich nun, daß beim Helligkeitskontrast der Lichtreiz, der erforderlich ist, um die Wirkung eines Umgebungsreizes gerade zu kompensieren, zu diesem in einem **konstanten Verhältnis** stehen, also mit ihm proportional wachsen und abnehmen muß — unter sonst gleichen Umständen, vor allem bei gleicher ursprünglicher Belichtung von Feld und Umgebung. Diese Konstanz, mithin die Existenz eines **Kontrastkoeffizienten**, wurde durch eine sorgfältige, auf HERINGs Anregung entstandene Untersuchung von HESS und PRETORI erwiesen.[1] Haben eingeschlossenes Feld und umgebendes Feld („Infeld" und „Umfeld") von vornherein jenes Lichtstärkenverhältnis, das dem Kontrastkoeffizienten selbst entspricht, so wird durch jede Änderung in der Stärke der Gesamtbeleuchtung die Lichtstärke beider Felder proportional in demjenigen Verhältnis geändert, das nötig ist, um die Wirkung des Umfeldes auf das Infeld zu kompensieren. Daher behält das Infeld seine Helligkeit unverändert bei; es gibt diesfalls ein Feld konstanter Helligkeit. Stehen hingegen die anfänglichen Lichtstärken beider Felder in einem anderen Verhältnis, als es dem für diese Anfangsbeleuchtung gültigen Kontrastkoeffizienten entsprechen würde, so kann durch Änderung der Gesamtbeleuchtungsstärke eine Unter- oder Überkompensation der Wirkung erzielt werden. Daher kann ein bestimmtes Infeld bei Erhöhung der Allgemeinbeleuchtung dunkler oder heller werden oder im besonderen Falle gleichbleiben. Es gibt also auch im Gebiete der simultanen Kontrastwirkungen eine **doppelseitige** Erweiterung des Helligkeitsbereiches bei nur **einseitiger** Erweiterung des objektiven Intensitätsbereiches — ähnlich wie eine solche bereits im Gebiete der Sukzessivanpassung festgestellt wurde.[2]

Es gibt aber eine Wechselwirkung der Sehfeldstellen nicht nur

---

[1] Messende Untersuchungen über die Gesetzmäßigkeit des simultanen Helligkeitskontrastes. Von Gräfes Archiv f. Ophth., Bd. 40, S. 4, 1894. Bei den vorhergegangenen Untersuchungen von LEHMANN (Über die Anwendung der Methode der mittleren Abstufungen auf den Lichtsinn. Wundts Phil. Stud., Bd. 3, S. 497ff., 1886) und EBBINGHAUS (Die Gesetzmäßigkeit des Helligkeitskontrastes. Sitzungsber. der Berl. Akad., S. 994ff., 1887) war die strenge Fixation des Blickes nicht gewahrt und daher der Sukzessivkontrast nicht vollständig ausgeschlossen.

[2] Die Gesetze des farbigen Simultankontrastes wurden am eingehendsten von PRETORI und SACHS (Messende Untersuchungen des farbigen Simultankontrastes. Arch. f. d. ges. Physiol., Bd. 60, S. 71ff., 1895) studiert. Da jedem farbigen Licht auch eine Weißvalenz zukommt, besteht zwischen einem kontrasterregenden farbigen und einem kontrasterleidenden farblosen Felde neben dem Farbenkontrast auch ein Helligkeitskontrast. Die Merkbarkeit der Kontrastwirkung, also die Sättigung der Kontrastfarbe, hängt von dem Verhältnis beider ab. Als Grundgesetz für den Farbenkontrast gilt der Satz, daß ein unter dem Einfluß eines kontrasterregenden Feldes neutral erscheinendes kontrasterleidendes Feld neutral bleibt, wenn farbige Valenz und Weißvalenz proportional wachsen.

zwischen Feldern von verschiedener Lichtstärke, sondern auch zwischen solchen von gleicher Lichtstärke; jede Stelle eines gleich hellen, z. B. grauen Feldes, beeinflußt jede andere Stelle desselben Feldes. So sieht eine große helle Fläche nicht so hell aus wie ein kleiner Ausschnitt aus ihr und eine große dunkle nicht so dunkel wie ein kleiner Ausschnitt. Ähnliches gilt vom negativen Nachbild; erzeugt man ein solches von einer über das ganze Gesichtsfeld reichenden sehr hellen Fläche, so hat es nicht jenen Grad tiefer Dunkelheit, wie er dem Nachbild einer ebenso hellen kleinen Fläche zukommt. Hering hat diese Wechselwirkung der Sehfeldstellen als **simultane Lichtinduktion** oder **simultane Adaptation** bezeichnet.[1] Sie kann als zweite Phase des simultanen Kontrastes angesehen werden. Ein schwarzes Feld auf weißem Grund erscheint zunächst noch schwärzer durch Simultankontrast, nach und nach wird es aber unter dem Einfluß der weißen Umgebung heller. Hat die Umgebung einen bestimmten Farbenton, z. B. Grün, so wird auch dieser Farbenton auf das schwarze Feld induziert; die Kontrastfarbe verschwindet und schlägt schließlich in das Gegenteil um, also in eine mit der kontrasterregenden gleichen Farbe.

Wenn man hinreichend lang fixiert, um die simultane Lichtinduktion sich gut entwickeln zu lassen und wenn man dann das induzierende Licht aufhören läßt zu wirken (indem man z. B. die Augen schließt), so behält das schwarze Feld gleichwohl seinen, durch die Induktion entstehenden Farbenton bei, ja es zeigt ihn sogar in viel auffallenderem Maße (sukzessive Licht- bzw. Farbeninduktion).

Hering hat mit Recht darauf hingewiesen, daß die wichtigsten Folgen der Wechselwirkung der Sehfeldstellen gar nicht die Kontrasterscheinungen sind, sondern daß wir hauptsächlich ihr unsere Sehschärfe und die Möglichkeit verdanken, die Außendinge an ihrer Farbe wiederzuerkennen. Davon wird im folgenden ausführlicher die Rede sein.

Fassen wir das Bisherige zusammen, so können wir sagen: Jeder Reiz setzt 1. die Erregbarkeit für einen an der selben Netzhautstelle angreifenden gleichartigen späteren Reiz herab und 2. setzt er die Erregbarkeit für einen gleichartigen gleichzeitigen Reiz in der Umgebung herab.

Jeder Reiz steigert aber auch die Erregbarkeit für antagonistische Reize: 1. für spätere, die an der selben Netzhautstelle angreifen, 2. für gleichzeitige in der Umgebung. Die simultane Adaptation wirkt also qualitativ genau so wie die sukzessive. Beide wirken sehr häufig zusammen, doch ist zur Erforschung beider Erscheinungen ihre Isolierung durch geeignete Versuchsbedingungen notwendig.

Die Zweckmäßigkeit der Adaptation. Die Adaptation ist unter

---

[1] Lichtsinn, §§ 37 bis 39 (inkl.).

teleologischem Gesichtspunkt von großer Bedeutung. Vor allem fördert sie das Deutlichsehen, also den wesentlichsten Zweck, dem das Auge dient. Was man im engeren Sinne ,,Sehen" nennt, heißt ja ,,Gegenstände unterscheiden", genauer gesprochen, Grenzlinien erkennen, und Grenzlinien erkennt man, wenn scharfe optische Bilder entstehen und wenn sich die aneinandergrenzenden Flächen gut unterscheiden lassen. Das Unterscheiden wird aber zweifellos um so leichter sein, je größer die Helligkeitsunterschiede der aneinandergrenzenden Sehfeldstellen sind. Die Adaptation, und zwar sowohl die sukzessive wie die simultane, schafft nun, wie wir gehört haben, eine doppelseitige Erweiterung des Helligkeitsbereiches. Dadurch entstehen viel größere Helligkeitsdifferenzen zwischen den aneinander grenzenden Sehfeldstellen, als dies bei bloß einseitiger Erweiterung des Helligkeitsbereiches der Fall wäre. Und weiter bewirkt die Adaptation, daß sich die subjektive Helligkeit der einzelnen Gegenstände in viel engeren Grenzen ändert, als es der objektiven Lichtstärke entsprechen würde, indem sie hohe Intensitätsgrade in ihrer Wirkung herabsetzt, niedrige in ihrer Wirkung steigert. Dies fördert wiederum das Unterscheiden der Gegenstände, weil das Optimum der Unterschiedsempfindlichkeit im Gebiete mittlerer Helligkeiten liegt.

Wir haben schon anfänglich gesehen, daß die Helligkeit nicht mit der Lichtstärke ins Grenzenlose wächst, sondern einem endlichen Ziele zustrebt, wie das aus dem asymptotischen Verlauf der Hyperbel, welche das Abhängigkeitsverhältnis von Helligkeit und Lichtstärke darstellt, zu entnehmen ist (Abb. 6). Damals aber wurde von den Anpassungsvorrichtungen der sukzessiven und der simultanen Adaptation gänzlich abgesehen. Tatsächlich liefert die Kurve der Abb. 6 nur einen gar nicht realisierten Grenzfall; die Simultananpassung zieht nämlich die tatsächlichen Grenzen viel enger und die Sukzessivanpassung bewirkt, daß dieses so eingegrenzte Gebiet bald ein höheres, bald ein niedrigeres Helligkeitsgebiet ist.

Die Helligkeit einer Sehfeldstelle wird ja nicht nur durch den auf sie wirkenden Reiz, sondern auch durch die Verteilung der Lichtstrahlen auf der ganzen übrigen Netzhaut bestimmt. Diese induzierenden Wirkungen der übrigen Netzhaut lassen sich rechnerisch in einem einzigen Koeffizienten zusammenfassen, der den Parameter der Hyperbel ändert, also macht, daß bei verschiedenen Lichtverteilungen auf der übrigen Netzhaut verschiedene Hyperbeln die Abhängigkeit der Helligkeit von der Lichtstärke darstellen. Es gibt also für die Netzhaut bei vollständig ausgeruhtem Organ (wir sehen zunächst von der sukzessiven Adaptation ab), sobald das Gesichtsfeld beleuchtet ist, eine Schar solcher Kurven. Für einen besonderen Wert dieses Koeffizienten wird aus der Kurve eine Gerade, d. h. für diesen Wert ändert sich die Helligkeit der fraglichen

60 Die Abhängigkeit der Farbenempfindung von der Erregbarkeit

Sehfeldstelle nicht, wie immer sich die Gesamtbeleuchtung ändern mag. Alle übrigen Kurven dieser Schar verlaufen teils ober-, teils unterhalb dieser „Linie der unveränderlichen Helligkeit", die dem Eigenlicht der vollständig ausgeruhten Netzhaut entspricht; d. h., je nach den Verteilungen der Lichtstärken auf die übrige Netzhaut kann die Erhöhung der Gesamtbeleuchtung erhellend oder verdunkelnd auf die in Rede stehende Sehfeldstelle wirken, immer aber nur so, daß sowohl Erhellung als Verdunklung einer gewissen Grenze zustreben (Abb. 17).

Die gesamte Kurvenschar ändert sich, wenn man sich in den Zustand einer bestimmten Hell- oder Dunkeladaptation versetzt denkt.

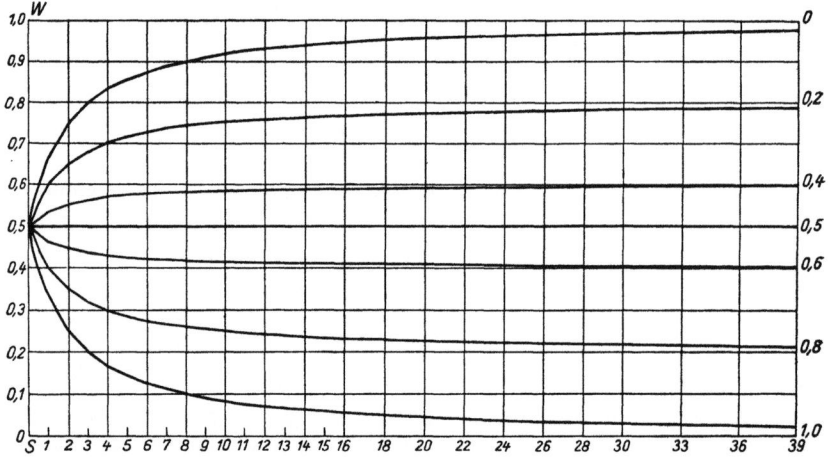

Abb. 17. Graphische Darstellung der Beziehung zwischen Helligkeit und Stärke der Gesamtbeleuchtung (nach HERING)

Hier liegt dann die „Linie unveränderlicher Helligkeit" tiefer oder höher als früher und die Kurven gruppieren sich nicht mehr symmetrisch um sie. In diesem Falle entspricht dem Reize null eine geringere Helligkeit als früher. Die Sukzessivanpassung bestimmt also die Kurvenschar und die Simultananpassung die einzelne Kurve innerhalb einer gewissen Schar. Da die Allgemeinbeleuchtung für das ganze Sehfeld in der Regel die gleiche ist, werden die zur selben Zeit gegebenen Empfindungen derselben Kurvenschar angehören, nicht aber müssen sie notwendig derselben Kurve innerhalb dieser Schar angehören. Doch kann man für aneinandergrenzende Sehfeldstellen, auf deren Helligkeitsunterschiede es beim deutlichen Sehen besonders ankommt, annehmen, daß ihr simultaner Anpassungszustand ungefähr derselbe ist, daß sie also einer und derselben Kurve angehören.

An den Kurven kann man das Wachsen oder Abnehmen der Hellig-

---

[1] Vgl. S. 57.

keitsunterschiede (das ja über die Deutlichkeit des Sehens entscheidet) ablesen; auf die mathematischen Deduktionen kann aber hier nicht eingegangen werden.[1] Vorausgesetzt wird bei den folgenden Erörterungen ein „stabiles Gesichtsfeld", d. h. eines von unveränderlichen äußeren Objekten, die mit ebenso unveränderlicher Lage des Blickes betrachtet werden und daher nur proportional veränderliche Reize für die einzelnen Netzhautstellen abgeben und zunächst ein vollständig ausgeruhtes, also im Zustand des Ruhestoffwechsels befindliches Sehorgan. Alle Kurven zeigen nun insofern ein ähnliches Verhalten, als sie anfänglich sehr langsam ansteigen (positiv oder negativ, je nachdem sie ober- oder unterhalb der „Linie unveränderlicher Helligkeit" liegen), dann rascher und zuletzt, wenn sie sich ihrer Asymptote nähern, abermals langsamer. Das besagt, daß, wenn die gesamte Lichtstärke um gleiche relative Beträge wächst, die Helligkeit eines bestimmten Feldes zuerst langsam, dann rascher, zuletzt wieder langsam zunimmt (bzw. für die unterhalb der Linie unveränderlicher Helligkeit liegenden Kurven abnimmt). Daher muß das Optimum des deutlichen Sehens bei derjenigen Stärke der Allgemeinbeleuchtung liegen, bei der ein geringer Unterschied der Lichtstärke benachbarter Stellen den größtmöglichen Helligkeitsunterschied erzeugt, das ist die Gegend rascher Helligkeitszunahme (bzw. Abnahme). Man sieht also bei dieser Lichtstärke „besser", weil sich bei ihr an allen Sehfeldstellen das Anwachsen oder die Abnahme der Helligkeit am raschesten vollzieht — den Spezialfall unveränderter Helligkeit ausgenommen. Daß die Gegenstände bei zunehmender Lichtstärke auch dunkler werden können und trotzdem besser gesehen wird, stimmt mit den Tatsachen durchaus überein, steht aber in schroffem Widerspruche zu der FECHNER-HELMHOLTZschen Auffassung, nach der die Außendinge mit wachsender Lichtstärke stets heller werden müssen.

Die Kurven mit flacherem Verlauf entsprechen denjenigen Sehfeldstellen, die ihre Helligkeit nur wenig verändern, der Grenzfall ist die Linie unveränderlicher Helligkeit.

Wäre der Zustand der Sukzessivanpassung ein anderer als der der zunächst angenommenen vollständigen Dunkeladaptation, so würde eine andere Kurvenschar gelten, für die die Linie unveränderter Helligkeit tiefer läge als zuvor. Das Gebiet der Kurven oberhalb dieser Linie würde daher höher hinaufreichen, als das andere Gebiet unter diese Linie hinabreicht; d. h. bei irgend einem Zustand der Helladaptation werden viele Sehfeldstellen mit wachsender Beleuchtung heller, die im Zustand der vollständigen Dunkeladaptation mit zunehmender Lichtstärke dunkler geworden sind. Auch steigt für eine und dieselbe Sehfeldstelle die Kurve bei helladaptiertem Auge steiler an als bei dunkeladaptiertem. Und da der steilere Anstieg größere Helligkeitsunterschiede und somit

---

[1] Vgl. Grundzüge, VII. Abschnitt.

"besseres" Sehen bedeutet, müssen die Gegenstände immer deutlicher sichtbar werden, je vollkommener sich die Helladaptation entwickelt, was wiederum den Tatsachen entspricht.

Und da uns das steilste Stück einer jeden Kurve die dem deutlichsten Sehen günstigste Beleuchtungsstärke anzeigt, das steilste Stück einer Kurve aus der Schar bei Helladaptation aber noch steiler ist als das steilste Stück der homologen Kurve aus der Schar bei vollständiger Dunkeladaptation, muß es unter den (sukzessiven) Anpassungszuständen einen geben, in welchem die günstigste Beleuchtungsstärke das deutliche Sehen mehr fördert, als dies bei jedem anderen Anpassungszustand und der für ihn günstigsten Beleuchtungsstärke der Fall ist. Es ist dies das absolute Optimum der Beleuchtungsstärke im Gegensatz zum bloß relativen.

Aber selbst unter den günstigsten Beleuchtungsumständen wäre ein deutliches Sehen ohne die Simultananpassung in der speziellen Form des simultanen Helligkeitskontrastes noch immer unmöglich. Die Brechungen der Lichtstrahlen im Auge sind ja wegen der Inhomogeneität der optischen Medien niemals so regelmäßig, wie es die schematischen Darstellungen annehmen. Das abirrende, sogenannte „falsche" Licht bewirkt, daß auch, wenn die nötigen Bedingungen der Refraktion und Akkommodation erfüllt sind, niemals eine dioptrisch scharfe Grenzlinie zwischen einer hellen und dunklen Fläche entstehen kann. Die helle Fläche müßte daher durch ein Intensitätsgefälle in die dunkle übergehen. Der Simultankontrast aber, der am stärksten in unmittelbarer Nachbarschaft der Grenzlinie wirkt und mit zunehmender Entfernung von dieser schwächer wird, hat ein Gefälle, das dem früher erwähnten entgegengesetzt ist, er kann es also ganz oder doch zum Teile kompensieren. Daher können, dank diesem sogenannten Grenzkontrast, trotz des falschen Lichtes doch scharfe Konturen entstehen.

Der simultane Helligkeitskontrast ermöglicht also erst das deutliche Sehen; es wird gefördert durch die doppelseitige Erweiterung des Helligkeitsbereiches, an welcher Leistung sich sowohl die Sukzessiv- wie die Simultananpassung beteiligen. Aber die Anpassungsvorrichtungen dienen noch einem andern wichtigen Zweck. Das Gesamtgebiet der Helligkeiten verschiebt sich beträchtlich weniger, als dies den ungeheuren Lichtstärkeunterschieden entspricht. Wir müssen ja bedenken, daß die Intensität unserer Lichtquellen enorm variiert. Das direkte Sonnenlicht ist etwa 570000 mal intensiver als das Licht, das der Mond aussendet (ZÖLLNER). Wenn es keine Wechselwirkungen der Sehfeldstellen gäbe, würden wir im Licht des Vollmondes überhaupt nichts unterscheiden können, selbst wenn wir die Allmählichkeit des Überganges berücksichtigten. Daß wir bei Vollmond sehen, und zwar sehr viel, verdanken wir nur den Anpassungsvorrichtungen; sie ermöglichen es uns, bei verschiedenen Lichtstärken noch immer ein Optimum zu haben.

Ähnliches gilt für unsere terrestrischen Lichtquellen, die ebenfalls sehr stark variieren. Beim Eintritt in einen sehr hell beleuchteten Raum wirkt die simultane Adaptation sofort in dem Sinne, daß sich die gleichzeitigen Erregungen gegenseitig schwächen und dadurch die große Helligkeit auf ein mittleres Maß herabgesetzt wird. Die sukzessive Adaptation verstärkt diese Wirkung. Es wird auf diese Weise eine verhältnismäßige Helligkeitskonstanz erzielt und wir sind relativ unabhängig von dem ungeheuren Wechsel in der Stärke der Lichtquellen. Dadurch wird auch das Wiedererkennen der Objekte wesentlich erleichtert. Kohle z. B. sendet objektiv bei Sonnenlicht mehr Licht aus als Schnee bei Mondlicht. Wenn es also nur auf die objektive Lichtstärke ankäme, so könnten wir nicht die Kohle ein für allemal schwarz und den Schnee ein für allemal weiß nennen, sondern müßten immer die Lichtquelle dazu definieren. Die Adaptation macht aber, daß die Kohle im Sonnenlicht ungefähr ebenso schwarz aussieht wie bei Mondbeleuchtung und der Schnee ungefähr ebenso weiß bei Sonnen- und Mondlicht. Wir können also von einer Eigenfarbe der Gegenstände sprechen, weil relative Farbenbeständigkeit trotz variabler Intensität der Lichtquelle besteht. Das ist für unsere Orientierung in der Außenwelt sehr wichtig.

Ganz besonders aber kommt dieser Umstand in Betracht bei farbigen (gelben) Lichtquellen; die farbigen Erregungen schwächen sich gegenseitig und dadurch wird ein ähnlicher Eindruck erzeugt, wie wenn die Beleuchtung farblos wäre. Daher ändern sich die Farben der Gegenstände gar nicht in dem Grade, als sie es aus physikalischen Gründen tun müßten. Wenn ein Gegenstand vorwiegend blaue Strahlen zurückwirft, wie z. B. eine Weintraube, so müßte er eigentlich bei Gaslicht, das sehr wenig blaue Strahlen hat, schwarz aussehen, weil die Strahlen, die er zurücksenden könnte, gar nicht vorhanden sind. Der Gegenstand sieht aber trotzdem blau aus; das Blau ist ein Kontrastblau, das bei Gelbadaptation immer dort entsteht, wo gar kein Licht ausgesendet wird. Wir sind also, dank der Adaptation, auch relativ unabhängig von der chromatischen Beschaffenheit der Lichtquelle.

Überdies aber dienen diese so höchst zweckmäßigen Anpassungsvorrichtungen gerade durch die Abschwächung der übermäßigen Lichtintensitäten auch dem Selbstschutz des Sehorgans. Es entspricht dem Grundsatz der Erhaltung des Zweckmäßigen offensichtlich am besten, wenn dieselben Einrichtungen, die das Organ vor Zerstörung bewahren, es zugleich vollkommener funktionsfähig machen.

Anmerkung der Herausgeberin

Hering hat, um die angenäherte Farbenkonstanz der Gegenstände zu erklären, außer auf die physiologischen Anpassungsvorrichtungen (simultane und sukzessive Adaptation) auch auf die Variabilität der Pupillenweite hingewiesen, die als physikalische Anpassungsvorrichtung aufgefaßt werden kann; doch sollen die ersteren zweifellos die wichtigere Rolle spielen. Wenn er außerdem betont, daß die Farbe eines Gegenstandes, den wir oft gesehen haben, sich dem Gedächtnis einprägt und als „Gedächtnisfarbe" immer wieder aufwacht, „wenn wir das bezügliche Ding wieder sehen oder auch nur zu sehen meinen",[1] so wird damit die relative Farbenbeständigkeit keineswegs auf eine Urteilsleistung zurückgeführt, denn die erwähnten Anpassungsvorrichtungen müssen ja in Funktion getreten sein, um die Entstehung der Gedächtnisfarben zu ermöglichen.

Auf die psychologischen Faktoren der Erfahrung und des Urteils, die von Helmholtz sowohl zur Erklärung des Simultankontrastes wie der Farbenkonstanz herangezogen werden — es liegt nach seiner Meinung diesen Erscheinungen eine Urteilstäuschung zugrunde, wovon später noch ausführlicher die Rede sein soll —, greifen die meisten jener Autoren zurück, welche die relative Helligkeits- bzw. Farbenbeständigkeit hauptsächlich durch den Einfluß der Beleuchtung erklären zu können glauben. Hieher gehört Katz, der wohl den Kontrast, nicht aber die Farbenkonstanz physiologisch erklärt,[2] und E. R. Jaensch, der Farbenkonstanz und Kontrast aus einer „gemeinsamen Wurzel" entspringen läßt; nur bei Berücksichtigung psychologischer, also zentraler Faktoren könne von Farbenkonstanz und Kontrast „vollständig Rechenschaft gegeben" werden.[3]

Kaila geht von Herings Begriff der „Gedächtnisfarbe" aus. Unter den Gedächtnisresiduen, welche die Wahrnehmungen der Gegenstände bei verschiedenen Beleuchtungen zurücklassen, sind diejenigen ausgezeichnet, welche bei normaler Beleuchtung gewonnen werden. Es ist also „Erfahrung" notwendig, um die Beleuchtungsfarbe von der Objektfarbe zu trennen. Dabei ist aber zu beachten, daß Erfahrung hier im Sinne einer Einübung des Sehorgans verstanden wird; das Sehorgan ändert sich unter dem Einfluß der „Erfahrung" und so können „phänomenale" Neuerscheinungen auftauchen.[4] Damit scheint sich Kaila der Ansicht Bühlers zu nähern, nach welchem die Beleuchtung unmittelbar empfunden wird.[5] Aus der Wahr-

---

[1] *Grundzüge, S. 8.*

[2] *Die Erscheinungsweisen der Farben. Zeitschr. f. Psychol., Ergänzungsbd. 7, 1911.*

[3] *E. R. Jaensch und E. A. Müller: Über die Wahrnehmung farbloser Helligkeiten u. d. Helligkeitskontrast. Zeitschr. f. Psychol., Bd. 83, S. 269, 1920. Vgl. auch: Bericht über d. V. u. den VI. Kongreß f. exp. Psychologie. 1912 und 1914, und: Über den Farbenkontrast u. die sog. Berücksichtigung d. farb. Beleuchtung. Zeitschr. f. Sinnesphysiol., Bd. 52, S. 165ff., 1921. Ferner O. Kroh: Über Farbenkonstanz u. Farbentransformation. Zeitschr. f. Sinnesphysiol., Bd. 52, S. 181ff. und 235ff., 1921. Vgl. auch die Kritik von G. E. Müller. Zeitschr. f. Psychol., Bd. 93, S. 1ff. 1923.*

[4] *Gegenstandsfarbe u. Beleuchtung. Psychol. Forschung, Bd. 3. Heft 1/2, S. 18ff., 1923.*

[5] *Die Erscheinungsweisen der Farben. Jena 1922, S. 127.*

nehmung der Farbe bzw. der Eigenhelligkeit der Körper und aus der Wahrnehmung der Raumhelligkeit setzt sich nach Bühler der Farb- und Beleuchtungseindruck des Sehdings zusammen (neue Duplizitätstheorie)[1].

2. Farbensinnstörungen

Gewisse, den Farbenempfindungen im engeren Sinn entsprechende Erregungen können abnormerweise gänzlich fehlen, z. B. die Roterregung. Wenn ein Lichtreiz nur diese fehlende Erregung hervorbringen würde, wäre er in einem solchen Falle wirkungslos. Bekanntlich aber gibt es gar kein Licht, das nur eine farbige Valenz hätte, jedes besitzt immer auch eine farblose Valenz. Es kann aber ein Lichtreiz unter normalen Umständen auch mehrere Erregungen erzeugen, z. B. violettes Licht außer der Weißerregung eine blaue und eine rote Erregung. Fällt nun eine Komponente aus, so sieht der Farbenblinde die andere (oder die anderen), der Reiz ist daher nicht wirkungslos, sondern erzeugt nur eine veränderte Wirkung.

Die Farbensinnstörung kann eine partielle oder eine totale sein. Dem total Farbenblinden erscheinen die Farben des Spektrums nur entsprechend ihren Weißvalenzen. Wir werden die typischen Fälle der Farbenblindheit geordnet besprechen, bevor wir aber darauf eingehen, sind die Untersuchungsmethoden zu erörtern, welche zur Anwendung gelangen, um festzustellen, ob eine Farbensinnstörung vorliegt. Manchmal wird in folgender Weise vorgegangen: man führt den der Farbenblindheit Verdächtigen vor möglichst bunte Gegenstände und befragt ihn um die einzelnen Farben. Diese Methode ist aber gänzlich verfehlt, denn auf diese Fragen wird man auch von Farbenblinden in der Regel vollkommen korrekte Antworten bekommen. Wir lernen doch unsere Farbenbezeichnungen in früher Kindheit in der Weise, daß zwischen den verschiedenen Farbeneindrücken und den Namen Assoziationen gestiftet werden. Die Nomenklatur des Farbenblinden ist verschoben, dies läßt sich aber durch Befragen nicht konstatieren; er hat gelernt, den Eindruck, den er beim Anblick des Blutes hat, mit rot, den beim Anblick der Wiese mit grün zu bezeichnen. Man bemerkt zwar ab und zu gewisse Unregelmäßigkeiten in der Terminologie; aber wie sich dieselben gebildet haben, ist so wenig zu überblicken, daß man sie nicht als diagnostische Mittel benützen kann. Man müßte im Gegenteil die Art der Farbensinnstörung schon sicher festgestellt haben, um die Entstehung einer terminologischen Abweichung zu erklären. So wird es begreiflich, daß Farbensinnstörungen den Betroffenen selbst oft während des ganzen Lebens verborgen bleiben. Nur die Methoden der „Verwechslungsfarben" sind vernünftigerweise zur Konstatierung der Farbensinnstörungen verwendbar. Diese Methoden laufen darauf hinaus, Farbengleichungen herzustellen, die für den Nor-

---

[1] *Vgl. Bocksch: Duplizitätstheorie und Farbenkonstanz. Zeitschr. f Psychol., Bd. 102, S. 338ff., 1927.*

malen nicht gültig sind.[1] Die angeborenen Farbensinnstörungen bestehen ja (wahrscheinlich) in einem Ausfall von Valenzen; es wird also ein Licht, von dem eine bestimmte Valenz wegen der Farbensinnstörung ausfällt, einem andern Licht gleich erscheinen, das die betreffende Valenz überhaupt nicht hat.

Bei der SEEBECK-HOLMGRENschen Wollenprobenmethode hat der zu Untersuchende aus einer reichhaltigen Kollektion farbiger Wollfäden diejenigen herauszusuchen, welche einem ihm vorgelegten Faden gleich oder ähnlich erscheinen. Man wird so auf Gleichungen kommen, die für den Normalen nicht gelten. Da man aber bei diesem systemlosen Ausprobieren nicht wissen kann, ob in der Kollektion solche Pigmente vorhanden sind, die für den Betreffenden Verwechslungsfarben bilden, so ist diese Methode doch immer noch recht mangelhaft. Daher sind die späteren Methoden darauf ausgegangen, notorische Verwechslungsfarben herzustellen.

DONDERS ließ eine große Anzahl Holzklötzchen mit farbigen Seiden überspinnen, z. B. rot mit eingesprengten grünen Fäden; der zu Untersuchende hat die eingesprengten Fäden aufzuzeigen. Das wird nicht gelingen, wenn für ihn eine Farbengleichung besteht.

Weit verbreitet sind die von STILLING[2] erdachten, seither mit immer neuen Verbesserungen hergestellten pseudo-isochromatischen Tafeln.[3] Auf diesen sind Buchstaben und Zahlen aus verschieden gefärbten (meist ungesättigten) und zum Teil verschieden gestalteten Flecken zusammengesetzt. Vielfach gelingt es, auf diese Weise Farbensinnstörungen festzustellen, wenn man aber bedenkt, wie verschieden die physikalischen Bedingungen sind, unter denen solche Untersuchungen angestellt werden und wie gering die Helligkeits- und Farbenunterschiede, auf die es bei Entzifferung der Proben ankommt, so begreift man, daß sie keine verläßlichen Ergebnisse liefern können. In der Tat ist in Deutschland für die Untersuchung des Bahn- und Schiffspersonals wegen der Unsicherheit der angeführten Proben die Anwendung verschiedener Methoden vorgeschrieben.[4] Die bisher besprochenen Methoden sind für orientierende Untersuchungen und für klinische Zwecke oft recht praktisch, aber

---

[1] Vgl. NAGEL: Die Diagnose der praktisch wichtigen angeborenen Störungen des Farbensinnes. Wiesbaden 1899.

[2] Tafeln zur Bestimmung der Rotgrünblindheit. 1. Aufl. Cassel 1878.

[3] Zu erwähnen sind besonders die Tafeln von NAGEL, OGUCHI und PODESTA.

[4] Daß trotzdem Farbensinnstörungen unerkannt bleiben können, beweist das Dresdener Eisenbahnunglück vom 22. September 1918, das durch Rotgrünblindheit des Lokomotivführers veranlaßt war, die man bei der alle fünf Jahre erfolgten Untersuchung mit den üblichen Methoden (HOLMGREN, STILLING, NAGEL) nicht erkannt hatte. Vgl. v. HESS: „Farbenlehre" (Ergebn. d. Physiol., Bd. 20, S. 31).

doch prinzipiell falsch und daher kann es vorkommen, daß ab und zu eine Farbensinnstörung auf diese Weise gar nicht erkannt wird. Man muß Methoden anwenden, die eine kontinuierliche Änderung des Farbentones gestatten, also Mischungen mittels des Farbenkreisels oder Mischungen durch Deckung zweier Spektral- oder Glasfarben.[1] Für jeden Farbenblinden kann man eine Gleichung zwischen einer passend gewählten Pigmentmischung auf der inneren Scheibe des Kreisels und einer Schwarz-Weiß-Mischung auf dem äußeren Ring herstellen, was im folgenden näher ausgeführt werden soll.

Die Rotgrünblindheit. In früherer Zeit hat man als die typischen Fälle partieller Farbenblindheit die „Rotblindheit" und die „Grünblindheit" bezeichnet; erst HERING hat den Nachweis erbracht,[2] daß wir es hier nur mit zwei Varianten einer und derselben Erscheinung, nämlich der Rotgrünblindheit zu tun haben. Das System der Farbenempfindungen des Rotgrünblinden ist durch das Fehlen der ganzen Rot- und der ganzen Grünkomponente charakterisiert, daher zerfällt sein Farbenzirkel nur in eine blauwertige und in eine gelbwertige Hälfte. Für den Rotgrünblinden gibt es im geschlossenen Farbenzirkel zwei neutrale Stellen, d. h. solche, an denen er überhaupt keine Farben sieht. Es sind jene, wo die gelbe und die blaue Komponente zusammenstoßen; nur die eine dieser Stellen ist aber im Spektrum verwirklicht. An einer bestimmten Stelle unseres Rot liegt für den Rotgrünblinden ein sehr dunkles Grau; dieses wird nach der einen Seite immer gelblicher bis zum reinen Gelb, das seiner Lage nach mit unserem reinen Gelb übereinstimmt. Dann wird das Gelb immer grauer, d. h. ungesättigter und geht schließlich in ein Grau über, das an der Stelle unseres reinen Grün liegt, aber viel heller ist als das Grau an der Stelle unseres reinen Rot. Von da an wird

---

[1] Durch C. v. HESS haben die Methoden zur Untersuchung der Farbensinnstörungen eine bedeutende Förderung erfahren. Die von ihm zu diesem Zwecke erdachten Apparate laufen alle auf die Herstellung von Gleichungen mittels kontinuierlich variabler Lichter hinaus. Besonders zu erwähnen ist die Verwendung von „Farbkeilen", die durch die Ausfüllung des schmalen Raumes zwischen zwei unter sehr spitzem Winkel zueinander gestellten Glasplatten mit Gelatine entstehen und durch Zusatz von Tusche oder geeigneten Farbstofflösungen beliebig gefärbt werden können; sie gestatten Übergänge zwischen allen möglichen Farbtönen und Helligkeiten. Mittels der „Tunnelmethode", bei der zwei Lampen, die einen in der Mitte befindlichen Photometerkeil belichten, in einem etwa 2 m langen Tunnel beliebig verschoben werden können, kann die Lichtstärke bequem reguliert werden. Näheres bei HESS: Methoden zur Untersuchung des Licht- und Farbensinnes, sowie des Pupillenspiegels. Handb. d. biolog. Arbeitsmethoden, Abt. 5, Teil 6, S. 266 ff., und: Einfache Apparate zur Untersuchung des Farbensinnes und seiner Störungen. Archiv für Augenheilkunde, Bd. 86, Heft 3/4, 1920.

[2] Zur Erklärung der Farbenblindheit aus der Theorie der Gegenfarben. Lotos, Neue Folge 1, Prag 1880.

das Grau immer bläulicher bis zum reinen Blau; dieses verliert dann immer an Sättigung, wird zugleich dunkler und endet im sehr dunklen Grau, das an der Stelle unseres reinen Rot liegt. Wenn man einen Rotgrünblinden mit dem Farbenkreisel untersucht, wird man, obwohl es unzählige Gleichungen gibt (z. B. blau = violett, gelb = orange, grünblau = blau, gelbgrün = gelb), gut daran tun, ihn auf die zwei kritischen Gleichungen zu prüfen, d. h. auf die der beiden neutralen Stellen. Alle diese Gleichungen sind außerordentlich empfindlich; wenn man nicht genau die richtigen Mischungen nimmt, wird der zu Untersuchende die innere Scheibe und den äußeren Ring nicht ganz gleich sehen. Daraus läßt sich entnehmen, daß es ein großer Zufall ist, wenn man durch hingeworfene Wollsträhne (SEEBECK-HOLMGREN) gerade die richtigen Verwechslungsfarben findet. Eine Sicherheit für die Auffindung der richtigen Mischungen ist nur bei kontinuierlicher Variationsmöglichkeit gegeben.

Übrigens gibt es auch unter den Rotgrünblinden noch sehr bedeutende Verschiedenheiten. So entstand die frühere Meinung — die übrigens von der HELMHOLTZschen Schule zuweilen noch vertreten wird —, daß man Rotblinde und Grünblinde zu unterscheiden habe. Für die erste Gruppe ist es charakteristisch, daß das Spektrum an seinem roten Ende eine merkliche Verkürzung zeigt. Zur Erklärung dieser Tatsache hat HERING auf einen Unterschied aufmerksam gemacht, der auch in der Klasse der Normalsichtigen (Farbentüchtigen) besteht: auf den Unterschied zwischen Blau- und Gelbsichtigen.[1] Er zeigt sich in dem Überwiegen der blau- bzw. gelbwertigen Hälfte des sichtbaren Spektrums.[2] Besteht diese Verschiedenheit auch bei den Rotgrünblinden, so wird sich Folgendes ergeben: das spektrale Rot ist sehr gesättigt, seine Weißvalenz, die ja für den Rotgrünblinden die einzig wirksame Valenz ist, ist eine sehr geringe; die Rotvalenz ist für den Rotgrünblinden ohnehin nicht vorhanden. So bleibt dann nur die geringe Gelbvalenz übrig. Für einen Rotgrünblinden vom Typus der Gelbsichtigen wird diese schwache Gelbvalenz noch zur Geltung kommen und er wird das rote Ende des Spektrums als ein schwach gelbes, sehr dunkles, schon dem Schwarz nahestehendes Grau sehen. Für den Blausichtigen fällt nun noch die gelbe Valenz weg und so bleibt von den Reizwerten des spektralen Rot

---

[1] Über individuelle Verschiedenheiten des Farbensinnes. Lotos, Neue Folge, Bd. 6, 1885.
[2] STILLING (Entstehung und Wesen d. Anomalien des Farbensinnes. Zeitschr. f. Sinnesphysiol., Bd. 44, S. 371ff.), DONDERS (Farbengleichungen. Arch. f. Physiol. von DUBOIS-REYMOND 1884), A. GUTTMANN (Untersuchungen an sog. Farbenschwachen. Ber. d. 1. Kongresses f. exp. Psychol. 1904, und: Untersuchungen über Farbenschwäche. Zeitschr. f. Sinnesphysiol., Bd. 42 und 43, 1907 und 1908) und v. KRIES (Zusätze zur 3. Aufl. d. physiol. Optik von HELMHOLTZ 1911) fassen das Überwiegen des Gelb- oder Blausehens als Farbenschwäche und Übergang zu Farbenblindheit auf.

so gut wie nichts übrig, das Spektrum wird verkürzt erscheinen. Es ist nun die Frage, worauf sich die Tatsache zurückführen läßt, daß sich unter den Farbentüchtigen die zwei Typen der Gelbsichtigen und Blausichtigen vorfinden. Man kann dabei an nervöse Erregbarkeitsverhältnisse denken in der Weise, daß die eine Gruppe einen stärkeren Gelbreiz beansprucht, um mit der Empfindung Gelb zu reagieren, die andere einen schwächeren. Das ist aber reine Hypothese. Außerdem kommt zur Erklärung der Verschiedenheiten zwischen beiden Gruppen für polychromatische Lichter noch das Maß der Pigmentierung von Macula und Linse in Betracht. Auf diese drei Momente hat HERING als mögliche Ursachen für die Blau- bzw. Gelbsichtigkeit hingewiesen.[1]

Bemerkenswert ist die Übereinstimmung der Farbengleichungen der Rotgrünblinden mit den Gleichungen, welche für die rotgrünblinde Farbenzone des Farbentüchtigen gelten. Genaue Untersuchungen haben ergeben, daß unser Farbensinn nicht in gleicher Weise über die ganze Netzhaut verbreitet ist, sondern daß das, was früher über das Farbensystem des normalen Menschen gesagt wurde, nur für ein beschränktes Zentralgebiet der Netzhaut gilt.[2] Wenn wir dieses Zentralgebiet verlassen, kommen wir in die sogenannte Rotgrünblindheitszone. Läßt man bei scharfer Fixation eines bestimmten Punktes kleine Scheibchen aus verschiedenfarbigem Papier von der Peripherie her ins Sehfeld eintreten, so erscheinen sie zunächst nicht in demjenigen Farbenton, den sie für das Zentralgebiet haben, sondern in jener Farbe, die übrig bleibt, wenn man sich die rote und die grüne Komponente wegdenkt (z. B. erscheint eine violette Scheibe zunächst blau). Indem man möglichst viele Punkte, in denen ein Gegenstand, von der Peripherie herkommend, zuerst rot gesehen wird, miteinander verbindet, gewinnt man eine Rotisochrome und in ähnlicher Art eine Grünisochrome. Die Rotisochrome ist nicht identisch mit der Grünisochrome, was aber seinen Grund nur darin hat, daß die im Handel vorkommenden Papiere von sehr verschiedener Sättigung sind, das Rot ist meist viel gesättigter als das Grün und wird darum natürlich länger gesehen.[3]

---

[1] „Neben den durch das Maß der Pigmentierung der Macula und der Linse veranlaßten Verschiedenheiten des Farbensinnes bedingt besonders das verschiedene Verhältnis, in welchem die drei Empfindungspaare des Lichtsinnes, nämlich die Weiß-Schwarz-Empfindung, die Blau-Gelb-Empfindung und die Rot-Grün-Empfindung zueinander stehen, große individuelle Verschiedenheiten des Farbensinnes." (Lotos, Bd. VI, S. 46).

[2] HESS: Über den Farbensinn bei indirektem Sehen. v. Gräfes Arch. f. Ophth., Bd. 35, S. 4.

[3] HESS hat bei seinen Untersuchungen großen Wert darauf gelegt, Farbentöne von möglichst gleich großer Weißvalenz zu verwenden; bei den gewöhnlichen Perimeteruntersuchungen wird das häufig nicht beachtet und es ergeben sich dann ganz verschiedene Werte für die Rot- und für die Grünisochrome.

Um die Zonen im Auge zu untersuchen, bedient man sich am besten der folgenden, von HERING angegebenen Methode. In einer grauen Fläche, die durch Neigung gegen die Lichtquelle heller oder dunkler gemacht werden kann, ist ein kleines kreisrundes Loch ausgeschnitten. Die Fläche ist zunächst horizontal gestellt, so daß sie gleichmäßig belichtet wird und das Auge blickt vertikal abwärts durch das Loch auf die horizontal rotierende Scheibe eines Farbenkreisels; es wird dann das Loch der grauen Fläche in der Farbe gesehen, welche auf dem Kreisel hergestellt wurde, z. B. rot. Fixiert man nun einen seitlich gelegenen Punkt der grauen Fläche, so bildet sich das Loch exzentrisch ab und wird farblos; durch passende Neigung der Fläche kann man bewirken, daß der sich zunächst noch durch seine Helligkeit unterscheidende Fleck gänzlich verschwindet.

Wenn man nun derartige Gleichungen zwischen dem grauen Grund und der unter dem Loch rotierenden Kreiselscheibe herstellt, so bekommt man ungefähr dieselben Werte wie beim Rotgrünblinden; die Abweichungen sind nicht größer, als sie zwischen verschiedenen rotgrünblinden Individuen stattfinden, und auch nicht größer, als sie zwischen verschiedenen Farbtüchtigen für ihre rotgrünblinde Netzhautzone gelten.

Das hat eine gewisse theoretische Bedeutung. Wir haben gesehen, daß Farbensinnstörungen nur durch Verwechslungsgleichungen sicher zu ermitteln sind. Aber aus diesen geht noch nicht hervor, wie eigentlich der Farbenblinde die beiden Lichter sieht; verwechselt er ein gewisses Rot mit einem dunklen Grau, so könnte er beide grau, beide rot, aber auch beide in irgend einer andern (gleichen) Farbe sehen. Die Beobachtungen im Bereiche der rotgrünblinden Netzhautzone des Farbentüchtigen, der ja keine verschobene Terminologie hat, lassen es aber wahrscheinlich erscheinen, daß der Rotgrünblinde dasselbe sieht, wie der Normale in der Rotgrünblindheitszone. Auch die zuweilen vorkommenden Fälle von erworbenen Farbensinnstörungen und namentlich die einseitigen Farbensinnstörungen sprechen in diesem Sinne.

Neben der vollkommenen Rotgrünblindheit gibt es auch Formen von bloß herabgesetztem Rotgrünsinn. Diese bloßen Schwächungen des Rotgrünsinnes sind viel schwerer zu diagnostizieren als der vollständige Defekt. Bei Anwendung gesättigter Farben kommt es hier überhaupt nicht zu Verwechslungen. Von vornherein weiß man auch nicht, wie schwach man die Sättigung wählen soll. Das bedarf oft eines langwierigen Ausprobierens. Äußerst schwierig kann die Untersuchung werden, wenn es sich nicht um reine Rotgrünblindheit handelt, sondern um Komplikationen.

Viel seltener als die Rotgrünblindheit, an der etwa 4% aller Männer leiden — bei Frauen kommt Farbenblindheit überhaupt sehr selten vor — ist die Gelbblaublindheit. Hierher gehört der von HERING und

VINTSCHGAU untersuchte Fall, der übrigens mit Herabsetzung des Rotgrünsinnes kompliziert war.[1] Als Gelbblaublindheit sind jedenfalls auch die von HOLMGREN, STILLING und A. KÖNIG beschriebenen Fälle von „Tritanopie" (Blau- oder Violettblindheit) aufzufassen. Übrigens handelt es sich hier meist um pathologisch schwer veränderte Augen, so daß HESS es für bedenklich hält, diese Fälle farbentheoretischen Erörterungen zugrunde zu legen.

Anmerkung der Herausgeberin

Durch sorgfältige Untersuchungen hat Heß festgestellt,[2] daß die „Rotblinden" sich von den „Grünblinden"[3] durch eine deutliche Unterwertigkeit für Blau und Gelb unterscheiden, daß also die „Rotblindheit" eine Zwischenstufe zwischen „Grünblindheit" und totaler Farbenblindheit ist. Für die „Grünblinden" wies Heß nach, daß sie hinsichtlich ihrer Blaugelbempfindung den Normalen zum Teil gleich, zum Teil ihnen merklich überlegen sind. Das zeigt sich darin, daß 1. alle „Rotblinden" deutlich engere Grenzen für Blau und Gelb haben als der Normale, während bei „Grünblinden" die Grenzen mit jenen beim Normalen zusammenfallen oder sogar peripherer liegen (ein farbiger Fleck verschwindet also im indirekten Sehen bei den ersteren früher als bei den letzteren); 2. darin, daß stets auch die spezifische Schwelle für Blau und Gelb beim „Rotblinden" im Vergleich zu jener beim „Grünblinden" und beim Normalen merklich erhöht ist, während beim „Grünblinden" die spezifische Schwelle dem Normalen gegenüber häufig erniedrigt ist.

Heß hat seine Untersuchungen weiterhin auch auf andere Abweichungen von der Norm, besonders auf die sogenannten Rayleighschen Anomalien ausgedehnt. Rayleigh hatte nämlich 1881 gefunden, daß die für das normale Auge bestehende Gleichung zwischen einem homogenen und einem aus spektralem Rot und Grün gemischten Gelb nicht allgemein gilt; von einigen Beobachtern wird nun das Mischlicht als rötlich, von andern als grünlich empfunden. Gewöhnlich wird nun angenommen, daß jene Leute, für welche die Rayleighgleichung nicht gilt, farbenschwach seien, daß sie also die Farben allgemein weniger gesättigt, d. h. mehr mit Grau verhüllt sehen als der Normale. Im Gegensatz dazu stellte Heß fest, daß Überwertigkeit für einige Farben neben Normalwertigkeit oder Unterwertigkeit für andere bestehen kann; die Bezeichnung „Farbenschwäche" für diese Abweichung von der Norm wäre nur dann zutreffend, wenn Unterwertigkeit für alle

---

[1] Über einen Fall von Gelbblaublindheit. Arch. f. d. ges. Physiol., Bd. 57, 1894.

[2] *Die Rotgrünblindheiten. Pflügers Arch., Bd. 185, Heft 1/3, 1920.*

[3] *Der Kürze wegen wird hier die Bezeichnung „Rotblinde" für die Rotgrünblinden mit Verkürzung des Spektrums am langwelligen Ende, die Bezeichnung „Grünblinde" für die Rotgrünblinden, die das Spektrum unverkürzt sehen, gebraucht.*

Farben bestünde. Es kann aber jemand für Rot und Grün „schwach" sein, gleichzeitig aber die Gegenfarbe ebenso oder noch lebhafter empfinden als der Normale. Alle Augen, für die zur Herstellung eines farblosen Grau Rot und Grün in anderm Verhältnis gemischt werden müssen als für den Normalen, sind als rotgrünungleich zu bezeichnen. Ist zur Mischung mehr Grün erforderlich, so sind sie gegenüber dem Normalen relativ rotsichtig, ist zur Herstellung des farblosen Grau mehr Rot erforderlich, so sind sie relativ grünsichtig. Es ergab sich auch, daß die Rotgrünwertigkeiten innerhalb weiter Grenzen unabhängig von den Blaugelbwertigkeiten variieren.

Die totale Farbenblindheit. Die totale Farbenblindheit, die durch den Mangel aller farbigen Valenzen charakterisiert ist, findet sich äußerst selten verwirklicht. Die Untersuchung ist hier außerordentlich leicht; man kann zwischen jedem beliebigen polychromen oder homogenen Licht und einem bestimmten Grau, das durch kontinuierliche Änderung leicht zu ermitteln ist, eine Gleichung herstellen.

Auch hier kann man wiederum die Frage aufwerfen, wie der total Farbenblinde die Dinge eigentlich sieht und sie mittels einer Wahrscheinlichkeitserwägung beantworten. Wenn man nämlich bei der Untersuchung des normalen Auges mit farbigen Scheibchen noch weiter in die Netzhautperipherie hinausgeht, so kommt man nach der Rotgrünblindheitszone in eine Zone totaler Farbenblindheit. Die Untersuchung läßt sich am exaktesten wiederum mit einer grauen Fläche, die mit einem runden Loch versehen ist, durchführen. Unter dem Loch rotiert ein Kreisel in einer beliebigen Farbe; dieses Feld verschwindet bei entsprechender Neigung der grauen Fläche. Da sich auch hier angenähert dieselben Gleichungen ergeben wie beim total Farbenblinden, so ist der Schluß erlaubt, daß dieser alles in den Tönen der Graureihe sieht.

Doch ist auf ein häufig vorkommendes Mißverständnis aufmerksam zu machen. Man hört häufig die Meinung aussprechen, daß der total Farbenblinde die Welt wie einen Kupferstich sehe; das ist unrichtig. Der Helligkeitseindruck einer Farbe setzt sich für einen Normalsichtigen aus der Helligkeit der farbigen und der farblosen Komponente zusammen. Nun fehlt aber die erstere für den Farbenblinden. Daher ist der Helligkeitswert eines Lichtes für ihn ein anderer als für den Farbentüchtigen, und dieser Unterschied macht sich besonders stark bei gesättigten Farben bemerkbar, so z. B. bei spektralem Rot (ein Purpurmantel erscheint dem total Farbenblinden wie ein schwarzes Kleid). Für den Normalsichtigen liegt die hellste Stelle des Spektrums im Gelb, das Maximum der Weißvalenz liegt im Grün, daher hat ein total Farbenblinder im Grün sein Helligkeitsmaximum.

Der blinde Fleck. Zu erwähnen ist noch, daß sich auf der nasalen Netzhautseite eine völlig blinde Stelle befindet, es ist dies der sogenannte blinde Fleck. Er fällt zusammen mit der Eintrittsstelle des Sehnerven. Über seine Lage sind Messungen gemacht worden von LISTING,[1] HELMHOLTZ[2] und anderen. Seine Gestalt ist beiläufig elliptisch. Der dem Fixationspunkt nächstgelegene Rand des blinden Flecks hat von diesem einen scheinbaren Abstand von zirka 13⁰. Sein scheinbarer horizontaler Durchmesser beträgt im Mittel etwa 6⁰. Es würden also elf Vollmonde nebeneinander auf seinem Durchmesser Platz haben und ein ungefähr 2 m entferntes menschliches Gesicht würde völlig verschwinden. Die Lage und Größe des blinden Fleckes kann man ungefähr feststellen, wenn man auf Papier ein Kreuz zeichnet, das eine Auge schließt und bei möglichst unbewegtem Kopf mit dem andern Auge aus einer Entfernung von 20 cm dieses Kreuz fixiert. Fährt man dann mit einer Bleistiftspitze auf dem Papier hin und her, so kann man die Punkte, wo sie verschwindet, bzw. auftaucht, auf dem Papier bezeichnen und erhält auf diese Weise die Grenzen des blinden Fleckes. Die Erscheinung wurde zuerst von MARIOTTE beobachtet, seine Entdeckung machte so großes Aufsehen, daß er 1668 seine Versuche vor dem König von England wiederholen mußte. Die Entdeckung des blinden Fleckes hat zunächst das Problem zutage gefördert, wie es denn komme, daß diese „Lücke im Sehfeld" nicht bemerkt wird, selbst wenn man die ergänzende Tätigkeit des korrespondierenden Bezirks im andern Auge ausschließt. Es wurde also nach der „Ausfüllung des blinden Fleckes" gefragt. Bald aber hat sich die Problemstellung dahin geändert, daß man die Frage aufwarf, ob denn hier überhaupt etwas „auszufüllen" sei. Wenn die Stelle des Sehnerveneintritts im subjektiven Sehfeld überhaupt nicht vertreten ist, wenn man also im strengsten Sinne nichts sieht, so besteht keine „Lücke" und die Frage, wie sie ausgefüllt wird, fällt weg. Die Behauptung aber, daß gar keine Lücke bestehe, würde besagen, daß die Raumwerte derjenigen Netzhautstellen, welche dem Sehnerveneintritt unmittelbar benachbart sind, keine Diskontinuität zeigen, sondern unmittelbar einander schließen, d. h. daß sie zwar anatomisch getrennt sind, aber funktionell ein Kontinuum bilden. Für diese schon 1863 von v. WITTICH[3] vertretene „Schrumpfungstheorie" sind in neuerer Zeit FERREE und RAND[4] wieder eingetreten.

Gänzlich aber hat sich die Situation durch die Entdeckung geändert, daß man den dem blinden Fleck entsprechenden Bezirk des Raumes wirklich sichtbar machen kann, wenn auch die alte Erfahrung bestätigt

---

[1] Berichte d. Königl.-sächs. Ges. d. Wiss. 1852.
[2] Physiol. Optik, S. 250ff.
[3] Studien über den blinden Fleck. v. Gräfes Arch. f. Ophth., Bd. 9 (3), S. 1ff.
[4] The spatial values of the visual field immediately surrounding the blind spot and the question of the associative filling in of the blind spot. Americ. Journ. of Physiol., Bd. 29, S. 398ff., 1912.

bleibt, daß objektive Lichtreize auf dieser Stelle der Netzhaut nicht wirken. Kurz gesagt: das somatische Sehfeld zeigt gar keine Lücke, sondern nur die Ausbreitung des peripheren Empfangsapparates (also die Reizfläche) zeigt eine solche. Unter geeigneten Versuchsbedingungen kann man die kritische Stelle als schwarzen Fleck sehen, ja man kann sie durch Simultankontrast sogar färben.

Nachdem nämlich schon HELMHOLTZ,[1] später WOINOW,[2] ZEHENDER,[3] CHARPENTIER,[4] TSCHERMAK[5] und andere beobachtet hatten, daß die dem blinden Fleck entsprechende Stelle des Sehfeldes nicht leer, sondern mit Qualitäten ausgefüllt ist, hat BRÜCKNER[6] die Bedingungen genau und systematisch untersucht, unter welchen man den blinden Fleck entoptisch sichtbar machen kann, und gefunden, daß diese Erregung wesentlich als Kontrasterregung (durch die Reizung der sehenden Umgebung) aufzufassen ist. Die durch den Simultankontrast hervorgerufene Erregung zeigt ihrerseits sogar wieder die Erscheinungen des Sukzessivkontrastes, also die negativen Nachbilder.

Damit, so sollte man meinen, müßte die Schrumpfungstheorie endgültig aus der Welt geschafft sein; nichtsdestoweniger versuchte LOHMANN[7] die entoptische Sichtbarkeit des blinden Fleckes und die funktionelle Kontinuität der Nachbarschaft miteinander in Einklang zu bringen durch die Hypothese, daß es rings um die Stelle des Sehnerveneintrittes eine Zone gebe, wo die Raumwerte der lichtempfindlichen Elemente so modifiziert seien, daß sie denjenigen Raumwerten gleich sind, welche die Netzhaut haben würde, wenn sie an der Stelle des Sehnerveneintrittes lichtempfindlich wäre (Kompensationszone).

Auf Anregung F. B. HOFMANNS[8] hat F. NUSSBAUM eingehende Untersuchungen über die Raumwerte in der Umgebung des blinden Fleckes gemacht.[9] Es gelang ihm zu zeigen, daß die Theorie LOHMANNS unhaltbar ist und daß auch die Ergebnisse von FERREE und RAND nur

---

[1] Über die Sichtbarkeit des blinden Fleckes. Pflügers Arch., Bd. 136, S. 610ff., 1910.

[2] Über das Sehen mit dem blinden Fleck und seiner Umgebung. Arch. f. Ophthalm., Bd. 15 (2), S. 155ff.

[3] Historische Notiz zur Lehre vom blinden Fleck. Arch. f. Ophthalm., Bd. 10 (1), S. 152ff.

[4] Visibilité de la tache aveugle. Compt. rend. Bd. 126, S. 1634ff.

[5] Über Kontrast und Irradation. Ergebn. d. Physiol., II. Abt., Bd. 2, S. 726ff., 1903.

[6] Über die Sichtbarkeit des blinden Fleckes. Pflügers Arch., Bd. 136, S. 610ff., 1910.

[7] Der blinde Fleck in seinen Beziehungen zu den Raumwerten der Netzhaut. Arch. f. Augenheilk., Bd. 81, S. 183ff., 1916.

[8] Vgl. Die Lehre vom Raumsinn des Auges. I, S. 190ff.

[9] Über die Raumwerte in der Umgebung des blinden Fleckes. Arch. f. Augenheilkunde, Bd. 87, Heft 3/4, 1920.

durch Versuchsfehler (unwillkürliche Augenbewegungen) zu erklären sind. Er gibt auch ein Verfahren an, mittels dessen die entoptische Sichtbarmachung des blinden Fleckes selbst ungeübten Beobachtern leicht gelingt. (Unterbrechung eines hellen Streifens auf dunklem Grunde an der Stelle des blinden Fleckes.)

Es kann daher nunmehr mit Sicherheit gesagt werden, daß diejenigen Sehobjekte, welche durch Reize in der unmittelbaren Nachbarschaft des Sehnervenkopfes entstehen, örtlich nicht aneinander grenzen, daß vielmehr eine phänomenologische Lücke zwischen ihnen besteht, die zwar nicht durch äußere Reize, wohl aber durch zentrale Erregungsvorgänge ausgefüllt wird.

III. Farbentheorien
1. Entstehung und Aufgaben der Farbentheorien

Wenn ein äußeres Objekt Licht aussendet und dieser Vorgang schließlich zu einer Gesichtsempfindung führt, so liegen zwischen diesem äußeren Geschehnis und der Empfindung eine Reihe von Vorgängen, die man in eine physikalische und eine physiologische Gruppe zerlegen kann, indem man die erstere bis ausschließlich zu den Veränderungen im Sinnesepithel reichen, die letztere mit diesen Veränderungen beginnen läßt. Wären diese sämtlichen Vorgänge der Beobachtung zugänglich, so hätte man sie einfach zu beschreiben und die sich hierbei ergebenden Gesetzmäßigkeiten würden zusammen eine völlig hypothesenfreie ,,Theorie des Sehens" ausmachen.

Nun sind zwar die physikalischen Vorgänge (wie etwa die Brechungen, Absorptionen, Änderungen durch Fluoreszenz, chemische Zersetzung gewisser Empfangsstoffe) zum großen Teile erforscht, nicht aber die physiologischen; diese sind vielmehr noch immer ihrem Wesen nach unbekannt. Erst vom terminalen, d. h. am Sinnesepithel angreifenden Reiz ist also überhaupt Gelegenheit zur Hypothesenbildung gegeben. Man kann daher die physikalischen Vorgänge ausschalten und nur den Weg vom terminalen Reiz bis zur Empfindung in Betracht ziehen.

Aber auch hier ist nur unter einer Bedingung Anlaß zur Bildung von Hypothesen vorhanden, nämlich dann, wenn die Eindeutigkeit der Zuordnung zwischen dem terminalen Reiz und der Empfindung gestört ist, sei es, daß verschiedenen terminalen Reizen dieselbe Empfindung, sei es, daß einem und demselben Reiz verschiedene Empfindungen entsprechen. Wenn zwischen den terminalen Reizen und unseren Empfindungen eine wechselseitig eindeutige Beziehung herrschte, und zwar derart, daß jedem bestimmten Reiz eindeutig eine Empfindung zugeordnet wäre und auch den Variablen des physikalischen Vorganges und ihren Änderungen eindeutig die Variablen und Änderungen in der

Empfindung entsprächen, wenn also überall, wo Reizunterschiede bestehen, auch psychologische Unterschiede bestünden und psychologische Gleichheit nur dort vorläge, wo Gleichheit des Reizes gegeben ist, wäre jede Hypothese überflüssig. Man hätte bloß die Funktionalbeziehung zwischen terminalem Reiz und Empfindung, bzw. zwischen jeder Reizvariablen und der entsprechenden Empfindungsvariablen festzustellen, mit anderen Worten, es wäre nur die kausale Zuordnung zu konstatieren. Einfache Kausalbeziehungen können ja nicht erklärt werden.

Tatsächlich ist aber von einer wechselseitig eindeutigen Zuordnung zwischen terminalem Reiz und Empfindung keine Rede; wir haben ja schon zahlreiche Fälle von Störungen der eindeutigen Beziehung kennen gelernt. Man denke nur an die Tatsachen der Lichtmischung, der Adaptation und des Kontrastes. Lichter von der verschiedensten physikalischen Zusammensetzung können eine und dieselbe Empfindung erzeugen; es können aber auch Lichter von einer und derselben Zusammensetzung die verschiedensten Empfindungen hervorrufen. Auch entsprechen keineswegs den Variablen des terminalen Reizes (Wellenlänge, Amplitude, Intensität) die Variablen der Empfindung; wenn eine eindeutige Zuordnung zwischen beiden bestünde, so müßten durch Änderung einer Reizvariablen Empfindungen entstehen, die nur in einer Ähnlichkeitsreihe liegen. Wir haben aber gesehen, daß es sich tatsächlich anders verhält; die durch Änderung einer Reizvariablen entstehenden Empfindungen gehören zugleich mehreren Ähnlichkeitsreihen an. Mit der Reizintensität ändert man die Helligkeit, die Sättigung und in gewissem Ausmaße sogar den Farbenton; ähnliches gilt von den Änderungen der Wellenlänge.[1] Die Gründe für diese Störungen der eindeutigen Zuordnung müssen in den Prozessen liegen, die zwischen dem terminalen Reiz und der Empfindung eingeschaltet sind. Somit ist die Veranlassung gegeben, gewisse Annahmen über die physiologischen Vorgänge in der erregbaren Substanz zu machen, um die großen Abweichungen vom Parallelismus zwischen terminalem Reiz und Empfindung zu erklären. Diese Hypothesen müssen aber nicht nur die Eigenschaft haben, daß sie das erklären, was sie erklären sollen, sondern sie müssen sich auch den sonst bekannten Erfahrungen auf dem Gebiete der Nervenphysiologie gut anpassen, keinesfalls dürfen sie mit ihnen im Widerspruch stehen. Und wenn für hypothetische Annahmen nur das Gebiet zwischen terminalem Reiz und Empfindung in Betracht kommt, so folgt, daß die hypothetischen Prozesse in der Sehsubstanz den Empfindungsresultaten möglichst genau anzupassen sind, nicht den Außenvorgängen.

Eine Farbentheorie hat also nicht eine Beziehung zwischen Lichtwellen und Farbenempfindungen herzustellen, sondern zwischen den letzteren und den Erregungsprozessen im Sehorgan, geradeso wie eine

[1] Vgl. S. 21.

Raumtheorie nicht die Beziehung zwischen dem äußeren Ort des wirklichen Dinges und dem (scheinbaren) Ort der Empfindung zu behandeln hat, sondern nur die Beziehung zwischen den gereizten Netzhautpunkten und dem Ort der Empfindung.

Bei der Beurteilung einer jeden Farbentheorie werden wir an den eben entwickelten allgemeinen Grundsätzen festzuhalten haben. Wir müssen also untersuchen, ob die Theorie die zu erklärenden Tatsachen in ungezwungener Weise und ohne mit anderen Tatsachen in Konflikt zu geraten erklärt, insbesondere werden wir zu prüfen haben, ob die Hypothese so eingerichtet ist, daß sich aus ihr eine Erklärung für jede Störung der eindeutigen Zuordnung zwischen terminalem Reiz und Empfindung, bzw. zwischen den Variablen des terminalen Reizes und den Variablen der Empfindung ergibt.

2. Die Young-Helmholtzsche Farbentheorie

Diese Theorie wurde in ihren Grundzügen von THOMAS YOUNG aufgestellt,[1] später von MAXWELL und HELMHOLTZ aufgenommen und namentlich von letzterem weiter entwickelt.[2] Den einen Ausgangspunkt für diese Theorie bildet die Annahme, daß den sensiblen Nerven nur diejenigen Eigenschaften und Fähigkeiten zugeschrieben werden können, welche wir aus dem Gebiete der motorischen Nerven kennen. Im Gebiete der motorischen Nerven kennen wir zwei qualitative Zustände, Tätigkeit und Ruhe, aber nur an den ersteren ist eine Muskelaktion gebunden, während die trophische Regeneration von keiner Muskelaktion begleitet ist. Daher gibt es nur eine Art von Erregung und innerhalb dieser nur Intensitätsunterschiede.

Den andern Ausgangspunkt bildet das Gesetz der spezifischen Sinnesenergien, aber nicht in jener allgemeinen Fassung, die JOHANNES MÜLLER ihm gegeben hat, sondern in einer spezialisierten. Während nämlich JOHANNES MÜLLER annahm, daß die Reizung irgend einer Optikusfaser immer Lichtempfindungen auslöse, also ihre Wirkungsfähigkeit nur auf die Gattung der Lichtempfindungen im allgemeinen einschränkte, geht YOUNG in dieser Einschränkung noch weiter, indem er jeder einzelnen Optikusfaser nur einen einzigen ganz bestimmten Farbenton beimißt; er schränkt also die Wirkungsfähigkeit einer solchen Faser nicht auf die Gattung „Farbenempfindung" ein, sondern auf eine ganz bestimmte Spezies. Soweit wäre noch nichts über die Zahl der anzunehmenden Faserarten gesagt; man könnte einstweilen beliebig viele annehmen, entsprechend der ganzen Mannigfaltigkeit von Farbentönen. Aber YOUNG berücksichtigt auch die Tatsache, daß sich aus drei Lichtern alle andern Farben durch Mischung herstellen lassen oder was dasselbe ist, daß die

---
[1] Lectures on natural Philosophy. London 1807.
[2] Physiol. Optik. S. 345ff.

optische Valenz jedes beliebigen Lichtes als eine Funktion von drei Variablen erschöpfend dargestellt werden kann. Er macht nun eine Hypothese, die aus folgenden Teilhypothesen besteht:

1. Es gibt im Optikus drei Arten von Nervenfasern; die Reizung der ersten erregt die Empfindung Rot, die der zweiten die Empfindung Grün, die der dritten die Empfindung Violett (Dreifasertheorie).

2. Jedes homogene Licht erregt alle diese drei Faserarten, aber je nach seiner Wellenlänge in sehr verschiedener Stärke. Die rotempfindenden Fasern werden am stärksten erregt durch Licht größter Wellenlänge, die grünempfindenden durch Licht mittlerer Wellenlänge, die violettempfindenden durch Licht kleinster Wellenlänge. Aber in schwächerer Weise erregt jedes dieser Lichter auch alle andern Faserarten. Denken wir uns die Wellenlängen der Spektrallichter auf der Abszissenachse aufgetragen, die Erregungsstärken der drei Faserarten auf der Ordinatenachse, so erhalten wir drei Kurven (Abb. 18). Aus der Betrachtung dieser Erregbarkeitskurven ergibt sich auch die Antwort auf die Frage, welches die Wirkung der anderen Lichter ist (die nicht rot, grün oder violett sind). Alle andern Lichter erregen nicht eine Faserart maximal, sondern sie erregen zwei Faserarten mäßig stark.

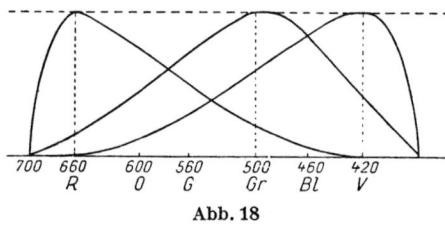

Abb. 18

So erregen z. B. die gelben Strahlen mäßig stark, und zwar etwa gleich stark die rot- und die grün-empfindenden Fasern, schwach die violetten. Blaues Licht erregt gleichmäßig stark die grün- und die violettempfindenden Fasern, schwach die rotempfindenden.

Werden alle Faserarten in ziemlich gleich starker Weise erregt, so entsteht die Empfindung Weiß. Komplementäre Gemische sind daher immer dadurch ausgezeichnet, daß sie zusammen die drei Faserarten gleich stark erregen. Jede abszissenparallele Gerade stellt eine Kombination von Erregungen dar, die eine weißliche Empfindung ergeben.

Der tiefste Grund für die Dreifasertheorie ist die Tatsache, daß die Valenztafel durch drei Lichter vollständig bestimmt ist. Die Wahl der drei Grundfarben hat aber etwas Willkürliches; Farbentafeln ließen sich ja aus sehr verschiedenen Grundfarben bilden. Die besondere Gestalt der Kurven ist nur ein Ausdruck der tatsächlichen Lichtmischungen.

Die Adaptationserscheinungen werden von dieser Theorie lediglich als Ermüdungserscheinungen aufgefaßt. Der sukzessive Kontrast soll ebenfalls eine Ermüdungserscheinung sein: Licht, welches auf eine vorher ermüdete Netzhautstelle fällt, muß eine geringere Wirkung ausüben, als wenn es auf eine unermüdete Stelle trifft. Wenn z. B. alle drei Faserarten maximal erregt werden, so entsteht Weiß; wären aber die rotempfindenden Fasern vorher durch Licht von großer Wellenlänge ermüdet, so erzeugt dasselbe Licht, das sonst Weiß ergeben würde, Grün + Violett = Grünblau, weil die gleichzeitige, aber schwächere Erregung der grün- und violettempfindenden Fasern durch den Ausfall der Roterregung sich nunmehr stärker geltend macht. Es wurde aber schon darauf hingewiesen,[1] daß das Auftreten der Kontrastfarbe (bzw. des Helligkeitskontrastes) bei Mangel jedes äußeren Reizes hiedurch nicht erklärt wird. Denn wenn gar kein Licht auf die „ermüdete" Stelle fällt, wie bei geschlossenen Augen, so könnte sich dieser Auffassung zufolge die Ermüdung doch überhaupt nicht äußern; auch die Ermüdung eines Muskels kann sich nicht zeigen, wenn er keine Arbeit zu leisten braucht.

Nun soll allerdings nach HELMHOLTZ und seinen Anhängern das Eigenlicht der Netzhaut in ähnlichem Sinne wie ein äußerer Reiz wirken; es sei dies so aufzufassen, „daß im Sehorgan stets gewisse, in ihrer Wirkung derjenigen des Lichtes vergleichbare innere Reize vorhanden sind. .... Man kann sich dann vorstellen, daß eine längere Zeit von weißem Licht getroffene Netzhautstelle ihre veränderte Empfänglichkeit gegen Reize wesentlich länger behält, als die eigentliche Nachwirkung des Lichtes dauert. Ist die letztere nahezu oder ganz geschwunden, so wird die betreffende Stelle auch im ganz verdunkelten Auge wegen der veränderten Wirkung der inneren Reize mit einer anderen Empfindung, z. B. der eines tieferen Schwarz, sich von der Umgebung abheben."[2]

Aber diese physiologische Erklärung läßt sich offenbar für alle jene Fälle nicht halten, in denen die Helligkeit größer wird, als bei unermüdetem Organ — das Nachbild eines schwarzen Feldes sieht viel heller aus als „objektives" Weiß. Diese Lücke sucht HELMHOLTZ in folgender Weise auszufüllen. Unser „Urteil" über die Helligkeit oder Dunkelheit eines Feldes sei nur eine Schätzung relativ zur Umgebung dieses Feldes. Wenn also beispielsweise das Nachbild eines dunklen Feldes im geschlossenen Auge uns den Eindruck leuchtender Helligkeit macht, so habe es zwar in Wirklichkeit auch keine größere Helligkeit, als sie dem Eigenlicht zukommt, aber wir „beurteilen" seine Helligkeit nur relativ zur Umgebung, und diese ist infolge der Ermüdung dunkler geworden, so daß uns im Vergleich mit ihr das Eigenlicht des begrenzten Feldes viel heller erscheint, — etwa so, wie uns ein und derselbe Mensch in der Umgebung sehr großer Menschen klein, in der Umgebung sehr kleiner groß vorkommt.[3]

---

[1] Vgl. S. 48.
[2] v. KRIES: Die Gesichtsempfindungen. NAGELs Handbuch, Bd. 3, S. 207.
[3] Vgl. Physiol. Optik, S. 543f., 564f. und öfter. Vorher schon ähnlich

Eine ähnliche „psychologische" Erklärung gibt HELMHOLTZ auch für den Simultankontrast. Die Empfindung eines grauen Feldes in weißer Umgebung sei dieselbe wie in schwarzer; die scheinbare Verschiedenheit rühre nur davon her, daß wir die Helligkeit nach ihrem Abstand von der Helligkeit der Umgebung verschieden beurteilen.

Da das Prinzip der Täuschung, die hier und im früheren Falle stattfinden soll, darauf hinausläuft, daß wir keinen richtigen Vergleich sukzessiver Empfindungen auszuführen vermögen und darum gleiches für ungleich halten nur wegen der veränderten simultanen Umgebung, hat HERING in einer Reihe von Versuchen die Anordnung so getroffen, daß uns jene Empfindungen, die wir fälschlich für ungleich halten sollen, gleichzeitig gegeben sind und daher von einer zeitlichen Verschiebung des Urteilsmaßstabes nicht die Rede sein kann.[1] Da auch in diesem Fall die Ungleichheit in derselben Auffälligkeit bestehen bleibt, ist jene psychologische Hypothese auszuschließen.[2]

Noch kompliziertere Annahmen erforderte die Erklärung des simultanen Farbenkontrastes. So wurde z. B. die Tatsache, daß uns ein graues Papierschnitzel auf grünem Grunde durch ein Feld und Umgebung bedeckendes Seidenpapier hindurch rot erscheint, dadurch erklärt, daß wir das deckende Seidenpapier als ununterbrochenen grünen Schleier auffassen und das graue Schnitzel für rot „halten", weil wir aus der Erfahrung wissen, daß ein Objekt in Wirklichkeit rot sein muß, um durch einen grünen Schleier gesehen, grau zu erscheinen. Solche Ergebnisse soll unser „Urteil" mittels „unbewußter Schlüsse" zutage fördern.

Die partielle Farbenblindheit würde sich nach der Dreifasertheorie entweder durch das Fehlen einer der drei Faserarten erklären — was HELMHOLTZ anfänglich angenommen hatte — oder dadurch, daß die Erregbarkeitskurve der einen Faserart sich der einer andern stark nähert oder ganz mit ihr zusammenfällt. In analoger Weise wäre dann die peri-

---

E. v. BRÜCKE: Untersuchungen über subjektive Farben. Denkschr. d. Wiener Akad., III, S. 100 und Pogg. Ann., Bd. 84, S. 418ff., 1851.

[1] Lichtsinn, S. 115ff. Schon FECHNER (Über die Kontrastempfindung. Ber. d. sächs. Ges. d. Wiss. 1860, S. 71ff.) und AUBERT (Physiologie d. Netzhaut, S. 334, 1865) hatten Bedenken gegen die BRÜCKE-HELMHOLTZsche Theorie der Urteilstäuschung geäußert, doch erst MACH brachte bessere Gründe für eine physiologische Auffassung der Kontrasterscheinungen vor (Über die Wirkung der räumlichen Verteilung des Lichtreizes auf der Netzhaut. Sitzber. d. Wien. Akad., Bd. 52, S. 303ff., 1865).

[2] Die psychologische Erklärung wird auch hinfällig durch die Tatsache, daß der Wechsel in den Nachbildphasen, der sich sowohl im eingeschlossenen Feld als auch in seiner Umgebung bemerkbar macht, durchaus nicht für beide parallel geht, während die psychologische Erklärung natürlich verlangen würde, daß das erstere nur dann und nur in dem Maße heller oder dunkler wird, als in seiner Umgebung das Gegenteil eintritt.

phere Farbenblindheit zu erklären. Mit Rücksicht auf die erstere Erklärungsweise wurde für die Farbentüchtigen der Ausdruck Trichromaten eingeführt, während man die Rotblinden und die Grünblinden als Dichromaten bezeichnete; bei den ersteren würden die rotempfindenden Fasern, bei den letzteren die grünempfindenden fehlen. Die Rotblinden und Grünblinden wären demnach nicht zwei Varianten eines einzigen Typus, sondern zwei verschiedene Typen (Protanopen und Deuteranopen).[1] Die total Farbenblinden wären als Monochromaten anzusprechen. Da aber eine Reihe von Tatsachen diese Fassung der Theorie unmöglich machte (Gelb z. B. könnte nicht gesehen werden, wenn nicht die roten und die grünen Fasern intakt sind, Weiß nicht, wenn nicht alle drei Elemente funktionieren, der Rotgrünblinde sieht aber Gelb und keinem Farbenblinden fehlt Weiß),[2] nahm man Zuflucht zur zweiten möglichen Annahme, nämlich daß zwei Erregbarkeitskurven (beim total Farbenblinden alle drei) zusammenfallen. Dieses Zusammenrücken zweier Kurven bezeichnet FRÖBES als „recht unwahrscheinlich". Man sehe „keine objektive Möglichkeit, durch die zwei Komponenten (verschiedene Fasern) veranlaßt werden sollten, mit allen ihren Reaktionen auf die Lichtreize von nun an parallel zu gehen, und das unter den allerverschiedensten Umständen, in der peripheren Zone der Normalen, bei extremen Intensitäten, bei Farbenblinden."[3]

Fassen wir das Bisherige zusammen, so können wir sagen: die YOUNG-HELMHOLTZsche Theorie ist den Mischungstatsachen gut angepaßt. Aber schon die Erscheinungen der Adaptation und des Kontrastes vermag sie nur mittels komplizierter und unhaltbarer Hilfshypothesen zu erklären. Ähnliches gilt für die Farbensinnstörungen. Sie erfüllt also nicht die an jede Farbentheorie zu stellende Forderung, daß sich das Endresultat der von ihr angenommenen Vorgänge in der Sehsubstanz genau mit den beobachteten Empfindungen deckt und nicht noch einmal einen Rest von Inkongruenzen zurückläßt, der neue Hypothesen nötig macht. Da HELMHOLTZ eine Wechselwirkung der Sehfeldstellen nicht kennt, muß er den Einfluß, den die Umgebung auf Farbe und Helligkeit einer Stelle ausübt, gänzlich aus dem Bereich der Empfindung hinaus und in eine Funktion hinein verlegen, die zur fertigen Empfindung als etwas Neues hinzutritt.[4] So wird der Simultankontrast als Urteilstäuschung

---

[1] Als dritter, allerdings sehr selten realisierter Typus wird die Violettblindheit genannt; hier sollten nach dieser Auffassung die violettempfindenden Fasern fehlen.
[2] Vgl. FRÖBES, Lehrbuch d. exp. Psychologie, Herder, Freiburg, 1915, 1. Bd., 1. Abt., S. 85.
[3] A. a. O. S. 85.
[4] Auch nach FR. FRÖHLICH gibt es keine Wechselwirkung benachbarter Sehfeldstellen. Nach seiner Meinung entstehen an den durch das Netzhautbild erregten und an den durch das zerstreute Licht erregten Sehfeldstellen

aufgefaßt. Aber selbst beim Sukzessivkontrast, den ja auch Helmholtz physiologisch — nämlich durch Ermüdung — erklärt, bleibt ein unerklärter Rest zurück und auch hier muß die „psychologische" Erklärung der Urteilstäuschung herangezogen werden. Dazu kommt noch, daß diese Urteilsvorgänge als unbewußt verlaufend angenommen werden müssen, weil sich in unserem Bewußtsein nichts von ihnen zeigt. Auch ist die Young-Helmholtzsche Theorie den Störungen der eindeutigen Zuordnung zwischen den (unselbständigen) Variablen von Reiz und Empfindung nicht angepaßt. Helmholtzs Meinung, daß sich Farbenton, Helligkeit und Sättigung physikalisch definieren lassen, zeigt ja deutlich, daß diese Theorie die Tatsache der nicht eindeutigen Zuordnung zwischen den Reiz- und Empfindungsvariablen vollständig verkennt. Eine der wichtigsten Folgen dieses Irrtums ist die verfehlte Behandlung der farblosen Empfindungen, also der Graureihe. Das Vorurteil, daß die Reiz- und Empfindungsvariablen einander eindeutig entsprechen müssen, hat hier in doppelter Gestalt gewirkt. Da die selbständige Empfindung Grau gewöhnlich als Wirkung eines Lichtgemisches auftritt (bei Dunkeladaptation gilt nicht einmal dies), so wurde ohne weiteres angenommen, daß sie auch als Komponente — z. B. im weißlichen Blau oder im Graugelb — nur vorkommen könne, wenn auch im Reiz komplementäre Lichtgemische vertreten seien. Eine farblose Empfindung entsteht nach Helmholtz nur durch das Zusammenwirken aller drei Faserarten. Es wurde also verkannt, daß auch homogenes Licht farblose Empfindungen, wenigstens als Komponenten, erzeugen kann. Und zweitens stand infolge des obigen Vorurteiles fest, daß die einzig möglichen Änderungen einer homogenen Strahlung, nämlich die Änderungen ihrer Intensität, auch in der Empfindung nichts anderes als Intensitätsänderungen hervorrufen können. Für Sättigungsänderungen, wie sie hier in Wirklichkeit immer auftreten, ist ja in einer Theorie, die die Sättigung physikalisch, nämlich durch die relative Menge des beigemischten weißen Lichtes definiert, überhaupt kein Platz.

3) Die Theorie der Gegenfarben von E. Hering

Herings Farbentheorie geht aus von der Unterscheidung der farbigen und der farblosen Empfindungen, bzw. vom Unterschied der farbigen und farblosen Komponente in einer Empfindung. Der wichtigste Teil dieser Komponententheorie ist die Annahme, daß die farblosen Empfindungen (also die Empfindungen der Graureihe) an einen gesonderten physio-

---

periodische Nachbilder von verschiedener Periodendauer. So komme es zu einer Phasenverschiebung der Nachbilder in benachbarten Sehfeldstellen und diese sei die Grundlage des Kontrastes (Zur Analyse d. Licht- u. Farbenkontrastes. Zeitschr. f. Sinnesphysiol., Bd. 52, S. 89ff., 1921; Grundzüge einer Lehre vom Licht- u. Farbensinn. Fischer, Jena 1921 und Bemerkungen zu d. v. Hessschen Farbenlehre. Pflügers Arch., Bd. 198, S. 147ff., 1923.)

logischen Prozeß gebunden sind, an einen Prozeß, der ganz unabhängig von den Prozessen verläuft, welche den Farbenempfindungen im engeren Sinn zugrunde liegen. Nur zum Zwecke einer leichteren Veranschaulichung hat HERING den Ausdruck gewählt, daß die Sehsinnsubstanz in drei Teile zerfällt. Bleibt man bei dieser Ausdrucksweise, so kann man sagen, daß einer dieser Teile ganz ausschließlich der farblosen Empfindungsreihe dient, d. h. daß seine chemischen Veränderungen als psychische Korrelate nur Empfindungen der Schwarz-Weißreihe ergeben (WS-Substanz). Den chemischen Veränderungen eines zweiten Teiles entsprechen dann die Empfindungen Rot und Grün (RGr-Substanz), an die chemischen Veränderungen des dritten Teiles sind die Empfindungen Blau und Gelb gebunden (BlG-Substanz). HERINGS eigentliche Meinung geht aber dahin, daß die Sehsinnsubstanz eine einheitliche, aber einer dreifach verschiedenen chemischen Veränderung fähig sei; oder mit andern Worten, daß sie in einer dreifach verschiedenen Weise aus ihrem Stoffwechselgleichgewicht gebracht und wieder in dieses zurückgeführt werden könne. Und zwar müssen wir uns denken, daß jede dieser Veränderungsweisen in einem doppelten Richtungssinn erfolgen könne. Es ist das ähnlich, wie wenn auf einen Körper dreierlei Kräfte, eine parallel zur x-, eine parallel zur y- und eine parallel zur z-Achse, wirken würden. Es kann dann derjenige Teil einer jeden Komponente, welcher auf der einen Seite des Koordinatensystems liegt, mit +, jener, welcher auf der andern Seite liegt, mit — bezeichnet werden.

Wie jede lebende Substanz, so denken wir uns auch die Sehsinnsubstanz in fortwährendem Stoffwechsel. Dieser besteht notwendigerweise in einem Verbrauch und Ersatz durch den Säftestrom, also in einem chemischen Aufbau und Abbau, für welche Vorgänge HERING die Namen Assimilation (A) und Dissimilation (D) der Pflanzenphysiologie entlehnt hat. Da nun die lebende Substanz keine einfache chemische Verbindung, sondern etwas Zusammengesetztes ist, so kann ohne weiteres angenommen werden, daß chemische Dissoziationen verschiedener Art stattfinden und demgemäß muß, wenn die lebende Substanz unverändert erhalten bleiben soll, jeder solchen Dissoziation auch wieder ein Regenerationsvorgang gegenüber stehen. Es vereinfacht nur die Darstellung, wenn wir, statt von einer Substanz und dreierlei Arten von Assimilation und Dissimilation zu sprechen, die Sehsinnsubstanz in drei Teile zerfällen, also von drei Substanzen sprechen und uns jede einer ganz bestimmten Art von A und D fähig denken, wie das oben angedeutet wurde. Als gegensätzlich (antagonistisch) kann man Assimilation und Dissimilation nur in dem Sinne auffassen, als jeder Erfolg, der durch die Vermehrung des einen Prozesses erzielt wird, auch durch eine entsprechende Verminderung des andern erzielt werden kann; sie selbst schließen sich nicht aus, sondern bestehen immer gleichzeitig.

Im wesentlichen denkt sich nun HERING die Vorgänge in einer solchen Substanz (also in jeder der drei Substanzen) folgendermaßen. Wenn kein Reiz wirkt und auch schon lange keiner gewirkt hat, wenn also das Organ lange Zeit in Ruhe war, so befindet sich die Sehsubstanz im Zustand des Ruhestoffwechsels, d. h. in einem stationären Zustand, in welchem $A = D$ und die Größe beider lediglich von den konstanten Lebensbedingungen abhängt, unter denen die Substanz eben steht. HERING bezeichnet diesen Zustand der Substanz als **autonomes Gleichgewicht** und die Beschaffenheit der Substanz in diesem Zustand als **Mittelwertigkeit**. Das psychische Korrelat des autonomen Gleichgewichtes ist jenes mittlere Grau, das unser Sehfeld nach langdauerndem Abschluß von jedem äußern Reiz erfüllt, das sogenannte Eigenlicht der Netzhaut. Das autonome Gleichgewicht kann durch Reize gestört werden, und zwar können diese Reize die Dissimilation oder die Assimilation fördern (bei der WS-Substanz nur die Dissimilation).

Es gibt also nach dieser Theorie A- und D-Reize, während nach HELMHOLTZ nur Dissimilationsreize vorkommen und sich nach seiner Meinung an die Assimilation überhaupt keine Erregung knüpft.

Wenn nun auf irgend eine der drei Substanzen ein Reiz, z. B. ein D-Reiz wirkt, so wird Stoff dissimiliert und es ist daher bei fortdauerndem D-Reiz immer weniger und weniger dissimilierbarer Stoff vorhanden. Es sinkt die Dissimilationserregbarkeit, d. h. die Disposition zu autonomer Dissimilation; der D-Reiz erzeugt, obwohl er konstant ist, immer weniger von der Empfindung, die wir uns an den Dissimilationsprozeß gebunden denken. Das äußert sich darin, daß die Farbe, z. B. ein Rot, an Sättigung verliert; bei der farblosen Empfindung wird die Weißkomponente immer schwächer. Das ist diejenige Seite der Erscheinung, die man als „Ermüdung" bezeichnen kann. Gleichzeitig mit der Abnahme der D-Erregbarkeit steigt aber die A-Erregbarkeit; denn je mehr Stoff dissoziiert ist, desto mehr chemische Valenzen stehen frei zur Verfügung, um Verbindungen mit Nährstoffen einzugehen, die im Kreislauf zugeführt werden. Es steigt also die Assimilation, und das kann so weit führen, daß nunmehr ein neues, aber erzwungenes Gleichgewicht zwischen A und D eintritt. Durch die Assimilation wird dann gerade so viel ersetzt, daß die unter dem Einfluß des konstanten D-Reizes herabsinkende D-Erregbarkeit wegen der gesteigerten Zufuhr von A-Stoff nicht mehr weiter herabsinken kann. A und D sind dann einander wieder gleich, aber ihr absoluter Betrag ist natürlich größer als im Ruhestoffwechsel.

Die Verhältnisse lassen sich vielleicht durch folgendes Beispiel verdeutlichen. Ein in der freien Atmosphäre aufgehängter Körper (Thermometer) muß schließlich Lufttemperatur annehmen. Es besteht dann Wärmegleichgewicht zwischen Quecksilber und umgebender Luft. Werden diesem Körper konstante Wärmemengen in der Zeiteinheit durch Strahlung (Sonne) zugeführt, so wird er wärmer als die umgebende Luft, gibt aber auch Wärme ab. Aber schließlich stellt sich ein neues Wärmegleichgewicht ein.

Den neuen, erzwungenen Gleichgewichtszustand nennt HERING allonomes Gleichgewicht; sein psychisches Korrelat ist die vollständige Adaptation. Den Vorgang selbst, der zu diesem neuen Gleichgewicht führt, hat HERING als Selbststeuerung oder Selbstregulierung des Stoffwechsels aufgefaßt, d. h. als einen Vorgang, der der Alteration des Stoffwechsels, wie sie durch einen konstanten Reiz bedingt ist, Grenzen setzt. Im Zustand der vollständigen Adaptation an einen D-Reiz ist die Sehsinnsubstanz unterwertig; der D-Prozeß hat ja die Substanz teilweise abgebaut. Damit ist aber gesagt, daß die D-Disposition geringer geworden ist als im Zustand des Ruhestoffwechsels. Das Erzwungene des neuen Gleichgewichtszustandes besteht eben darin, daß die beiden Dispositionen, die D-Disposition (δ) und die A-Disposition (α) sich entgegengesetzt wie die Vorgänge der Dissimilation und der Assimilation verhalten: je stärker der Vorgang der Dissimilation ist, desto schwächer wird die Disposition zu weiterer Dissimilation und desto stärker die Disposition zur Assimilation. Nur dadurch kann es ja dazu kommen, daß die beiden Vorgänge, von denen der eine stets durch den äußeren Reiz begünstigt ist, einander schließlich das Gleichgewicht halten. Bei vollständiger Adaptation ist D tatsächlich = A, aber $\delta < \alpha$. Durch die Gleichung D = A ist die Empfindung bestimmt, sie ist ein mittleres Grau genau wie beim Ruhestoffwechsel. Durch die Ungleichung $\delta < \alpha$ ist die Wertigkeit der Substanz bestimmt; denn wir nennen die Substanz unterwertig, wenn ihre Disposition, sich noch weiter zu dissoziieren, geringer geworden ist. Die Substanz ist unterernährt und ist daher zu weiterem Zerfall weniger geeignet. Das Umgekehrte tritt ein bei einem konstanten A-Reiz. Die Substanz ist dann überernährt, wir nennen sie überwertig. Nehmen wir nun an, es sei infolge eines konstanten D-Reizes ein allonomer Gleichgewichtszustand hergestellt und der D-Reiz höre plötzlich auf, so daß das Organ von diesem Zeitpunkt an von gar keinem Reiz betroffen wird. Dann wird die Assimilation sofort ein relatives Übergewicht erhalten, denn die A-Disposition ist ja sehr gesteigert, d. h. es wird gerade so sein, wie wenn auf eine neutral gestimmte Sehsinnsubstanz ein A-Reiz wirkt. Das ist das negative Nachbild. Dieses wird im ersten Moment am stärksten sein und wird dann nach und nach abblassen, denn das allonome Gleichgewicht geht langsam wieder ins autonome zurück, und zwar aus analogen Ursachen, wie die es waren, die früher den umgekehrten Weg erzeugten.

Die tatsächlich bestehende Untrennbarkeit von Adaptation und Kontrast wird also durch die Theorie der Gegenfarben sehr gut erklärt. Das „negative Nachbild" ist nur das erste und auffälligste Stadium eines

Erholungsvorganges, die erste Phase der Rückkehr der Sehsubstanz aus einem unterwertigen Zustand in den der Mittelwertigkeit. Die Sehsubstanz muß in den Zustand der Unterwertigkeit, bzw. Überwertigkeit gebracht worden sein, wenn sie in den der Mittelwertigkeit zurückkehren soll.

Es wird jetzt auch klar, daß wir durch Kontrast ein viel dunkleres Schwarz erzeugen können als durch bloßen Lichtabschluß; denn die Assimilation muß ja infolge der im Zustand der Unterwertigkeit bestehenden größeren A-Disposition viel größer sein als im Zustand der Mittelwertigkeit, d. h. im Ruhestoffwechsel. Da es für die Graureihe keinen A-Reiz gibt, kann das eigentliche „Schwarz" nur unter der indirekten Wirkung eines D-Reizes entstehen. Nur in diesem Falle kann der A-Prozeß den D-Prozeß stark überwiegen. Darum hat HERING keine Paradoxie ausgesprochen, als er sagte: „Die Empfindung des eigentlichen Schwarz entsteht wie die des Weiß unter dem Einfluß des objektiven Lichtes."[1] Auch die simultane Adaptation, bzw. der simultane Kontrast findet eine durchaus befriedigende Erklärung. Nach HERINGS Auffassung „induziert" jeder vom autonomen Gleichgewicht abweichende Stoffwechsel einer Sehfeldstelle eine gegensinnige Änderung im Stoffwechsel der gesamten Umgebung, eine Änderung, die am stärksten ist in der unmittelbaren Umgebung des induzierenden Feldes, mit der Entfernung aber abnimmt. Das Überwiegen der Dissimilation im induzierenden Felde setzt also die Dissimilation in der Umgebung herab und steigert zugleich die Assimilation; beides erfolgt proportional der Differenz D — A.

Sehr gut erklärt sich ferner die Erscheinung der komplementären Lichter. Die zwei entgegengesetzten farbigen Valenzen, als A- und D-Reize aufgefaßt, heben sich auf und es bleiben nur die W-Valenzen übrig; diese summieren sich und der Mischungseffekt ist eine farblose Empfindung. Die Wirkung eines komplementären Gemisches ist demnach als Restphänomen aufzufassen. Die Erregungen, die durch die Einzellichter veranlaßt werden, bilden nicht zusammen die resultierende Weißerregung, wie dies HELMHOLTZ meinte, sondern sie lassen nur übrig, was schon vorher da war, indem die farbigen Komponenten des Reizes ihre Wirkungen gegenseitig aufheben.

Den Tatsachen der Lichtmischung wird die HERINGsche Theorie ebenso gerecht wie die YOUNG-HELMHOLTZsche. Daß zwischen vier Lichtern immer eine, und nur eine Valenzgleichung möglich ist, wird durch die Annahme von drei voneinander unabhängigen Doppelprozessen in der Sehsubstanz (Dissimilation und Assimilation) erklärt. Es gibt also zwar sechs Erregungsprozesse, aber nur drei sind unabhängig voneinander variabel: Rot-Grünprozeß, Blau-Gelbprozeß, Weiß-Schwarzprozeß. Daß

---

[1] Grundzüge. § 23.

nur zum Zwecke der leichteren Darstellung diesen Doppelprozessen drei Substanzen zugeordnet werden, hat schon Erwähnung gefunden.

Der Annahme von drei unabhängigen Doppelprozessen entsprechen noch weitere Tatsachen. Der farblose Prozeß muß unabhängig sein von den farbigen Prozessen, denn alle Umstände, welche die Erregbarkeit für farbloses Licht beeinflussen, beeinflussen in derselben Weise auch die farblose Komponente einer aus einer solchen und einer farbigen zusammengesetzten Erregung, ohne die letztere irgendwie zu berühren. So sieht ein längere Zeit vor jedem Lichteintritt geschütztes, also vollkommen ausgeruhtes Auge die Farben ungesättigt oder in beträchtlich geringerer Sättigung als das ungeschützte Auge. Die vorausgegangene Ruhe hat also die Weißempfindlichkeit bedeutend stärker erhöht als die Empfindlichkeit für die farbigen Komponenten. Es ist auch möglich, dieselbe farblose Empfindung, welche durch passende Mischung komplementärer Lichter erzeugt wird, durch ein farbloses Licht von gleicher Weißvalenz hervorzubringen.

Endlich zeigt die totale Farbenblindheit die Isolierung des Schwarz-Weißprozesses, der normalerweise nur isoliert beeinflußt werden kann.

Die Berechtigung, den Rot-Grünprozeß und desgleichen den Blau-Gelbprozeß zu einem engeren Komplex zusammenzufassen, aber diese Komplexe als voneinander unabhängig anzunehmen, ergibt sich aus ähnlichen Gründen. Die Herabsetzung oder völlige Aufhebung der Roterregung, sowohl in der peripheren Netzhaut wie auch beim rotblinden oder rotschwachen Auge auf der ganzen Netzhaut, ist immer mit einer entsprechenden Herabsetzung oder Aufhebung der Grünerregung verbunden; der Blau-Gelbsinn aber bleibt intakt. Auch kommt eine Schädigung des letzteren niemals in der Form vor, daß nur eine seiner Komponenten geschädigt wäre. Wandert also ein farbiges Netzhautbild vom Zentrum bis in die äußerste Peripherie, so sind seine Tonänderungen unter diesem Gesichtspunkt durchaus einheitlich zu erklären: es gibt vier Farben (Grund- oder Hauptfarben), die bei dieser Wanderung wohl ihre Sättigung, niemals aber ihren Ton ändern und in bezug auf die Sättigungsänderung gehen je zwei von diesen vieren einander parallel (Gegenfarben).

Die typischen Farbensinnstörungen und ebenso die periphere Farbenblindheit werden durch die HERINGsche Theorie als Ausfallserscheinungen erklärt. Wir brauchen uns nur die RGr-Substanz oder die GBl-Substanz — bei der totalen Farbenblindheit beide — wegzudenken.[1]

Fassen wir die bisherigen Ausführungen zusammen, so können wir sagen: HERINGs Theorie erfüllt die Forderungen, die an eine brauchbare Farbentheorie gestellt werden müssen. Sie liefert eine befriedigende Erklärung der Tatsachen, namentlich berücksichtigt sie in ausreichender

---

[1] Das ist natürlich auch wieder so zu verstehen, daß die betreffenden chemischen Prozesse ausfallen.

Weise die Störungen der eindeutigen Zuordnung zwischen terminalem Reiz und Empfindung. Dabei nimmt sie nur solche Vorgänge in der Sehsubstanz an, welche sich plausiblen Anschauungen über die Vorgänge in der lebenden Substanz überhaupt einfügen lassen. Nirgends wird von einer Zusatzhypothese in der Art der HELMHOLTZschen „Urteilstäuschungen" Gebrauch gemacht.

HERINGS Lehren vom Lichtsinn werden durchgängig von der Anschauung beherrscht, daß zwischen Empfindung und psychophysischem Erregungsprozeß strenger Parallelismus besteht (Psychophysisches Grundgesetz).[1] Daher ist er bestrebt, die hypothetischen Prozesse in der Sehsubstanz den Empfindungen genau anzupassen.

Wenn aber die hypothetischen Erregungsvorgänge den Empfindungen angepaßt werden sollen, so müssen diese zunächst einer rein deskriptiven, von allen Rücksichten auf ihre physikalischen Ursachen freien Analyse unterworfen werden. Aus diesem Grunde wird so großes Gewicht auf die genaue Beschreibung der Bewußtseinstatsachen gelegt. Durch die Analyse der Farbenempfindungen selbst mit bewußtem Absehen von allem, was über deren Entstehungsbedingungen bekannt ist, sind also die deskriptiven Grundlagen der Theorie gewonnen.

Wesentlich für HERING ist, daß er, ausgehend vom Gesetz der spezifischen Sinnesenergien, die Leistung des Reizes nur darin sieht, daß er die Sehsubstanz zur Entwicklung ihres „Eigenlebens" anregt. Wird nämlich die Beziehung zwischen Reiz und Valenz in der Sehsubstanz als ein „Auslösungsprozeß" aufgefaßt, so sind alle Möglichkeiten für Störungen der eindeutigen Zuordnung zwischen Reiz und Empfindung offen gelassen. Den hypothetischen Annahmen über die spezifischen Energien der Sehsubstanz hat HERING selbst nur provisorischen Charakter zuerkannt; sie müssen so beschaffen sein, daß sie den Erscheinungen möglichst gut entsprechen, müssen möglichst einfach sein und mit den Erfahrungen der allgemeinen Physiologie in Einklang stehen. Eine Weiterentwicklung nach allen diesen Richtungen — entsprechend unserer zunehmenden Tatsachenerkenntnis — läge durchaus im Sinne HERINGS, der wiederholt betont hat, daß es ihm viel mehr auf die Kenntnis neuer Tatsachen und Gesetzmäßigkeiten ankomme als auf die Hypothesen, die er zur Gewinnung höherer Zusammenhänge gebildet hat.

Trotz aller Vorzüge sind aber gegen HERINGS Theorie zahlreiche Einwände erhoben worden; wenigstens mit den wichtigsten von ihnen müssen wir uns kurz auseinandersetzen.

Die größten Bedenken hat die Annahme von Assimilationsreizen erregt, namentlich weil in der Muskelphysiologie das Analogon fehlt; dort gibt es keine entgegengesetzten Erregungen, sondern nur Erregung und Ruhe. Doch kann es ganz gut sein, daß der Muskel selbst nur einer

---

[1] Lichtsinn. S. 84f.

Art von Reaktion fähig ist, und daß es deshalb keine konstatierbaren A-Reize gibt. Es gibt andere Beispiele, wo zweifellos A-Reize vorhanden sind. So ist das Sonnenlicht ein Reiz zum synthetischen Aufbau von Chlorophyll. Auch werden durch Muskelarbeit nutritive Reize gesetzt, die zur vermehrten Erzeugung von Muskelsubstanz führen. Ferner hat die Durchschneidung des Herzvagus Degenerationserscheinungen im Herzmuskel zur Folge, so daß wir die Reize, die durch den unverletzten Vagus zum Herzen geleitet werden, als A-Reize auffassen können. Dieser Einwand ist also nicht schwerwiegend.

Eine wirkliche Schwierigkeit für die HERINGsche Theorie scheint aber im Verhalten der Schwarz-Weißsubstanz zu liegen, das von derjenigen der farbigen Substanzen abweicht. Die psychische Wirkung des Gleichgewichtes zwischen Assimilation und Dissimilation ist nämlich hier nicht Null, wie bei den andern Substanzen, sondern neutrales Grau. Wie kann, hat man gefragt, ein mittleres Grau entstehen, wenn der Schwarzprozeß und der Weißprozeß einander entgegengesetzt sind und sich aufheben? Darauf wäre zu erwidern, daß der Antagonismus zweier Prozesse nach HERING nicht darin gegeben ist, daß die betreffenden Prozesse einander ausschließen. Er ist vielmehr der Meinung, daß auch die antagonistischen Prozesse immer gleichzeitig ablaufen, daß aber jede Erregbarkeitsänderung, die den einen Prozeß betrifft, mit einer gegensätzlichen für den andern verbunden ist und insofern eine antagonistische Abhängigkeit zwischen beiden besteht.

Gibt man aber dem Einwand die Form, daß man fragt, warum nicht auch eine Mischfarbe analog dem neutralen Grau entstehe, wenn bei den farbigen Substanzen zwischen Assimilation und Dissimilation Gleichgewicht herrscht, so muß daran erinnert werden, daß man Grund zu der Annahme hat, daß die Quantität derjenigen Teilsubstanz, die Träger der farblosen Erregungen ist, diejenige der andern Teilsubstanzen bedeutend überwiegt. Da die Weiß-Schwarzsubstanz in allen Fällen miterregt wird, wird das Gewicht ihrer Erregung das Gesamtgewicht der antagonistischen farbigen Erregungen bei Gleichheit ihrer Beträge weitaus übertreffen und so unwirksam machen. Erst durch äußere Reize kann eine solche farbige Partialerregung ein Gewicht erlangen, das gegenüber dem Gewicht der farblosen Erregungen merkbar wirksam wird. Von diesem, durch (direkte oder indirekte) Reizwirkung erzeugten Plus an Erregung gilt dann, daß es die Farbigkeit der Empfindung bestimmt.

Anmerkung der Herausgeberin

Auf der Heringschen Theorie der Gegenfarben baut sich die Farbentheorie von G. E. Müller[1] auf, weicht aber doch mehrfach und in nicht

---
[1] *Bericht über d. 1. Kongreß f. exp. Psychol. 1904. S. 6 bis 10. Zur Psychophysik d. Gesichtsempfindungen. Zeitschr. f. Psychol., Bd. 10 und 14. Abriß*

90 Farbentheorien

unwesentlicher Weise von ihr ab. Ihre Hauptaufgabe sieht sie in der Erklärung der Farbensinnstörungen.

Nach G. E. Müller hat man scharf zu unterscheiden zwischen den Netzhautprozessen (den äußeren Valenzen) und den Nervenerregungen (den inneren Reizwerten). Es gibt drei Paare antagonistischer Netzhautprozesse wie bei Hering; den chromatischen Prozessen läuft immer der Weiß-Schwarzprozeß parallel, d. h. jedes einfache farbige Licht ruft niemals bloß eine farbige Erregung hervor, sondern immer auch eine Weißerregung.

Jeder der vier chromatischen Netzhautprozesse hat drei innere Reizwerte; der Rotprozeß einen Rot-, Gelb- und Weißwert, der Gelbprozeß einen Gelb-, Grün- und Weißwert, der Grünprozeß einen Grün-, Blau- und Schwarzwert, der Blauprozeß einen Blau-, Rot- und Schwarzwert. Je nachdem sich die inneren chromatischen Reizwerte gegenseitig verstärken oder hemmen, entstehen die Empfindungen: Rotgelb, Urgelb, Grüngelb, Urgrün, Blaugrün, Urblau, Violett. Ein übersichtliches Bild dieser Verhältnisse gibt Abb. 19.[1]

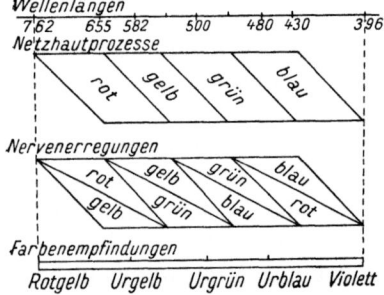

Abb. 19. Graphische Darstellung der MÜLLERschen Farbentheorie (nach FRÖBES).

Die antagonistischen Netzhautprozesse heben sich bei geeigneten Intensitätsverhältnissen auf, sonst wirkt bloß der Überschuß auf den Nerv, daher gibt es kein Rotgrün oder Gelbblau. Es gibt aber eine Grauempfindung, weil außer der peripheren Erregung der Weiß-Schwarzsubstanz auch noch eine endogene Erregung der zentralen Sehsubstanz vorkommt und in der zentralen Sehsubstanz die entgegengesetzte Erregung gleichzeitig vorhanden sein kann.

Die äußeren Valenzen können nur paarweise, die inneren Reizwerte dagegen isoliert ausfallen. Ein Ausfall der inneren Reizwerte beeinflußt die spektrale Helligkeitsverteilung nicht, denn die inneren Reizwerte hängen von den Netzhautprozessen ab, die ja noch da sind, dagegen ändert ein Ausfall der Netzhautprozesse die spektrale Helligkeitsverteilung.

Wegen der näheren Beziehungen, die zwischen den Rot- und Grün-, Gelb- und Blau-, Weiß- und Schwarzerregungen bestehen, kann man von einem Rotgrün-, Gelbblau- und Weißschwarzsinn sprechen. Hinsichtlich der nutritiven Tüchtigkeit und der Leistungsfähigkeit steht der Weißschwarzsinn an erster, der Rotgrünsinn an letzter Stelle; damit hängt die Häufigkeit der Rotgrünblindheit zusammen.

Geht man von diesen Gesichtspunkten aus, so erklären sich, meint G. E. Müller, die Farbensinnstörungen in völlig ausreichender Weise,

---

p. Psychologie. Göttingen 1924, § 8 und Fröbes, Lehrb. d. exp. Psychologie. S. 61ff. und S. 86ff.

[1] Vgl. Fröbes. A. a. O. S. 87.

während Herings Erklärungen in dieser Richtung unzulänglich seien. Die Rotgrünblindheit äußert sich in den beiden Formen der Deuteranopie und der Protanopie. Erstere beruht auf dem Ausfall der inneren Rot- und Grünerregbarkeit, die Helligkeitsverteilung ist unverändert und das Spektrum unverkürzt; bei der letzteren sind nicht nur die inneren Erregbarkeiten, sondern auch die äußeren (die Rot- und Grünvalenzen) ausgefallen; demgemäß ist das Spektrum am langwelligen Ende verkürzt, die neutrale Stelle verschoben und die Helligkeitsverteilung verändert.

Die Gelbblaublindheit kann in analoger Weise bloß durch den Ausfall der inneren Erregbarkeiten oder zugleich auch durch den Ausfall der äußeren Valenzen hervorgerufen und dementsprechend verschieden sein. Ähnlich ist es bei der totalen Farbenblindheit; fallen die inneren Erregbarkeiten allein aus, so ist die spektrale Helligkeitsverteilung von der des Normalen nicht merklich verschieden, fallen aber auch die äußeren Valenzen aus (z. B. Rot und Grün), so muß die Helligkeitsverteilung eine andere sein.

Die im vorhergehenden kurz skizzierte Theorie bezieht sich nach G. E. Müller aber nur auf den Hellapparat unseres Auges, den Zapfenapparat, der der Wahrnehmung bei Tageslicht dient. Neben demselben besteht noch der Dunkelapparat, dessen Organ die Stäbchen sind und dessen eigentümliche Funktionsweise auf dem sehr lichtempfindlichen Sehpurpur beruht, der sich im Dunkeln in den Stäbchenaußengliedern in größerer Menge ansammelt. Auf diesem Dunkelapparat, der uns nur Schwarz-Weißempfindungen liefert, soll die Dunkeladaptation des Auges beruhen. Fällt der Zapfenapparat aus, so ergibt sich ein neuer Typus von totaler Farbenblindheit, die Zapfenblindheit.[1]

Schon 1866 hatte M. Schultze die Ansicht geäußert, ,,daß die Stäbchen den Licht- und Raumsinn, die Zapfen daneben auch noch den Farbensinn vermitteln". Nach Entdeckung des Sehpurpurs durch Boll wurde diese Lehre, namentlich von Kühne[2] *und Parinaud,*[3] *weiter entwickelt. Kühne fand, daß die zapfenlosen Geschöpfe, wenn man sie des Sehpurpurs beraubt, solange blind bleiben, bis sich neuer Sehpurpur gebildet hat, während die mit Zapfen versehenen Tiere unter gleichen Umständen fortfahren zu sehen. Auch Parinaud nimmt eine getrennte Funktion für die Stäbchen und Zapfen an. Die Erregung der letzteren werde als Farbe empfunden, Stäbchen und Sehpurpur stünden in Beziehung zur Adaptation und zum Sehen in der Dämmerung. Wesentlich dieselben Ansichten vertritt v. Kries unter dem Namen ,,Duplizitätstheorie".*[4]

---

[1] *Zur Theorie des Stäbchenapparates und der Zapfenblindheit. Zeitschr. f. Sinnesphysiol., Bd. 54, 1923, S. 9ff. und S. 102ff.*

[2] *Untersuchungen aus dem physiol. Institut zu Heidelberg, Bd. 1, S. 15ff. und S. 119ff.*

[3] *Compt. rend., Bd. 99, S. 937ff., 1884 und Ann. d'oculistique, Bd. 112, 1894.*

[4] *Die Gesichtsempfindungen. Nagels Handb. d. Physiol., Bd. 3, S. 184ff., 1904.*

Mit der Lehre von einer getrennten Funktion der Stäbchen und Zapfen hängt keine bestimmte Auffassung über die Beschaffenheit des farbentüchtigen Bestandteiles des Sehorgans zusammen, was v. Kries mit Recht hervorhebt.[1] *Doch ist sie bei ihm mit der Annahme verbunden, daß die Empfindung Weiß auf zwei verschiedene Arten zustande komme, ein „monochromatisches" Weiß durch beliebige Erregung der Stäbchen, ein „trichromatisches" durch gleichzeitige und gleichstarke Erregung der Zapfen;*[2] *danach müßten die Vorgänge im nur zapfenhaltigen (fovealen) Bezirk von jenen im stäbchenhaltigen der Art, nicht bloß dem Grade nach verschieden sein. Hauptsächlich gegen diese Lehre, als einen Versuch, die Young-Helmholtzsche Theorie „für den fovealen Bezirk noch aufrecht zu erhalten", wendet sich v. Heß*[3]*. Ihre wesentlichen Stützen sieht er in den Angaben, die sich auf das Purkinjesche Phänomen, auf gewisse Nachbilderscheinungen und auf das Sehen der total Farbenblinden und Hemeralopen (Nachtblinden) beziehen. Nach v. Kries fehlt nämlich das Purkinjesche Phänomen im fovealen Bezirk, in dem nur Zapfen vorhanden sind,*[4] *ebenso das sogenannte Purkinjesche Nachbild und das Nachbild bei rotem Reizlicht.*[5]

Aber schon Hering hatte festgestellt, daß das Purkinjesche Phänomen auch im fovealen Bezirk vorkommt.[6] *v. Heß konnte zeigen, daß auf dem mittleren, stäbchenfreien Bezirk weder das Purkinjesche Nachbild noch das Nachbild bei rotem Reizlicht fehlt.*[7] *Der Typus des Abklingens der Erregungen sei derselbe auf dem nur Zapfen enthaltenden fovealen Netzhautbezirk wie auf dem auch Stäbchen enthaltenden.*

Weiter beruft sich v. Kries auf das Verhalten der total Farbenblinden und der Hemeralopen. Die total Farbenblinden sind nach ihm „Stäbchen-

---

[1] *Die Gesichtsempfindungen, S. 187. Vgl. auch: Zur physiol. Farbenlehre. Klin. Monatsschr., Bd. 70, S. 579, 1923.*

[2] *Über den Einfluß der Adaptation auf Licht- und Farbenempfindungen und über die Funktion der Stäbchen. Ber. d. Freiburger Naturf.-Ges. 9. Aug. 1894. Vgl. auch: Über die Funktion der Netzhautstäbchen, Zeitschr. f. Psychol. u. Physiol., Bd. 9, S. 81ff.; Über Farbensysteme, ebenda, Bd. 13, S. 241ff. und: Zur physiol. Farbenlehre, S. 607.*

[3] *Farbenlehre. Ergebn. d. Physiologie, Bd. 20, S. 41ff., 1922.*

[4] *Die Gesichtsempfindungen, S. 182.*

[5] *Über die im Netzhautzentrum fehlende Nachbilderscheinung. Zeitschr. f. Psychol. u. Physiol., Bd. 29, 1902 und: Zusätze zur 3. Aufl. der Physiol. Optik v. Helmholtz, 1911.*

[6] *Das Purkinjesche Phänomen im zentralen Bezirk des Sehfeldes. Arch. f. Ophth., Bd. 90, 1915.*

[7] *v. Heß unterscheidet nach kurz dauernder Reizung des Sehorgans mit bewegter Lichtquelle sechs Nachbildphasen (drei helle und drei dunkle); früher war nur Phase drei, ein zur primären Reizung meist gegenfarbiges, manchmal (bei rotem Reizlicht) aber auch annähernd gleich gefärbtes Nachbild, unter dem Namen Purkinjesches Nachbild bekannt (Untersuchungen über das Abklingen der Erregung im Sehorgan nach kurz dauernder Reizung. Pflügers Archiv, Bd. 95, 1903).*

seher", *d. h. es liegt bei ihnen Mangel oder Funktionsunfähigkeit der Zapfen vor; demnach müßte der zentrale stäbchenfreie Netzhautbezirk ganz blind sein. Nun soll nach den Angaben verschiedener Autoren tatsächlich bei allen Farbenblinden ein zentrales Skotom vorkommen. Nach Untersuchungen von Hering und Heß ist jedoch das Vorhandensein eines zentralen Skotoms in einer Reihe von Fällen mit Sicherheit auszuschließen.*[1]

Selbst wenn man die ursprüngliche Auffassung so modifiziert, daß man annimmt, die fovealen Zapfen seien bei den total Farbenblinden durch Elemente vom physiologischen Charakter der Stäbchen ersetzt, so müßten doch jedenfalls die charakteristischen Eigentümlichkeiten fehlen, durch welche sich der foveale Bezirk im normalen Auge von der Umgebung unterscheidet. Aber auch das sei nicht der Fall. Die geringere Erregbarkeit der Fovea für schwache Lichtreize, das spätere Auftreten des Purkinjeschen Nachbildes usw. zeigen sich wie beim normalen Auge. Auch die Lichtscheu der total Farbenblinden könne nicht als Stütze der „Duplizitätstheorie" herangezogen werden. Der Normalsichtige müßte ja noch stärker geblendet werden als der total Farbenblinde, da zu der durch die Stäbchen bedingten Helligkeitsempfindung noch die durch die Zapfen bedingte hinzukäme. Bei der Hemeralopie sollte nach v. Kries die Schädigung auf die stäbchenhaltigen Teile der Netzhaut beschränkt sein. Dagegen fand v. Heß, daß der stäbchenfreie Bezirk in allen von ihm untersuchten Fällen ausnahmslos in demselben Sinne erkrankt war wie die extrafoveale Netzhaut.[2]

Aber auch auf andere Weise könne man, meint v. Heß, die Unhaltbarkeit der Annahme dartun, daß den Zapfen die Fähigkeit einer von der farbigen unabhängigen farblosen Helligkeitsempfindung fehle. Es lasse sich nämlich eine von der Farbenempfindlichkeit unabhängige Änderung der Weißempfindlichkeit auch für den mittleren, nur Zapfen führenden Netzhautteil nachweisen.[3]

„Alle diese Tatsachen", schließt v. Heß,[4] *„zeigen übereinstimmend, daß die in Frage stehenden Vorgänge im fovealen Bezirk des normalen Auges von jenen im stäbchenhaltigen nur dem Grade, nicht aber, wie die Theorie von der doppelten Weißentstehung annimmt, der Art nach verschieden sind. Für die krankhaft veränderten Sehorgane hat sich ergeben, daß weder bei der angeborenen totalen Farbenblindheit noch bei der Hemeralopie die Tatsachen den Annahmen ‚der Duplizitätstheorie' entsprechen."*

---

[1] *v. Heß: Farbenlehre. S. 43.*

[2] *Untersuchungen über Hemeralopie. Arch. f. Augenheilk., Bd. 63, 1908. Beiträge zur Kenntnis der Nachtblindheit. Ebenda, Bd. 69, 1911 und: Messung der Unterschiedsempfindlichkeit Nachtblinder bei verschiedenen Lichtstärken. Arch. f. Augenheilk., Bd. 87, 1920.*

[3] *Hering: Über die von der Farbenempfindlichkeit unabhängige Änderung der Weißempfindlichkeit. Pflügers Arch. Bd. 94, 1903.*

[4] *Farbenlehre. S. 63.*

v. Kries bestreitet nun so ziemlich alle von *Heß* gemachten Angaben. Das Fehlen des *Purkinje*schen Phänomens im fovealen Bezirk sei in einer Anzahl einwandfreier Beobachtungen festgestellt worden. Die entgegenstehende Angabe *Herings* beruhe darauf, daß dieser auf zu großen Feldern beobachtet habe. Die Angabe, daß das *Purkinje*sche Nachbild auch im Netzhautzentrum und bei rotem Reizlicht auftrete, sei dadurch zu erklären, daß *Heß* diesen Begriff über seinen ursprünglichen von *Kries* festgehaltenen Sinn, den des positiv gegenfarbigen Nachbildes, erweitert habe. Die gegen die Deutung der Erscheinungen an total Farbenblinden und Hemeralopen vorgebrachten Bedenken seien „gegenstandslos". *v. Kries* sieht die Hauptstützen seiner Duplizitätstheorie in der Dämmerungsungleichheit tagesgleicher Lichter, in dem Auseinanderfallen der Peripherie- und der Dämmerungswerte und in dem Umstand, daß die Dämmerungswerte und die Bleichungswerte der Lichter gleiche Funktionen der Wellenlänge sind.[1]

Es ist sehr zu bedauern, daß *v. Heß* zu diesem kurz nach seinem Tode erschienenen Angriff nicht mehr Stellung nehmen konnte; hier kann auf eine kritische Besprechung nicht eingegangen werden.[2]

Wiederholt sind Versuche gemacht worden, die Theorien von *Young*-*Helmholtz* und *Hering* miteinander zu verbinden. So meinte *Aubert* schon 1876, beide Theorien könnten „mit einigen Modifikationen sehr wohl nebeneinander bestehen, wenn man den Erregungsvorgang streng unterscheidet von dem Empfindungsvorgang". Auch die „Vierfarbentheorie" von *Donders* stellt in der Hauptsache eine Verschmelzung von beiden Theorien entnommenen Sätzen dar. Bei *v. Kries* finden wir unter dem Namen „Zonentheorie" auch einen derartigen Verschmelzungsversuch. Er ist nämlich der Ansicht, daß die von der *Helmholtz*schen Theorie angenommene Gliederung des Sehorgans in drei Bestandteile nur für seinen peripheren Teil zutreffe, daß dagegen „die unmittelbaren Substrate der Empfindung von anderer Natur" seien, sie dürften „in einer der Vierfarbentheorie entsprechenden Form" gegliedert sein.[3]

Auch in *F. Brentanos* Farbentheorie kehren die wichtigsten Sätze der *Young-Helmholtz*schen und der *Hering*schen Theorie, allerdings wesentlich modifiziert, wieder.

Brentano nimmt, wie *Young* und wie *Helmholtz*, drei verschiedene Organe (Nervenfasern) an, durch deren Erregung die farbigen Empfindungen zustande kommen. Es sind dies aber nicht rot-, grün- und violettempfindende, sondern rot-, gelb- und blauempfindende Fasern, wie auch *Young* dies

---

[1] *Zur physiologischen Farbenlehre.* S. 578ff., besonders S. 606.
[2] Vgl. die Besprechung von *G. E. Müller.* Zeitschr. f. Psychologie, Bd. 96, S. 284ff., 1925.
[3] *Die Gesichtsempfindungen.* S. 269. Vgl.: *Die Gesichtsempfindungen und ihre Analyse.* Supplementh. d. Arch. f. Physiol., 1883 und die Selbstdarstellung in: *Die Medizin der Gegenwart*, S. 18, 1925.

ursprünglich gelehrt hatte. Die Annahme dieser drei Faserarten entspricht Brentanos Lehre vom zusammengesetzten Charakter des Grün.[1]

Außerdem ist noch je ein Organ für die Schwarz- und für die Weißempfindung vorhanden, und zwar regt jeder Reiz, welcher eines der drei Organe der Farbenempfindungen (im engeren Sinne) anregt, immer gleichzeitig auch das der Weißempfindung entsprechende Organ an; — damit nähert sich Brentano der Heringschen Auffassung. Bei Erregung nur einer oder auch zweier der im Dienste der gesättigten Empfindungen stehenden Faserarten wird die Weißempfindung von der Farbenempfindung unterdrückt, niemals aber ist dies der Fall, wenn die rot-, gelb- und blauempfindenden Fasern gleichzeitig erregt werden; dann schwächen sich nämlich die farbigen Erregungen gegenseitig, während sich die Weißerregungen verstärken. Nach Brentanos Ansicht, die sich hier der Young-Helmholtzschen wieder sehr nähert, entsteht also eine farblose Empfindung beim Normalsichtigen nur dann, wenn die drei Organe der Farbenempfindungen gleichzeitig erregt werden, oder mit anderen Worten, wenn rotes, gelbes und blaues Licht in einem bestimmten Maß gemischt werden (Gesetz der Verweißlichung). Die Erfahrung bestätigte dies; es sei nämlich nicht richtig, daß durch Mischung von blauem und gelbem Licht eine farblose Empfindung entstehe, vielmehr zeige sich bei dieser Mischung ein schwaches Grün. Zur Erregung eines reinen Grau sei die Beimischung roten Lichtes notwendig. Rotes Licht entstehe aber auch durch einfache Abschwächung des farbigen Lichtes, weil in diesem Falle die Farben nicht nur ungesättigter werden, sondern sich auch qualitativ ändern; das Gelb werde rötlich, das Blau deutlich violett. Beim Farbenblinden werden die bunten Farben schon durch Weiß verdrängt, wenn die Gesamtheit der angeregten Farben nur aus zwei Elementen (z. B. Gelb und Blau) besteht. Er sei daher gar nicht oder nur in sehr unvollkommener Weise fähig, eine Mischung aus seinen zwei Grundfarben zu empfinden, gerade so wie der Normalsichtige außerstande sei, eine vollkommene Mischung seiner drei Grundfarben zu empfinden. Aus diesem Grunde sehe der Rotblinde kein Grün, obwohl er Gelb und Blau sieht.

Einen Antagonismus der chemischen Prozesse im selben Nerven lehnt Brentano ab, Assimilationsreize kann es nach ihm überhaupt nicht geben. Assimilation und Dissimilation spielen nur die Rolle, daß die gemeinsame Nährquelle (die Organe der farbigen und der farblosen Prozesse schöpfen aus je einer Quelle) in ungleichem Maße ausgenützt werden kann. Ist in einem Organ eine starke Dissimilation eingetreten, so nimmt es durch die darauf folgende Assimilation die gemeinsame Nährquelle so überwiegend in Anspruch, daß im andern Organ (bzw. in den beiden anderen Organen), wo sonst Assimilation und Dissimilation im Gleichgewichte sind, das Gleichgewicht zuungunsten der Assimilation gestört wird. Die Dissimilation überwiegt und damit ist das Auftreten der diesem Organ eigentümlichen

---

[1] *Vgl. S. 4.*

Sinnesenergie verbunden. Daher folgt Schwarz auf Weiß, bei den Farben auf Blau Orange, auf Gelb Violett, auf Rot Grün, das eben keine einfache Farbe, sondern aus Blau und Gelb zusammengesetzt ist.[1]

Für alle diese Verschmelzungsversuche dürfte gelten, was Hering schon 1882 betonte. Eine Vereinigung der beiden Theorien sei nur dann denkbar, wenn man die Young-Helmholtzsche Theorie auf die bloße Annahme dreier Nervenfaserarten von verschiedener Energie einschränke und den wesentlichsten Teil verwerfe. Dieser bestehe darin, daß aus der Annahme von drei spezifischen Energien sämtliche Gesichtsempfindungen abgeleitet werden. Für diese Theorie seien die drei spezifischen Energien (Rot, Grün und Violett) zugleich drei „Grundqualitäten der Empfindung", nicht bloß, wie bei Donders, drei an verschiedene Verbindungsfasern zwischen Auge und Hirn gebundene physiologische Prozesse, welche an sich die Empfindung noch gar nicht setzen, sondern erst durch ihre Einwirkung auf die „zentrale Substanz" die den Empfindungen korrelaten Prozesse hervorrufen.[2]

Als physikalische Theorien des Sehens kann man diejenigen bezeichnen, nach denen im optischen Empfangsapparat der Netzhaut „stehende Lichtwellen" auftreten, welche die Grundlage für die Farbenempfindungen bilden. Hier wären zu nennen die Theorien von Zenker,[3] *Raehlmann,*[4] *Thierfelder,*[5] *v. Dungern,*[6] *Köppe,*[7] *Barraquer.*[8]

In gewissem Sinne gehört auch die Theorie von F. Fröhlich hierher. Er nimmt an, daß „die farbentüchtigen, lichtempfindlichen Elemente auf Lichter verschiedener Wellenlänge mit oszillierenden Erregungsvorgängen

---

[1] *Untersuchungen zur Sinnespsychologie. Leipzig 1907. (Vom phänomenalen Grün, S. 3ff. und Anhang, S. 129ff.).*

[2] *Kritik einer Abhandlung von Donders: Über Farbensysteme. Lotos, Bd. 2, S. 20, 1882.* v. Kries *lehnt die obige Kritik als unzutreffend ab, weil es ja nach* Helmholtz *gar keine zusammengesetzten Empfindungen gibt und daher die drei spezifischen Energien Rot, Grün, Violett nicht als „Grundqualitäten der Empfindung" aufgefaßt werden dürfen (Zur physiol. Farbenlehre, S. 627f.). Man braucht aber durchaus nicht zu meinen,* Helmholtz *sei ein Vertreter der Mehrheitslehre im Sinne einer Unterscheidung von einfachen und zusammengesetzten Empfindungen gewesen; erscheinungsmäßig waren ihm gewiß alle Empfindungen einfach (vgl. S. 4). Dem jedoch widerspricht nicht, daß er sich sämtliche Empfindungen aus den angegebenen drei Elementen entstanden dachte.*

[3] *Versuch einer Theorie der Farbenperzeption 1867.*

[4] *Eine neue Theorie der Farbenempfindung auf anatomisch-physikalischer Grundlage. Pflügers Arch., Bd. 112, 1906.*

[5] *Die Netzhautvorgänge. Grundlinien eines Beitrages zur Theorie des Sehens. Deutschmanns Beiträge. H. 80, 1912.*

[6] *Die Schichtungsmethode des Farbensehens. Arch. f. Ophth., Bd. 102, 1920.*

[7] *Läßt sich das retinale Sehen rein physikalisch erklären? Münch. med. Wochenschr. Nr. 16, 1921.*

[8] *La vision est-elle un phénomène physique? Clinique ophthalm. 1920.*

verschiedener Frequenz" reagieren. Diese Annahme gründet sich hauptsächlich auf Versuche über das Verhalten der Aktionsströme an ausgeschnittenen Zephalopodenaugen bei verschiedenfarbiger Belichtung.[1]

Zweiter Teil
Raumsinn
I. Allgemeines

Über die Unterscheidung zwischen wirklichem Raum und Sehraum. Die zuerst von E. HERING[2] mit allem Nachdruck betonte Notwendigkeit der Unterscheidung zwischen wirklichem Raum und Sehraum und dementsprechend zwischen wirklichem Ding und Sehding beruht auf dem Unterschiede von Sehen und Wissen.

Wenn ein Würfelnetz in perspektivischer Verzerrung gesehen wird, so bezieht sich die Aussage, daß die sämtlichen Winkel rechte sind, auf das wirkliche Raumgebilde; die Aussage, dieser Winkel ist ein rechter, jener ein stumpfer, bezieht sich aber auf den gesehenen Körper.

Dem wirklichen Raum schreiben wir eine Reihe von Eigenschaften zu, welche die Geometrie in ihren Axiomen und Postulaten genau festgesetzt hat; man nennt den wirklichen Raum daher auch den geometrischen. Da diese Eigenschaften zuerst von EUKLID formuliert worden sind, kann man ihn auch den euklidischen Raum nennen und dies hat um so mehr Berechtigung, als man seit ungefähr hundert Jahren erkannt hat, daß es neben dem euklidischen noch andere dreidimensionale Räume geben könnte.

Dem Sehraum, den wir passenderweise auch als „physiologischen Raum" bezeichnen können, gehen verschiedene fundamentale Eigenschaften des geometrischen Raumes ganz und gar ab, bzw. er hat statt ihrer andere. So ist unser Sehraum ganz sicher begrenzt, während es doch zu den Postulaten der euklidischen Geometrie gehört, daß eine Gerade unendlich ist. Wir setzen ferner vom geometrischen Raum voraus, daß sich ein Körper ohne Deformation verschieben lasse, d. h. ohne daß die Relationspunkte untereinander eine Änderung erfahren. Anders beim Sehraum. Wenn ich mich von einem Körper entferne, so wird er nicht

---

[1] *Beiträge zur allg. Physiologie der Sinnesorgane. Zeitschr. f. Sinnesphysiol., Bd. 48, 1913, und: Grundzüge einer Lehre vom Licht- und Farbensinn. Jena, Fischer, 1921. Kritik bei v. Heß: Beiträge zur Frage nach einem Farbensinne bei Bienen. Pflügers Archiv, Bd. 170, S. 341, 1918, und: Farbenlehre, S. 67 und 80f. Vgl. die Gegenäußerung Fröhlichs: Bemerkungen zu der v. Heßschen Farbenlehre. Pflügers Archiv, Bd. 198, S. 147ff., 1923.*

[2] *Der Raumsinn und die Bewegungen des Auges. Hermanns Handb. der Physiologie, 1879, S. 343 ff. (Im folgenden zitiert: Raumsinn.)*

nur scheinbar kleiner, sondern er ändert auch seine Gestalt, d. h. er wird nicht nach allen drei Dimensionen proportional kleiner, sondern er verkleinert sich nach der Tiefe viel rascher als nach Höhe und Breite, schließlich verliert er sogar alle Plastik.

Es bestehen also höchst bedeutende Unterschiede zwischen Sehraum und wirklichem Raum und es ist daher gänzlich verfehlt, wenn beide nicht scharf auseinander gehalten werden.

Der geometrische Raum ist überhaupt keine anschauliche Vorstellung, sondern ein abstrakter Begriff.

Bestimmte und unbestimmte Lokalisation. Lokalisieren heißt: an einem Orte des Sehraumes wahrnehmen. Im strengen Sinne genommen ist jede Lokalisation eine bestimmte und es hat nur dann einen vernünftigen Sinn, von ,,unbestimmter Lokalisation" zu sprechen, wenn man damit eine Lokalisation meint, die von Seite des äußeren Reizes nicht eindeutig bestimmt ist. Dabei hängt es von den verschiedenartigsten inneren Bedingungen ab, wie wir eine solche Figur sehen. Zu diesen inneren Bedingungen sind vor allem die empirischen Lokalisationsmotive zu rechnen, die später ausführlich behandelt werden sollen. So ist es möglich, daß eine perspektivische Zeichnung, namentlich wenn sie kompliziert ist, gar nicht als solche aufgefaßt, sondern einfach als ein in der Ebene des Papieres oder der Tafel liegendes System von Linien gesehen wird. Wer, wie man sagt, die Figur ,,versteht", lokalisiert die einzelnen Teile in verschiedene Tiefe; bei den sogenannten invertierbaren Figuren kann sogar in der Tiefenlokalisation ein Wechsel eintreten. In jedem einzelnen Augenblick ist aber die Lokalisation dennoch eine bestimmte.

Ähnliches wie bei den invertierbaren Figuren zeigt sich bei monokularer Betrachtung, oder auch, wenn im absolut dunklen Raum ein Lichtpunkt gegeben ist. Einen solchen Punkt sieht man bald näher, bald ferner. Der äußere Reiz genügt nicht zu einer bestimmten Lokalisation und diese kann daher von einem Augenblick zum andern wechseln.

Richtige und unrichtige Lokalisation. Wenn der Sehraum und der wirkliche Raum zwei ganz verschiedene Mannigfaltigkeiten sind, die höchstens in einem Kausalverhältnis stehen, so ist nicht ohne weiteres klar, wie man den Begriff ,,richtige Lokalisation" definieren soll. Es wäre sinnlos, von ,,richtiger Lokalisation" in der Bedeutung zu sprechen, daß ein Gegenstand dort gesehen wird, wo er wirklich ist. Vernünftigerweise kann man nur folgendes meinen: Die Abstände, die zwischen zwei beliebigen Punkten eines Sehobjektes bestehen, haben zueinander dieselben Verhältnisse wie die Abstände der homologen Punkte des wirklichen Objekts. Oder mit anderen Worten, richtig ist eine Lokalisation dann, wenn sich durch den wirklichen Raum und durch den Sehraum je ein Koordinatensystem derart legen läßt, daß die Koordinaten je zweier homologer Punkte in beiden Systemen einander proportional sind. Es handelt sich also um gleiche Verhältnisse zwischen gewissen Abständen.

Man kann daher auch noch einen dritten Ausdruck wählen. Eine Lokalisation ist richtig, wenn das gesehene Gebilde ein konformes Abbild des wirklichen ist $(x, y, z = n [x', y', z'])$.

Aus diesen Überlegungen geht hervor, daß es weder einen Sinn hat, von der richtigen Lokalisation eines Punktes zu sprechen noch von einer einzelnen Distanz zu sagen, sie werde richtig gesehen.

Für unser praktisches Verhalten sind unrichtige Lokalisationen häufig gar nicht störend. Wenn es sich z. B. darum handelt, mit einem Stein nach einem gegebenen Ziel zu werfen, so macht es gar nichts, daß die scheinbare Entfernung nicht proportional der wirklichen geht; der erfahrungsmäßige Kraftaufwand kann immer so sein, daß das Ziel erreicht wird.

Für die Theorie des Sehens wird es allerdings wichtig sein, die gesetzmäßigen Beziehungen zwischen wirklichem Raum und Sehraum genau zu kennen.

Ein paar Sätze aus der geometrischen Optik und einige terminologische Festsetzungen. Wenn unser aufnehmendes Organ, die Netzhaut, frei läge, so könnte ein lichtaussendender Außenpunkt sie vollständig bestrahlen und es würde diesem Lichtpunkt nicht irgend ein bestimmter Punkt auf der Netzhaut entsprechen. Ein solcher Lichtpunkt unterschiede sich lokalisatorisch gar nicht von einem zweiten lichtaussendenden Punkt, der ebenfalls die ganze Netzhaut bestrahlte. Die tatsächlichen Verhältnisse liegen aber anders. Unserem nervösen Empfindungsorgan ist ein dioptrischer Apparat vorgelagert und dieser bewirkt, daß ein lichtaussendender Punkt seinen Reiz nur auf einen bestimmten Netzhautpunkt ausübt.

Um den Angriffspunkt des Reizes auf der Netzhaut zu finden, werden wir einige Sätze aus der geometrischen Optik heranzuziehen haben.

Wir können (Abb. 20) unser Auge als ein System von durchsichtigen und brechenden Medien mit sphärischen Trennungsflächen ansehen (vordere und hintere Hautfläche der Hornhaut, Begrenzungsflächen des vorderen Kammerwassers, Begrenzungsflächen der Linse, des Glaskörpers usw.). Der kleine Fehler, der bei dieser Annahme gemacht wird, ist praktisch bedeutungslos. Wir nehmen ferner an, daß dieses System von Medien ein zentriertes ist, daß also die Krümmungsmittelpunkte der sämtlichen sphärischen Trennungsflächen auf einer Geraden, der optischen Achse, liegen. Dann brauchen wir nur zwei Strahlen zu verfolgen, um das Bild auf der Netzhaut konstruieren zu können, denn ein homozentrisches Strahlenbündel bleibt beim Durchtritt durch ein zentriertes Linsensystem immer homozentrisch.

In jedem, auch noch so komplizierten optischen System lassen sich,

7*

wenn es zentriert ist, sechs ausgezeichnete, in der Achse des Systems gelegene Punkte, die Kardinalpunkte, ermitteln, welche den Gang jedes Strahles im letzten Medium zu bestimmen gestatten, wenn dieser Gang im ersten Medium gegeben ist und welche daher auch für jeden Objektpunkt den Bildpunkt bestimmen lassen. Es sind dies (Abb. 21):

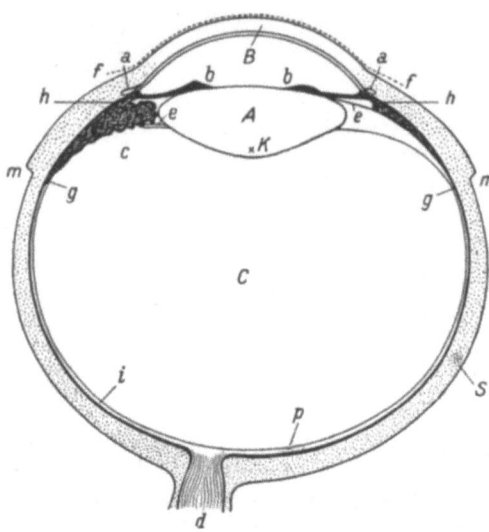

Abb. 20. Horizontalschnitt durch das menschliche rechte Auge (nach v. HELMHOLTZ).
S = Sclera, B = Hornhaut, A = Kristallinse, K = mittlerer Knotenpunkt, C = Glaskörper, g = Chorioidea, h = Ciliarkörper (links geht der Schnitt durch einen Ciliarfortsatz c, rechts in der Mitte zwischen zwei Fortsätzen bloß durch den Ciliarmuskel), b = Iris, i = Netzhaut p = gelber Fleck mit Zentralgrube (Fovea), d = Sehnerv.
Die übrigen Bezeichnungen der HELMHOLTZschen Abbildung können für unsere Zwecke übergangen werden.

1. Die beiden Brennpunkte (f_1, f_2). Sie sind dadurch definiert, daß Strahlen, die im ersten Medium achsenparallel sind, im letzten Medium im zweiten Brennpunkt vereinigt werden und umgekehrt Strahlen, die im ersten Medium im ersten Brennpunkt vereinigt werden, achsenparallel im letzten Medium austreten.

2. Die beiden Hauptpunkte (h_1, h_2). Wenn ein Strahl im ersten Medium nach dem ersten Hauptpunkt gerichtet ist, geht er im letzten Medium durch den zweiten Hauptpunkt und dasselbe gilt für zwei konjugierte Punkte in der Hauptebene (j_1, j_2). Die Hauptebenen, d. h. jene Ebenen, die in den Hauptpunkten senkrecht durch die Achse durchgelegt werden, sind dadurch charakterisiert, daß je ein Punkt der einen das optische Bild eines ihm achsenparallel gegenüber liegenden Punktes der anderen ist. Daher ist die eine Hauptebene in toto das optische Bild der zweiten. Es trifft also jeder Strahl, der durch die erste Hauptebene geht, in einem achsenparallelen Punkt die zweite Hauptebene.

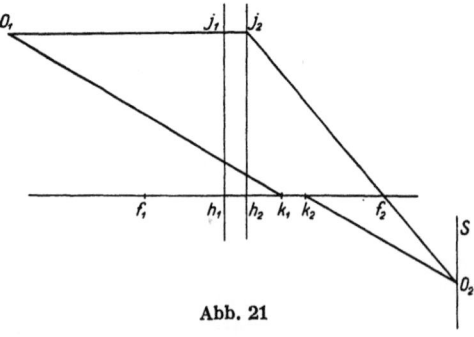

Abb. 21

Diese beiden Sätze geben uns schon die Möglichkeit, von den verschiedenen Strahlen, die ein leuchtender Punkt O_1 aussendet, wenigstens einen im letzten Medium zu verfolgen, nämlich einen achsenparallelen.

3. Die beiden Knotenpunkte (k_1, k_2). Wenn ein Strahl im ersten Medium auf den ersten Knotenpunkt zielt, so geht er im letzten Medium durch den zweiten, und zwar parallel zur ersten Richtung.

Nunmehr haben wir zwei Strahlen und daher auch ein Bild. O_2 ist auch der Schnittpunkt sämtlicher anderer Strahlen, die wir gar nicht mehr zu verfolgen brauchen.

Gewöhnlich verwendet man zur Bildkonstruktion bloß die Haupt- und Brennpunkte, nicht die Knotenpunkte. Das hat folgenden Grund: in einem optischen System, dessen letztes Medium identisch mit dem ersten ist (z. B. beide Luft, wie in einem Fernrohr oder Mikroskop), fallen die Hauptpunkte mit den Knotenpunkten zusammen. Beim Auge sind die beiden Medien aber verschieden und in diesem Falle, der zugleich der allgemeinere ist, sind die Knotenpunkte von den Hauptpunkten verschieden.

Für die Kardinalpunkte gelten folgende Relationen:
$$f_1 k_1 = h_2 f_2$$
$$f_1 h_1 = k_2 f_2$$
$$h_1 h_2 = k_1 k_2$$

Was die Lage dieser Punkte anlangt, so gilt für das emmetrope und nicht akkommodierte Auge folgendes:

Der erste Brennpunkt liegt ungefähr 15 mm vor dem Hornhautscheitel, der zweite liegt auf der Netzhaut selbst. Die beiden Hauptpunkte sind einander sehr nahe und liegen ungefähr in der Mitte der vorderen Augenkammer. Die beiden Knotenpunkte liegen einander ebenso nahe wie die Hauptpunkte, und zwar liegen sie in der Nähe der hinteren Linsenfläche.

Wenn von dem Objekt O_1 ein scharfes Bild entstehen soll, so müßte der bildauffangende Schirm in SO_2 aufgestellt werden. Hätte O_1 aber eine andere Entfernung als in dem von uns betrachteten Falle, so müßte auch O_2 anderswo liegen. Beim photographischen Apparat ist die Mattscheibe so eingerichtet, daß sie an die richtige Stelle verschoben werden kann. Einen verschiebbaren Schirm gibt es zwar im menschlichen Auge nicht, an die Stelle dieser Vorrichtung tritt aber die Akkommodation. Was der Photograph durch die Verstellung der Mattscheibe erreicht, wird im menschlichen Auge durch die stärkere oder schwächere Wölbung der Linse besorgt, so daß wir gleichsam im Besitz eines stets passend aufgestellten Schirmes sind. Dann brauchen wir aber zur Bildkonstruktion überhaupt nur mehr einen Strahl. Wir wählen am besten den durch die Knotenpunkte gehenden. Nun ist die Entfernung der beiden Knotenpunkte im menschlichen Auge eine sehr geringe (ungefähr 0,4 mm); daher erlaubt man sich mit einem sehr kleinen Fehler, die beiden Knotenpunkte durch einen einzigen zu ersetzen, den man sich dazwischen hineingelegt denkt, mittlerer Knotenpunkt.

Bei veränderter Akkommodation ändern sich allerdings auch die Kardinalpunkte. Dem muß man Rechnung tragen und den mittleren

Knotenpunkt bei der Akkommodation für die Ferne anders ansetzen als bei der Akkommodation für die Nähe. Vielfach kann man aber davon absehen, da die Maximalverschiebung, die der mittlere Knotenpunkt erleidet, in der Größenordnung von nicht einmal 0,5 mm liegt.

Aus dem Gesagten ergibt sich, daß man den Bildpunkt jedes beliebigen Objektes dadurch konstruieren kann, daß man vom Objektpunkt eine gerade Linie bis zum mittleren Knotenpunkt zieht und sie bis zur Netzhaut verlängert. Die geraden Linien, welche die Verbindung zwischen den Objektpunkten und den Bildpunkten herstellen, kreuzen sich alle im mittleren Knotenpunkt und man nennt sie Richtungslinien. Unter diesen Richtungslinien gibt es eine ausgezeichnete, diejenige, welche gerade auf die Fovea centralis trifft, die Gesichtslinie- oder Blicklinie (Abb. 22). Bei einem ideal gebauten Auge sollte sie identisch sein mit der optischen Achse, sie weicht auch tatsächlich nur wenig von ihr ab.

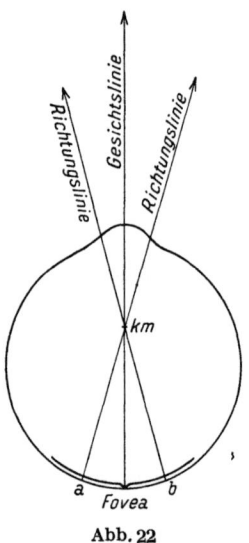

Abb. 22

Die symmetrische Parallelstellung der beiden Gesichtslinien horizontal nach vorne, bei der sie der Symmetrieebene des Körpers parallel gehen, nennt man Primärstellung. Wenn man in dieser Stellung die beiden mittleren Knotenpunkte miteinander verbindet, so erhält man die Grundlinie oder Basallinie. Kreuzen sich die beiden Gesichtslinien in einem Außenobjekt, so bezeichnet man den Schnittpunkt als Blickpunkt, er gehört natürlich dem wirklichen Raum, nicht dem Sehraum an. Die durch die beiden Gesichtslinien gelegte Ebene nennt man die Blickebene; ist sie horizontal, so heißt sie primäre oder horizontale Blickebene. Man nennt ferner die Symmetrieebene des Körpers, die senkrecht auf der Basallinie steht, die Medianebene. Die Ebene, welche vertikal durch die beiden mittleren Knotenpunkte gelegt wird, bezeichnet man als Frontalebene. Von diesen drei Hauptebenen des wirklichen Raumes sind die scheinbaren Hauptebenen zu unterscheiden, die unsern Sehraum in analoger Weise zerlegen; die wirklichen und die scheinbaren Hauptebenen brauchen durchaus nicht zusammenzufallen.

II. Die Lokalisation bei ruhendem Blick
A. Die primitive Raumanschauung
1. Die Korrespondenz der Netzhäute und das Gesetz der identischen Sehrichtungen

Wenn wir uns in Primärstellung durch den mittleren Knotenpunkt eine vertikale Gerade gelegt und um diese Gerade als Achse eine Ebene gedreht denken, so schneidet sie die Netzhaut in einer Schar von Linien. Diese Linien nennen wir mit HERING Längsschnitte der Netzhaut. Derjenige Längsschnitt, der durch die Gesichtslinie geht, heißt mittlerer Längsschnitt (scheinbar vertikaler Meridian nach HELMHOLTZ). Jeden Längsschnitt kann man durch den Drehungswinkel und durch dessen Vorzeichen definieren. Korrespondierende Längsschnitte sind bei gleichen Winkeln und gleichen Vorzeichen gegeben.

Wenn wir uns ferner eine Ebene um die Basallinie gedreht denken, so erzeugt sie eine Reihe von Schnitten auf jeder Netzhaut, die wir als Querschnitte bezeichnen; der Querschnitt, der durch die Fovea geht, heißt mittlerer Querschnitt (Netzhauthorizont nach HELMHOLTZ). Wenn zwei Querschnitte in beiden Augen definiert sind durch den gleichen Betrag der Drehung und durch das gleiche Vorzeichen, so nennt man sie korrespondierende Querschnitte.[1]

Wir erhalten auf diese Weise auf der Netzhaut ein System von vertikalen und horizontalen Meridianen und es ist dadurch jeder Netzhautpunkt und damit auch jede Richtungslinie definiert.[2]

Die Richtungslinie ist eine Konstruktionslinie, mittels deren wir für einen Außenpunkt den Netzhautpunkt finden können, auf welchem er sich abbildet. Sie gehört also dem wirklichen Raume an. Was wir sehen, d. h. wohin wir das Sehobjekt lokalisieren, wenn ein bestimmter Netzhautpunkt gereizt wird, darüber entscheidet natürlich der Ort, den das Außending im wirklichen Raume einnimmt, und die Richtungslinie gar nicht, sondern das muß durch eine besondere Erfahrung entschieden werden. Diese Erfahrung liegt in der Tat vor: jedem Netzhautpunkt entspricht eine bestimmte Richtung im Sehraum, die wir Sehrichtung nennen. Die Sehrichtung gehört dem Sehraum an und ist daher mit der dem wirklichen Raume angehörenden Richtungslinie nicht zu verwechseln; beide sind durchaus unvergleichbar. Es wird sich zeigen, daß verschie-

---

[1] Die Querschnitte kann man sich in einfacher Weise durch ein offenes liegendes Buch, die Längsschnitte durch ein offenes stehendes Buch verdeutlichen.

[2] Es sind das allerdings nicht Meridiane im geometrischen Sinne, denn selbst wenn man das Auge als vollkommene Kugel auffaßte, wären Meridiane nur dann gegeben, wenn die Achse, um welche sich die Ebene dreht, durch den Mittelpunkt der Kugel ginge. Tatsächlich ist das nicht der Fall.

denen Richtungslinien eine und dieselbe Sehrichtung entsprechen kann. Wenn wir uns zunächst auf ein einziges Auge beschränken, so können wir sagen: die Erregung jeder Netzhautstelle produziert im Bewußtsein eine einzige ganz bestimmte Sehrichtung. In einem Auge gehört also zu jeder Richtungslinie des wirklichen Raumes eine bestimmte Sehrichtung im Sehraum. Die scheinbare Richtung eines Sehobjektes ist demnach eine Funktion der gereizten Netzhautstelle. Einem und demselben Netzhautpunkt entsprechen natürlich unbestimmt viele Außenpunkte, weil ja der einzelne Netzhautpunkt nur die Richtung bestimmt, in welcher eine Empfindung lokalisiert wird, also ein Ding erscheint. Würde man die Netzhautstelle, anstatt durch Licht auf eine andere, z. B. mechanische Art reizen, so wäre der psychische Enderfolg derselbe.

Wenn auch Richtungslinie und Sehrichtung nicht verglichen werden dürfen, so können wir doch fragen, ob gleichen Unterschieden der Richtungslinien immer auch gleiche Unterschiede der Sehrichtungen entsprechen, ob also zwischen beiden Proportionalität herrscht. Der Gesichtslinie (Fovea) entspricht eine bestimmte Sehrichtung (welche, ist jetzt gleichgültig), die wir Hauptsehrichtung nennen wollen. Es zeigt sich nun, daß den Unterschieden der verschiedenen Richtungslinien nicht genau proportionale Unterschiede der Sehrichtungen von der Hauptsehrichtung entsprechen.

Die wichtigsten Abweichungen von der Proportionalität sind die folgenden:

1. Je weiter man ins periphere Gesichtsfeld geht, desto kleiner sehen objektiv gleich große Strecken aus. Dem Fortschreiten um gleiche Gesichtswinkel im wirklichen Raum entspricht also nicht genau ein Fortschreiten um gleiche Sehrichtungsunterschiede.[1]

2. Zwei objektiv gleich große Strecken, von denen sich die eine auf der temporalen, die andere auf der nasalen Seite der Netzhaut abbildet, sehen nicht gleich aus, sondern die auf der temporalen Seite abgebildete erscheint größer (KUNDTscher Teilungsversuch).[2]

3. In ähnlicher Weise sieht auch eine Strecke, die sich auf der unteren Netzhaut abbildet, also im oberen Gesichtsfeld liegt, größer aus als eine auf der oberen Netzhaut abgebildete.[3]

---

[1] FISCHER: Größenschätzungen im Sehfelde. v. Graefes Arch. f. Ophth., Bd. 37 (1), S. 97 ff., 1891. GUILLERY: Über d. Augenmaß d. seitl. Netzhautteile. Zeitschr. f. Psychol., Bd. 10, 1896. v. TSCHERMAK: Über d. Grundlagen d. opt. Lokal. nach Höhe u. Breite. Ergebn. d. Physiol., Bd. 4 (2), S. 17 ff., 1905. FRANZISKA HILLEBRAND: Über d. scheinbare Streckenverkürzung im indirekten Sehen Zeitschr. f. Sinnesphysiol., Bd. 59. S. 174 ff. 1928.

[2] Pogg. Ann., S. 134 f., 1863.

[3] DELBOEUF: Notes sur certaines illusions d'optique. Bul. de l'acad. roy. de Belgique (2), Bd. 19, S. 195 ff., und (2), Bd. 20, S. 70 ff., 1865.

4. Eine vertikale Strecke wird größer empfunden als eine gleich große horizontale.[1]

Bisher haben wir nur von einem Auge gesprochen und festgestellt, daß jeder Netzhautstelle eine bestimmte Sehrichtung entspricht, die durch die Erregung der betreffenden Netzhautstelle produziert wird. Wie steht es aber, wenn wir mit zwei Augen sehen?

Durch eine rein geometrische Definition haben wir zunächst jeder Netzhautstelle des einen Auges eine bestimmte des andern zugeordnet, aber noch keine Antwort auf die Frage gegeben, welche Sehrichtungen zwei solchen korrespondierenden Netzhautstellen entsprechen.

Zur Beantwortung dieser Frage wird es sich empfehlen, zunächst einen Spezialfall herauszugreifen, nämlich den Fall, daß es sich um lauter unendlich entfernte Objekte handelt. In diesem Falle stehen die Gesichtslinien parallel und die Richtungslinien jedes beliebigen Punktes gehören sowohl korrespondierenden Längs- wie auch korrespondierenden Querschnitten an.

Ein solcher Fall ist gegeben, wenn wir den gestirnten Himmel zum Objekt unserer Beobachtung wählen. Wenn wir einen Stern am Himmel binokular fixieren, dann erscheint uns dieser und auch jeder andere Stern einfach und an einem bestimmten Ort, d. h. in einer bestimmten Richtung. Schließen wir dann ein Auge, gleichgültig welches, so ändert sich die Empfindung des allein sehenden Auges gar nicht. Fixieren wir binokular einen Stern und decken dem einen Auge die eine Hälfte des Himmels bis zum fixierten Stern, dem andern Auge die andere Hälfte ab, so setzen sich die beiden Hälften des Himmels zu einem Ganzen zusammen, das mit dem binokularen Bild identisch ist. Es ist also bei großer Entfernung und parallel gestellten Gesichtslinien für die Richtung, in welcher uns die Objekte erscheinen, gleichgültig, ob sich die Gegenstände auf beiden Netzhäuten abbilden oder nur auf einer oder ob sie sich zum Teil auf der einen, zum Teil auf der andern Netzhaut abbilden.

Nicht dasselbe tritt ein, wenn wir den einen Bulbus durch Fingerdruck verschieben. Dann sehen wir alle Sterne doppelt und wenn wir einen Schirm an die Gesichtslinien heranführen, so setzen sich die übrigbleibenden Teile nicht zu einem Ganzen zusammen, sondern es fällt entweder ein Stück aus oder es wird ein Streifen doppelt gesehen.

Es gehört also eine ganz bestimmte Lage der Bilder auf den beiden Netzhäuten dazu, wenn durch vollständiges oder partielles Verdecken

---

FEILCHENFELD: Über d. Größenschätzung im Sehfeld. Arch. f. Ophth., Bd. 53, S. 401 ff., 1901. Referat darüber von CRZELLITZER in Zeitschr. f. Psychol., Bd. 30, S. 149 ff., 1902.

[1] CHODIN: Ist d. Weber-Fechnersche Gesetz auf d. Augenmaß anwendbar? Arch. f. Ophth., Bd. 23 (1), S. 92 ff., 1877. SEASHORE und WILLIAMS: An illusion of length. Psychol. Rev., Bd. 7, S. 592 ff., 1900.

des einen Auges keine Änderung in der scheinbaren Lage der Objekte eintreten soll, eine Lage, welche eben bei Parallelstellung der Gesichtslinien und unendlich entfernten Objekten realisiert ist.

Zwei Punkte der beiden Netzhäute, die in dieser Weise einander zugeordnet sind, daß die Sehrichtung unverändert bleibt, ob nun beide Punkte gereizt werden oder nur einer, heißen **identische oder korrespondierende Punkte oder Deckstellen**. Von zwei solchen Deckstellen kann also die eine vollkommen durch die andere ersetzt werden.

Deckstellen sind, wie sich unmittelbar aus der Erfahrung ergibt, die beiden physiologischen Netzhautzentren. Zur Auffindung der übrigen Deckstellen wendet man die von HERING entwickelte Methode der Substitution an. Hiebei wird von einer sogenannten haploskopischen Vorrichtung Gebrauch gemacht, die es ermöglicht, jedem Auge ein gesondertes, variables Gesichtsfeld zu bieten; aus der Vereinigung der beiden Gesichtsfelder kann auf die Lage der korrespondierenden Punkte geschlossen werden. So kann man z. B. eine gerade Linie aus zwei Stücken in der Weise zusammensetzen, daß ein Stück nur dem einen, das andere nur dem andern Auge sichtbar ist.[1] Näheres über das Haploskop wird später zu sagen sein.

Zu bemerken ist, daß nicht sämtlichen Stellen der einen Netzhaut Deckstellen auf der andern entsprechen. Da nämlich das physiologische Netzhautzentrum nicht in der Mitte der Netzhaut liegt, sondern sich die letztere nasenwärts weiter erstreckt als schläfenwärts, so besteht für jedes Auge ein nasales Netzhautstück, dem im andern Auge nichts korrespondiert. Demnach zerfällt unser Gesichtsfeld in ein gesamtes oder binokulares und in zwei monokulare Gesichtsfelder.

Am besten bezeichnen wir die Deckstellen mit HERING als **Punkte identischer Sehrichtung**, denn nur die Substituierbarkeit in Bezug auf die Richtung kommt ihnen unter allen Umständen zu und es wäre durchaus verfehlt, wenn man sie, wie WITASEK[2] es tut, als „Punkte, mit denen einfach gesehen wird", definieren würde.

Es wird sich zeigen, daß, wenn keinerlei störende Umstände vorhanden sind, also lediglich die angeborenen Energien der Netzhautelemente wirksam sind, mit Deckstellen allerdings nicht nur in derselben Richtung, sondern auch in derselben Entfernung, also einfach gesehen wird, und zwar erscheint dann das einfach gesehene Objekt in einer Ebene, die frontalparallel durch den scheinbaren Ort des fixierten Punktes geht (HERINGs Kernfläche).

Dieses Verhältnis stellt aber eine neue Eigenschaft der identischen

---

[1] Vgl. HERING: Beiträge z. Physiol., 3. H., §. 73, und: Raumsinn, S. 355ff.
[2] Zur Lehre von der Lokalisation im Sehraum. Zeitschr. f. Psych., Bd. 50, S. 161ff.

Stellen dar, die nicht aus der Identität der Sehrichtungen schon von vornherein abgeleitet werden kann, sondern sich nur empirisch feststellen läßt. Man kann also erst, wenn die Koexistenz beider Eigenschaften festgestellt ist, die identischen Stellen auch auf Grund der zweiten Eigenschaft, daß das betreffende Sehobjekt einfach und in der Kernfläche erscheint, aufsuchen.[1]

Die Deckstellen sind natürlich immer Punkte, die korrespondierenden Längs- und Querschnitten angehören. Somit sind sie jetzt doppelt definiert, rein geometrisch durch unser Netz und funktionell dadurch, daß sie sich in Bezug auf die scheinbare Richtung des gesehenen Objektes vollständig vertreten können.

Vor allem wird nun die Frage zu beantworten sein, ob die Substituierbarkeit in Bezug auf die Sehrichtungen, welche wir einstweilen nur für unendlich entfernte Objekte und parallele Gesichtslinien gefunden haben, auch für Objekte von beliebiger Entfernung und für ganz beliebige Stellungen der Augen gilt. Dann wäre die Identität eine funktionelle Eigenschaft, die einem Paar von korrespondierenden Netzhautstellen ein für allemal zukäme und daher als ihre Richtungsenergie bezeichnet werden könnte.

Wir wollen von dem bei HERING beschriebenen einfachen Hauptversuch ausgehen.[2] (Abb. 23a.)

Man stelle sich vor ein etwa $\frac{1}{2}$ m entferntes Fenster, fixiere den Kopf, schließe zunächst das rechte Auge und suche mit dem linken einen fernen Gegenstand auf (etwa einen Baum). Auf der Fensterscheibe wird ein Punkt, der in der Richtung des Gegenstandes liegt, markiert (z. B. die Spitze des Baumes). Hierauf schließe man das linke Auge, fixiere mit dem rechten die Marke und suche nun ein fernes Objekt, welches durch die Marke teilweise gedeckt wird (etwa einen Schornstein). Öffnet man nun beide Augen und fixiert die Marke, dann erscheinen Baum, Schornstein und Marke in einer und derselben Richtung[3] (Abb. 23b), und zwar bald der Baum, bald der Schornstein deutlicher, je nachdem im Wettstreit das Bild des einen oder des andern Auges siegt.

Wir sehen aus diesem Versuch, daß zwei Objekte, welche tatsächlich ganz verschiedene Richtungen zu unserem Kopf haben, dennoch in einer

---

[1] Die Identität der Sehrichtung wird durch empirische Motive niemals alteriert, sondern kommt den Deckstellen immer zu, ist also geeignet, ein Definitionsmittel abzugeben, während das Einfachsehen von Umständen abhängt, die bald vorhanden sind, bald fehlen. Vgl. darüber HILLEBRAND: Die Heterophorie und das Gesetz der identischen Sehrichtungen. S. 7ff.

[2] Raumsinn, S. 386ff.

[3] Man muß außer acht lassen, daß von dem Schornstein und vom Baum auch noch je ein seitliches Bild entsteht, welches in der Zeichnung überhaupt nicht dargestellt wurde, weil es durch seitlich angebrachte Blenden verdeckt wird.

108 Die Lokalisation bei ruhendem Blick

und derselben Richtung erscheinen können. Sind die Gesichtslinien symmetrisch gekreuzt, so erscheinen die auf den Gesichtslinien gelegenen Objekte, gleichgültig, wo sie sich im wirklichen Raum befinden mögen, in der Medianebene (Hauptsehrichtung). Ändert man den vorigen Versuch so, daß man auf einer anderen Stelle des Fensters neben der ursprünglichen Marke wieder eine Marke anbringt und nun auch für diese Marke zwei ferne Objekte sucht, derart, daß die Marke das eine Objekt dem linken Auge teilweise deckt, das andere dem rechten, so sieht man bei Öffnung beider Augen wiederum, daß die neue Marke und die neuen Objekte in einer und derselben Richtung zu liegen scheinen, die natürlich

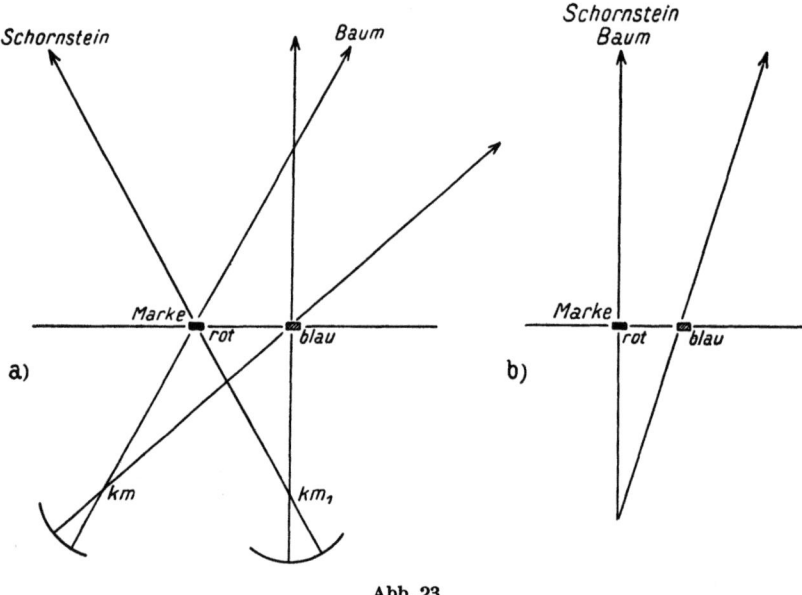

Abb. 23

jetzt nicht mehr die Medianebene ist. Den beiden korrespondierenden Punkten, auf welche das Bild der neuen Marke fällt, entspricht also, geradeso wie früher den beiden Netzhautzentren, eine gemeinsame Sehrichtung.

Der Versuch kann auch in folgender Weise abgeändert werden. Wir wählen ein einziges fernes Objekt P (Abb. 24a) und bringen auf der Fensterscheibe eine rote Marke so an, daß sie dem einen Auge, eine blaue Marke so, daß sie dem andern Auge das fixierte Objekt deckt. Dann sieht man bei binokularer Betrachtung von P in derselben Richtung wie dieses eine Marke, welche bald rot, bald blau, bald in einer Mischfarbe erscheint (Abb. 24b).[1]

---

[1] Auch hier kann man durch Einführung einer Blende die überflüssigen Halbbilder beseitigen.

Gerade aus dieser Erscheinung des „Wettstreites" geht schlagend hervor, daß es verfehlt ist, die identischen Punkte als „Punkte, mit denen einfach gesehen wird", zu bezeichnen.

Aus den beschriebenen Versuchen ergibt sich, daß das, was wir früher über die Substituierbarkeit der beiden Netzhäute bei sehr entfernten Objekten (den Sternen des Himmels) und parallelen Gesichtslinien gesagt haben, auch für Objekte von beliebiger Entfernung und für ganz beliebige Stellungen der Augen gilt. Wir haben gefunden, daß für einen Netzhautpunkt des einen Auges ein Netzhautpunkt des andern Auges so substituiert werden kann, daß der Stern, ob sein Bild nur die betreffende Stelle des einen oder des andern Auges oder die Deckstellen beider Augen trifft, immer in derselben Richtung gesehen wird. Da bei

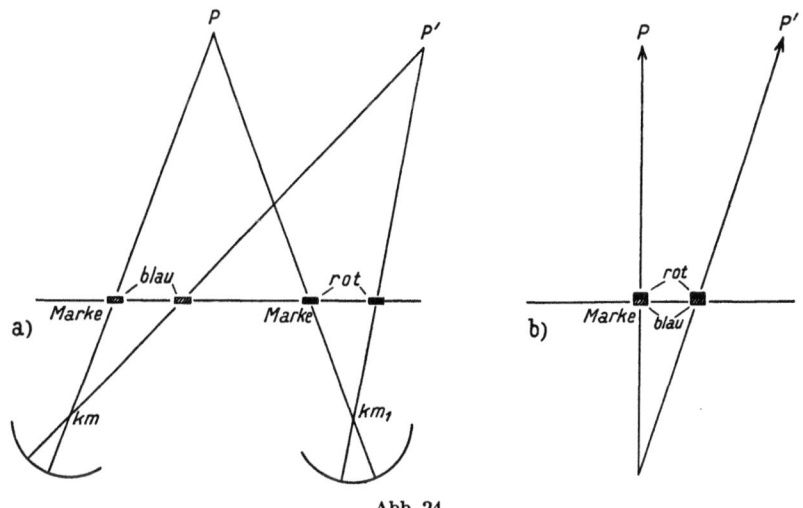

Abb. 24

so fernen Objekten die Gesichtslinien und auch je zwei korrespondierende Richtungslinien als parallel angesehen werden können, fällt die scheinbare Richtung eines Objektes zusammen mit seiner wirklichen Richtung. Bei unseren letzt erwähnten Versuchen aber sind die Gesichtslinien gekreuzt und die Objekte, die jenseits des Kreuzungspunktes auf der einen oder andern Gesichtslinie liegen, haben daher tatsächlich sehr verschiedene Richtungen gegen den Beobachter und trotzdem scheinen sie in derselben Richtung zu liegen, sobald nur ihre Bilder auf Deckstellen fallen.

Die Korrespondenz der Netzhäute ist also eine präformierte und daher vollkommen stabile Einrichtung.

Man kann das auch noch auf andere Art nachweisen. Man fixiere ein kleines, sehr hell leuchtendes Objekt, so daß man ein lang andauerndes Nachbild erhält. Wie immer man nun die Stellung der Gesichtslinien ändern mag, das Nachbild bleibt einfach und wird stets an der jeweiligen Fixationsstelle gesehen. Es gelingt niemals, das Nachbild auseinander zu reißen, so daß es etwa in zwei Bilder zerfällt, die in verschiedenen Richtungen liegen. Erzeugt man das Nachbild auf einer peripheren Stelle, so wird es ebenfalls immer einfach und immer peripher gesehen, falls nun das Vorbild einfach gesehen wurde.

Das Gesetz der identischen Sehrichtungen kann man mit HERING so formulieren:

Je zwei korrespondierenden Richtungslinien im wirklichen Raum entspricht im Sehraum eine einfache Sehrichtungslinie derart, daß auf dieser Sehrichtungslinie alles das erscheint, was auf den korrespondierenden Richtungslinien tatsächlich liegt, gleichgültig, welche Lage im wirklichen Raum die betreffenden Außenobjekte haben mögen.[1]

Wir müssen uns vorstellen, daß die Sehrichtungslinien, also die Linien der scheinbaren Richtung der Objekte im Sehraum, von einem in der Symmetrieebene des Körpers zwischen den beiden Augen gelegenen Punkte divergierend ausgehen; dieser Punkt ist das Zentrum der Sehrichtungen.

Denken wir uns in der Mitte zwischen beiden Augen, ungefähr bei der Nasenwurzel, ein einziges Doppelauge (HERINGs „mittleres imaginäres Auge", HELMHOLTZs „Zyklopenauge") und denken wir uns ferner die beiden Büschel von Richtungslinien der beiden Augen so zusammengelegt, daß je zwei korrespondierende Richtungslinien zusammenfallen, so stellt uns dieses Büschel die Gesamtheit der Sehrichtungen dar. Bei Einäugigen oder bei solchen Menschen, die vorwiegend ein Auge benützen, wie z. B. Mikroskopiker, kommt es vor, daß das Zentrum der Sehrichtungen nicht zwischen beiden Augen liegt, sondern im einen Auge (nämlich dem vorwiegend benützten); die Hauptsehrichtung liegt dann nicht in der Medianebene, sondern in der Ebene, welche dem Längsschnitt des einen Auges zugehört.[2] Am Gesetz der identischen Sehrichtungen ändert sich dadurch aber gar nichts: die Objekte, deren Bilder auf Deckpunkte fallen, werden auch hier immer in eine und dieselbe Sehrichtung lokalisiert; nur wird die Lage des ganzen Sehrichtungsbüschels zu den scheinbaren Hauptebenen des Raumes eine andere.

Anmerkung der Herausgeberin

Witasek[3] *glaubte am Gesetz der identischen Sehrichtungen eine Modifikation anbringen zu müssen. Er fand nämlich, daß, wenn man eine Marke*

---

[1] Raumsinn, S. 389.

[2] Es ist daher ganz verfehlt, in das G. d. i. S. den Satz aufzunehmen, daß das fixierte Objekt in die Richtung der binokularen Blicklinie lokalisiert werde.

[3] *Zur Lehre von der Lokalisation im Sehraum. Zeitschr. f. Psychol., Bd. 50,*

abwechselnd binokular und monokular betrachtet, regelmäßig beim Übergang von der monokularen Fixation des einen Auges zu der des andern eine kleine Verschiebung der Marke nach der dem jeweils fixierenden Auge entgegengesetzten Seite stattfindet. Aus diesem „Grundversuch" meinte er schließen zu dürfen, daß korrespondierenden Netzhautpunkten im monokularen Sehen zwei verschiedene Sehrichtungen zugeordnet sind; den angeblichen Unterschied der beiden Sehrichtungen bezeichnete er als Monokularlokalisationsdifferenz.

In der Abhandlung „Die Heterophorie und das Gesetz der identischen Sehrichtungen" und „Zur Frage der monokularen Lokalisationsdifferenz" hat aber Hillebrand gezeigt, daß die von Witasek beschriebenen Erscheinungen, die übrigens längst bekannt waren, auf unwillkürlichen Augenbewegungen und damit auf einer exzentrischen Lage der betreffenden Netzhautbilder beruhen. Unter genau konstanten Verhältnissen bleibt der scheinbare Ort des fixierten Punktes unverändert derselbe, ob man ihn mit dem rechten, mit dem linken oder mit beiden Augen fixiert; treten beim unmittelbaren Übergang von einer dieser Fixationen zu einer andern Änderungen in der Lokalisation des fixierten Punktes auf, so rührt das nur davon her, daß die eine oder andere Gesichtslinie infolge des Bestehens einer Heterophorie[1] von der Fixationsstellung abgewichen ist und sich daher der früher fixierte Punkt exzentrisch abgebildet hat.

Später hat Benussi[2] gezeigt, daß die monokulare Lokalisationsdifferenz nicht auftritt, wenn jede Art von Augenbewegung ausgeschlossen bleibt — die geringste Augenbewegung verrät sich sofort in einer Störung des Scheinbewegungsbildes, das durch die einzelnen Augen rasch hintereinander gebotene haploskopische Bilder zweier Geraden entsteht, die sich binokular gesehen zu einer Vertikalen vereinigen. Durch Benussis Untersuchungen hat die obige Auffassung eine Bestätigung erfahren.

Radikaler noch sind andere Einwände, welche sich gegen die Auffassung der Korrespondenz der Netzhäute als eine präformierte und daher stabile Einrichtung wenden. v. Kries schließt aus dem Umstand, daß die Korrespondenzbeziehungen, besonders bei Stellungsanomalien, Modifikationen erleiden können, daß die Korrespondenz „nicht streng festgelegt" sein könne. Wenn man auch zugeben müßte, daß die primär korrespondierenden Punktpaare in irgendeiner Weise besonders begünstigt seien, so könne sich doch

---

S. 161ff.; Lokalisationsdifferenz und latente Gleichgewichtsstörung. Ebenda, Bd. 53, S. 61ff., und: In Sachen der Lokalisationsdifferenz. Ebenda, Bd. 56, S. 88f.

[1] *Nach Bielschowsky und Ludwig (Das Wesen und die Bedeutung latenter Gleichgewichtsstörungen der Augen, insb. der Vertikalablenkungen, v. Graefes Arch., Bd. 62, S. 400ff.) finden sich bei wenigstens 75% aller Menschen Heterophorien, d. h. irgend welche Inkongruenzen in der Beschaffenheit der die Stellung der beiden Augen bestimmenden Apparate.*

[2] *Monokularlokalisationsdifferenz und haploskopisch erweckte Scheinbewegungen. Arch. f. d. ges. Psychol., Bd. 33, S. 266ff., 1915.*

die Korrespondenz „auch für andere Punktpaare, wenn auch mit einigen Schwierigkeiten und in geringerer Vollkommenheit", entwickeln.[1]

Die Entwicklung anomaler Netzhautbeziehungen ist natürlich zuzugeben,[2] doch steht dies keineswegs im Widerspruch mit der Lehre, daß korrespondierenden Netzhautpunkten auf Grund angeborener Einrichtungen eine identische Sehrichtung zukommt; Hofmann und Sachs sehen vielmehr in den Erscheinungen bei Strabismen geradezu einen Beweis dafür, daß die normale Netzhautkorrespondenz eine präformierte Einrichtung ist. „So führen denn auch die Erfahrungen an Schielenden auf allen Wegen immer wieder zu der Annahme zurück, daß es eine angeborene Anlage für die normale Netzhautkorrespondenz geben muß, die unter dem Einfluß abnormer Verhältnisse zwar zurückgedrängt und bei dauernd andersartiger Konfiguration der Netzhauterregungen in freilich sehr mangelhafter Weise durch eine andere gegenseitige Beziehung der Netzhautstellen ersetzt werden kann."[3] Ähnlich äußert sich Sachs. „Sowohl die Beobachtungen bei Augenmuskellähmungen, als auch das Studium des Sehens der Schielenden liefern die wertvollsten Argumente zugunsten der Annahme, daß die Korrespondenz der Netzhäute und im Zusammenhang damit das räumliche Sehen als angeborene Eigenschaften anzusehen sind."[4]

Die Identitätslehre ist angebahnt worden von JOHANNES MÜLLER („Vergleichende Physiologie des Gesichtssinnes", 1826), weitergeführt von PANUM („Physiologische Untersuchungen über das Sehen mit zwei Augen", 1858) und von A. NAGEL („Das Sehen mit zwei Augen", 1861) und ist endlich von E. HERING mit vollster Klarheit zuerst in den „Beiträgen zur Physiologie" 1861 bis 1864 und dann in der klassischen Darstellung „Der Raumsinn und die Bewegungen des Auges" (im Hermannschen Handbuch der Physiologie, III,) 1879 ausgesprochen worden.

Die ältere und auch heute noch von vielen vertretene Lehre ist die „Projektionstheorie". Diese besagt, daß wir jeden gesehenen Punkt in den Raum hinausprojizieren, und zwar dorthin, wo sich seine Richtungs-

---

[1] Anhangskapitel zur 3. Aufl. d. physiol. Optik von Helmholtz: Über die räumliche Ordnung des Gesehenen, insbesondere ihre Abhängigkeit von angeborenen Einrichtungen und der Erfahrung. S. 485.

[2] v. Tschermak: Über anomale Sehrichtungsgemeinschaft der Netzhäute bei einem Schielenden. v. Graefes Arch. f. Ophth., Bd. 47 (3); Über physiolog. und patholog. Anpassung des Auges, Leipzig 1900, und: Über einige neuere Methoden zur Untersuchung des Sehens Schielender. Zentralbl. f. prakt. Augenheilk. 1902. Bielschowsky: Untersuchungen über das Sehen der Schielenden. v. Graefes Arch. f. Ophth., Bd. 50 (2), 1900.

[3] Hofmann: Die Lehre vom Raumsinn des Auges. Handb. d. Augenheilk., Kap. 13, II, S. 252 (im folgenden zit.: Raumsinn).

[4] Physiologisches und Klinisches zur Lehre vom binokularen Sehen. Wien. klin. Wochenschr., Nr. 46, 1927. Vgl. auch Sachs: Über das Sehen der Schielenden. v. Graefes Arch. f. Ophth., Bd. 43, 1897.

linien schneiden. Diese Lehre negiert also vor allem den Unterschied zwischen wirklichem Raum und Sehraum, und indem sie von einem „Hinausprojizieren" spricht, erweckt sie den Anschein, wie wenn wir mit der Empfindung erst irgend etwas vornehmen müßten, um ihr einen Ort zu verschaffen. Der Einwand, daß wir von der psychischen Tätigkeit des „Hinausprojizierens" nicht das geringste bemerken, ist von den Vertretern der Projektionstheorie mit der Bemerkung erledigt worden, es handle sich hier um eine unbewußte psychische Tätigkeit. Aber abgesehen von dieser wenig befriedigenden Erklärung, müßten wir eine, wenn auch inhaltslose Anschauung des Raumes bereits besitzen, um die Qualitäten in ihn hineinzuprojizieren. Es bliebe somit nur übrig, entweder die sinnlose Behauptung aufzustellen, daß wir sie in den wirklichen Raum verlegen, oder aber mit KRIES im Sinne KANTS eine a priori gegebene leere Raumanschauung anzunehmen, deren einzelne Orte wir durch den Sehakt mit Qualitäten besetzen. Wenn wir aber der Sehsubstanz die Fähigkeit zuschreiben, einen bestimmten Ort dieser a priori gegebenen leeren Raumanschauung zu besetzen, ist es nicht einzusehen, warum wir ihr nicht sogleich die Fähigkeit zuerkennen sollen, diesen Ort zu schaffen.

Und schließlich das Wichtigste. Dieser Lehre zufolge müßten wir die Dinge dort sehen, wo sie wirklich sind, eine Behauptung, die streng genommen sinnlos ist; nur Relationen können verglichen werden, nicht absolute Bestimmungen. Nehmen wir aber selbst an, diese Behauptung sei nur so zu verstehen, daß die Dinge im Sehraum zueinander in ähnlichen Verhältnissen stehen wie die entsprechenden Dinge des wirklichen Raumes zueinander, dann ließe sich mit dem Satze zwar ein Sinn verbinden, aber richtig wäre er noch immer nicht. Vor allem könnten überhaupt nie Doppelbilder entstehen, denn wenn man ein Objekt dorthin verlegt, wo sich seine Richtungslinien schneiden, kann man es nicht doppelt sehen. Und weiter könnten Objekte, die in Wirklichkeit in ganz verschiedenen Richtungen zu uns liegen, nicht in derselben Sehrichtung erscheinen, wie dies doch tatsächlich der Fall ist. Die Theorie ist also unhaltbar, aber es ist, da sie so lange Zeit geherrscht hat, interessant zu untersuchen, worin ihr πρῶτον ψεῦδοσ eigentlich liegt. Offenbar in folgendem: der Vergleich des äußeren Auges mit einer photographischen Kamera kann leicht dazu führen, die Analogie weiter fortzusetzen, als sie tatsächlich zutrifft. Das äußere Auge kann mit Recht mit einer Kamera verglichen werden, die auf der Netzhaut Bilder entwirft; aber weiter darf man nicht gehen. Hinter der photographischen Kamera kann ein Mensch stehen, der die Bilder auf der Mattscheibe betrachtet, aber hinter der Netzhaut steht nicht wieder ein Mensch, der mit einem zweiten Augenpaar die auf der Netzhaut entworfenen Bilder ansieht und sie nun hinausprojiziert, und zwar so, wie wenn er ein Bewußtsein von der Richtung der

Lichtstrahlen hätte und nun mittels der Winkel, die sie mit der Standlinie einschließen, den Ort des Objektes berechnen würde. Es ist nicht so, daß wir unsere Netzhautbilder sehen und dann irgend eine unbewußte Arbeit verrichten; die Netzhautbilder sind **nicht die Gegenstände**, sondern die **Ursachen** unserer Ortsempfindungen.

Die falsche Ansicht, daß wir die Netzhautbilder sehen, die allerdings manchmal nur implizite vorhanden ist, hat auch das Jahrhunderte alte **Problem des Aufrechtsehens** zutage gefördert; heute wissen wir, daß das gar kein Problem ist. Daraus, daß ein Bildpunkt seinen Ort in der oberen Hälfte der Netzhaut hat, folgt für den scheinbaren Ort der Empfindung überhaupt nichts, weder daß die Empfindung im oberen, noch daß sie im unteren Teil des Sehfeldes liegt. Es könnte ebensogut die Einrichtung getroffen sein, daß wir ein Objekt, welches sich im oberen Teil der Netzhaut abbildet, in der rechten Hälfte des Sehfeldes sehen. Es liegt also ein Scheinproblem vor. Gefördert werden solche Unklarheiten durch schlechte sprachliche Ausdrücke. Ein solcher liegt z. B. vor, wenn ich sage: ich empfinde die Schwingungen einer Schallquelle. Auch hier werden Gegenstand und Ursache der Empfindung verwechselt.

2. Der Horopter und die Kernfläche

Es hat sich uns ergeben, daß die durch ein geometrisches Verfahren als korrespondierend aufgefundenen Punkte physiologisch als Punkte identischer Sehrichtung ausgezeichnet sind. Wir können das Problem aber auch umkehren und fragen: Welche Außenpunkte bilden sich auf korrespondierenden Punkten der Netzhaut ab?

Wenn wir in einer bestimmten Augenstellung von zwei korrespondierenden Punkten aus die Richtungslinien in den Raum hinausziehen, so zeigt ihr Schnittpunkt offenbar die Lage eines Außenobjektes an, das sich auf diesen korrespondierenden Punkten abbilden kann. Den Inbegriff aller dieser Schnittpunkte nennen wir Horopter. Der Horopter ist also der Komplex sämtlicher Punkte des Außenraumes, die sich bei gegebener Augenstellung auf korrespondierenden Netzhautstellen abbilden können. Ihn zu bestimmen, ist ein rein geometrisches Problem, dessen Lösung erleichtert wird, wenn man nicht von den identischen Punkten selbst, sondern von den korrespondierenden Längs- und Querschnitten ausgeht. Man kann dann die Frage nach dem Horopter in zwei relativ einfachere Fragen auflösen, nämlich: Welche Punkte des Außenraumes können sich auf korrespondierenden Längsschnitten abbilden? und: Welche können sich auf korrespondierenden Querschnitten abbilden? Hat man diese beiden Punktkomplexe bestimmt, so ist offenbar derjenige Teil des Außenraumes, der ihnen gemeinsam ist, der gesuchte Horopter.

Der Inbegriff derjenigen Punkte des Außenraumes, welche sich auf korrespondierenden Längsschnitten abbilden, heißt Längshoropter (HERING) oder Vertikalhoropter (HELMHOLTZ); der Inbegriff derjenigen, die sich auf korrespondierenden Querschnitten abbilden, Querhoropter (HERING) oder Horizontalhoropter (HELMHOLTZ). Der Totalhoropter (HERING) oder Punkthoropter (HELMHOLTZ) ist das dem Längs- und Querhoropter gemeinsame Stück des Außenraumes.

Wenn man die Augenstellung nicht berücksichtigt, sondern die allgemein gültige Formel entwickelt, so zeigt sich, daß dieselbe eine Kurve doppelter Krümmung und dritten Grades darstellt. Diese allgemeine Lösung ist ziemlich schwierig und soll hier nicht weiter behandelt werden.[1] Für gewisse besondere Fälle nimmt aber der Totalhoropter eine einfachere Form an und diese Spezialfälle wollen wir hier erörtern. Diese besonderen Fälle sind auch praktisch von überwiegender Bedeutung.

Meistens ist, wenn wir unsere Kopfstellung zwanglos wählen können, die Stellung der Augen eine solche, daß die queren Mittelschnitte der beiden Netzhäute genau oder sehr annähernd in einer und derselben Ebene liegen, denn wenn wir einen hochgelegenen oder einen tiefgelegenen Gegenstand betrachten wollen, so machen wir das gewöhnlich nicht so, daß wir bloß die Blickebene heben oder senken, sondern wir neigen den ganzen Kopf in entsprechender Weise und erhalten so die Blickebene relativ zum Kopf angenähert in Primärstellung.

Wir wollen die Frage nach dem Horopter zunächst für die Frage der symmetrischen Parallelstellung beantworten.

1. Symmetrische Parallelstellung. Hier ist sowohl die Primärstellung (horizontale Lage der Gesichtslinien) gemeint, als auch die Stellung bei beliebiger Neigung der Blickebene nach auf- oder abwärts, nur müssen die beiden Gesichtslinien parallel stehen und parallel zur Medianebene sein; wir betrachten also unendlich ferne, in der Medianebene gelegene Objekte.

Der Querhoropter ist unter diesen Umständen der ganze binokulare Gesichtsraum, denn zwei korrespondierende Querschnitte werden sich bei parallel gestellten Gesichtslinien niemals schneiden, sondern stets zusammenfallen. Daher wird sich bei dieser Augenstellung jeder Punkt des Außenraumes auf korrespondierenden Querschnitten abbilden können.

Da die korrespondierenden Längsschnittebenen parallel sind, sich also gar nicht (oder in der Unendlichkeit) schneiden, so ist der Längshoropter, theoretisch genommen, eine in unendlicher Ferne befindliche,

---

[1] HELMHOLTZ hat das Problem analytisch gelöst. (Physiol. Optik, 2. Aufl., S. 860ff.; Über die normalen Bewegungen des menschlichen Auges. v. Gräfes Arch. f. Ophth., Bd. 9 (2), S. 153ff., 1863; Über die Bewegungen des menschlichen Auges. Verhandl. d. naturhist. u. med. Ver. z. Heidelberg, Bd. 3, S. 62ff., 1863), HERING durch die Mittel der projektiven Geometrie (Beiträge zur Physiologie, S. 184ff.).

zu den Gesichtslinien senkrecht stehende Ebene. Bedenken wir aber, daß über eine gewisse Entfernung hinaus zwei korrespondierende Richtungslinien so wenig vom Parallelismus abweichen, daß diese Abweichung nicht in Betracht kommt, so ergibt sich, daß, praktisch genommen, der Längshoropter aus dem ganzen, über eine gewisse Entfernung hinaus gelegenen Gesichtsraum besteht. Der Totalhoropter muß dann offenbar identisch sein mit dem Längshoropter, denn der Querhoropter ist ja der ganze binokulare Gesichtsraum und wirkt in keiner Weise einschränkend.

Wenn die Parallelstellung nicht symmetrisch ist, so ändert sich nur das eine, daß der Horopter nicht mehr eine frontalparallele Ebene ist, sondern nunmehr auf den asymmetrisch gestellten Gesichtslinien senkrecht steht. Wir werden erst später auf die Netzhautinkongruenz zu sprechen kommen, die es notwendig macht, an dem bisher Gesagten eine kleine Korrektur anzubringen.

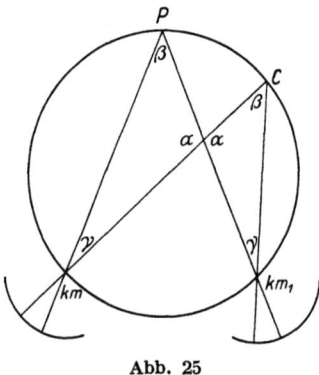

Abb. 25

2. Horopter bei symmetrischer Konvergenz. Korrespondierende Querschnittebenen schneiden sich bei dieser Augenstellung in Linien, welche in der Medianebene liegen. Die beiden mittleren Querschnitte fallen zusammen. Daher besteht der Querhoropter aus der Medianebene und der Blickebene.

Was den Längshoropter anlangt, so ergibt sich Folgendes (Abb. 25): Wenn $k_m P$ und $k_{m1} P$ die symmetrisch konvergenten Gesichtslinien sind, so sollen $k_m C$ und $k_{m1} C$ die Projektionen zweier korrespondierender Längsschnitte auf die Blickebene sein. Es ist klar, daß ihr Schnittpunkt C in der Peripherie eines durch k_m, k_{m1} und P gehenden Kreises liegen muß, weil nur, wenn $\beta = \beta$ ist, auch $\gamma = \gamma$ sein wird (MÜLLERscher Horopterkreis). Berücksichtigen wir nun die ganzen Längsschnittebenen (nicht bloß ihre Projektionen auf die Blickebene), so erhalten wir statt dieses Kreises einen zur Blickebene senkrechten Zylinder, dessen Mantelfläche durch die beiden Knotenpunkte und den Blickpunkt geht.

Längs- und Querhoropter haben also gemeinsam: den MÜLLERschen Horopterkreis und eine durch den Blickpunkt gehende und auf der Blickebene senkrecht stehende Gerade, und das ist daher der Totalhoropter.

Ist die Konvergenz eine unsymmetrische, so ändert sich am Totalhoropter gar nichts; der MÜLLERsche Kreis und damit auch der Zylinder, welcher den Längshoropter bildet, muß ja aus geometrischen Gründen derselbe sein (man braucht in Abb. 25 nur C als Fixationspunkt zu betrachten). Der Querhoropter besteht wieder aus der Blickebene und einer zu ihr senkrechten Ebene, welche jetzt zwar nicht mit der Medianebene zusammenfällt, den Zylinder aber doch wieder in einer Geraden schneidet, die durch den Blickpunkt geht und senkrecht auf der Blickebene steht.

Die Abweichungen des empirischen Horopters vom mathematischen sollen erst später behandelt werden. Wir wenden uns nunmehr der wichtigen Frage zu, wo die im Horopter gelegenen Punkte erscheinen.

Da der Horopter ein Gebilde des wirklichen Raumes ist, können wir die Frage auch so formulieren: Welches Gebilde des Sehraumes entspricht demjenigen Gebilde des wirklichen Raumes, das wir Horopter nennen? oder noch kürzer: Wie sieht denn der Horopter aus?

Wir können diese Frage — vorbehaltlich einer später anzubringenden Korrektur — kurz so beantworten: Alles, was im Horopter liegt, erscheint in einer Ebene, welche durch den scheinbaren Ort des binokular fixierten Punktes geht und auf der Sehrichtung desselben senkrecht steht. Diese Ebene nennt man die **Kernfläche**, und den Punkt des Sehraumes, in welchem das binokular fixierte Objekt erscheint, nennt man den **Kernpunkt**. Die Kernfläche wird also bei allen Augenstellungen, die in der primären Blickebene liegen, eine vertikale Stellung haben und sie wird speziell in den Fällen, in denen die Augenstellung symmetrisch ist, immer frontalparallel sein.[1] Die Kernfläche ist demnach eine Ebene, welche den Sehraum in eine vordere und eine hintere Hälfte zerlegt; alle Punkte, die ihr angehören, erscheinen in derselben Entfernung wie der Ort des fixierten Punktes.

Nachdem wir so die Gestalt des Horopters für einige wichtige Augenstellungen theoretisch abgeleitet und auch die Frage beantwortet haben, wie der Horopter aussieht, werden wir zu untersuchen haben, ob diese Konsequenzen mit der Erfahrung stimmen, d. h. ob der Horopter wirklich die Gestalt hat, wie wir sie festsetzten. Man könnte sagen, die Erfahrung muß hier mit der Theorie stimmen, denn ausgegangen wurde ja von der erfahrungsmäßigen Substituierbarkeit solcher Netzhautstellen, die korrespondierenden Längs- und Querschnitten angehören. Die Ableitung der Schnittpunkte korrespondierender Richtungslinien ist aber eine rein geometrische, wenn sie also korrekt erfolgt ist, müssen auch die Konsequenzen stimmen. Allein hier ist eine genauere Unterscheidung notwendig. Empirisch festgestellt ist, daß gewissen Punktpaaren identische Sehrichtungen zukommen. Aber die Gültigkeit jenes zweiten Satzes, daß die Punkte, die sich auf identischen Stellen abbilden, binokular gesehen, in der Kernfläche liegen, muß erst durch besondere Versuche erwiesen werden, denn logisch läßt er sich aus dem Gesetz der iden-

---

[1] Stehen die Gesichtslinien zur Mediane symmetrisch, so erscheint das fixierte Objekt in der Mediane, stehen sie nicht symmetrisch, so weicht die Sehrichtung gemäß dem Sinne und dem Maß der Asymmetrie von der Mediane ab. Richtig verstanden, kann man sagen: die Lokalisation erfolgt im Sinne der binokularen Blicklinie.

tischen Sehrichtungen nicht ableiten. Wir haben auch früher, als wir den Satz aussprachen: „Was im Horopter liegt, erscheint in der Kernfläche", vorsichtigerweise dazugesetzt „vorbehaltlich einer später anzubringenden Korrektur". Welche Korrekturen muß sich also der mathematische Horopter gefallen lassen, um mit der Erfahrung in Einklang gebracht zu werden und von welcher Größenordnung sind sie?

Die Inkongruenz der Netzhaut. Wenn ich mit Hilfe einer haploskopischen Einrichtung dem linken Auge eine vertikale Gerade darbiete, die sich auf dem unteren Teil des mittleren Längsschnittes abbildet, und dem rechten Auge eine vertikale Gerade, die sich auf dem oberen Teil desselben abbildet, so sollte nach der Identitätslehre die entstehende Empfindung eine ununterbrochene vertikale Gerade ergeben. Tatsächlich ist dies aber nicht der Fall, sondern das Verschmelzungsglied zeigt eine Knickung (Abb. 26a). Will man eine ununterbrochene vertikale Linie erzielen, so muß man beide Halbbilder etwas gegen die Vertikale neigen (Abb. 26b). Die mittleren Längsschnitte stehen also auf den mittleren Querschnitten nicht genau senkrecht. Die Größe der Abweichung von der Vertikalen — die physiologische Netzhautinkongruenz — ist individuell verschieden, sie schwankt zwischen $0°$ und $1° 30'$.

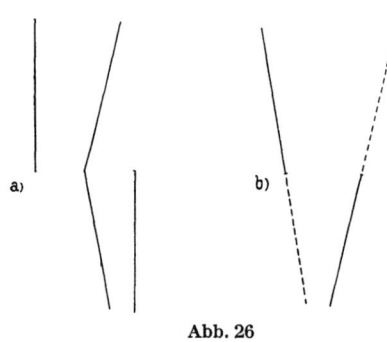

Abb. 26

Daher hat auch der Längshoropter eine etwas andere Gestalt, als bisher gesagt wurde. Bei Parallelstellung ist er nicht mehr eine unendlich ferne frontalparallele Ebene, sondern er ist eine in endlicher Entfernung unterhalb der Blickebene liegende und zu dieser parallele Ebene. HELMHOLTZ gibt an, daß für seine Augen bei horizontaler Blickebene der Totalhoropter nahezu mit dem Fußboden zusammenfalle. Bei symmetrischer Konvergenz ist der Längshoropter nicht mehr der MÜLLERsche Kreiszylinder, sondern ein Kreiskegel, dessen Spitze irgendwo unterhalb der Blickebene liegt. Die Kegelfläche schneidet die Medianebene auch nicht mehr in einer auf der Blickebene senkrechten Geraden, sondern in einer zweiten geneigten Geraden, derart, daß ihr oberer Teil vom Gesicht weiter entfernt ist als ihr unterer.

Die Inhomogeneität der Netzhaut. Wenn man sich die Aufgabe stellt, eine Anzahl von dünnen, vertikalen Stäben oder noch besser ein System von Fäden so anzuordnen, daß sie in einer frontalparallelen Ebene zu liegen scheinen, so zeigt sich, daß auch der MÜLLERsche Kreis empirisch nicht gilt. Nur bei einer Distanz von ungefähr 2 m wird eine Ebene wirklich als Ebene gesehen, liegen aber die Objekte dem Auge des

Beobachters näher, so müssen sie in einem gegen den Beobachter konkaven, liegen sie ferner, in einem gegen den Beobachter konvexen Bogen angeordnet werden, um in einer Ebene zu erscheinen.[1] Nach der Theorie aber sollte der Horopter unter allen Umständen gegen den Beobachter konkav sein und nur im Grenzfall in eine Ebene übergehen. Diese Abweichung des empirischen Horopters vom mathematischen läßt sich jedoch leicht erklären. Die Horoptertheorie, die auf eine gewisse vereinfachende Schematisierung der tatsächlich bestehenden Verhältnisse angewiesen ist, macht nämlich die Voraussetzung der funktionellen Homogeneität der Netzhaut. Wir wissen aber jetzt, daß die Winkel, welche die von zwei korrespondierenden Stellen gezogenen Richtungslinien mit den zugehörigen Gesichtslinien einschließen, ungleich sind, und zwar so, daß der nasale Winkel größer ist als der temporale.[2]

Schon von HERING wurde die Annahme gemacht, daß die Breitenwerte auf der äußeren Netzhaut rascher wachsen als auf der inneren;[3] diese Annahme wurde dann durch eine Beobachtung KUNDTS bestätigt. KUNDT fand nämlich, daß, wenn man eine gegebene Strecke monokular halbieren will, ein konstanter Fehler in dem Sinne begangen wird, daß der auf der inneren Netzhaut sich abbildende Teil der Strecke zu groß ausfällt.[4]

Es zeigt sich, daß das Maß der Ungleichheit bei der KUNDTschen Streckenteilung von derselben Größenordnung ist wie die Winkelirregularität des Horopters.[5]

Unter der Annahme, daß die Winkel α und β konstant bleiben und $\alpha < \beta$ ist, erklären sich die Abweichungen des empirischen Horopters vom mathematischen wie folgt (Abb. 27): Es sind k_m und k_{m1} die mittleren Knotenpunkte der beiden Augen, A, B und C drei in der Blickebene befindliche Punkte und zwar liegt C in der Medianebene, A und B symmetrisch zu dieser. Die Richtungslinien von A und B für das linke Auge ($A k_m$ und $B k_m$) schließen mit der Gesichtslinie dieses Auges ($C k_m$) die Winkel α und β ein und Analoges gilt für das rechte Auge.

In Abb. 27 I liegen die drei Punkte in einer vertikalen Ebene und werden auch in einer Ebene gesehen; $\alpha < \beta$. Nun rücke der Fixationspunkt C dem Beobachter in der Medianlinie näher. Schließen die Rich-

---

[1] Vgl. Die Stabilität der Raumwerte auf der Netzhaut. S. 16ff.
[2] Hiedurch erklären sich auch gewisse Abweichungen von der Proportionalität zwischen den Unterschieden der Richtungslinien und den Unterschieden der Sehrichtungen. Vgl. S. 104.
[3] Die Gesetze der binokularen Tiefenwahrnehmung. Arch. f. Anat. u. Physiol., S. 161ff., 1865, und: Raumsinn, S. 401ff.
[4] Pogg. Ann., S. 134f., 1863.
[5] Die Stabilität der Raumwerte auf die Netzhaut. S. 55f. Vgl. v. TSCHERMAK: Über die Grundlagen der opt. Lokal. nach Höhe u. Breite. Ergebn. d. Physiologie, Bd. 4 (2), S. 17ff., 1905.

tungslinien mit den Gesichtslinien wieder die Winkel α und β ein, so liegen die Schnittpunkte der Richtungslinien (A und B) der Frontalebene des Beobachters näher als der Punkt C (Abb. 27 II).

Wird der Fixationspunkt C weiter vom Beobachter entfernt als in Abb. 27 I und bleiben die Winkel α und β unverändert, so zeigt sich, daß die Schnittpunkte A und B ferner liegen als der Fixationspunkt (Abb. 27 III).

Analytisch ergibt sich, daß, wenn der Fixationspunkt auf der Medianlinie wandert, der Schnittpunkt zweier Richtungslinien, die mit ihren

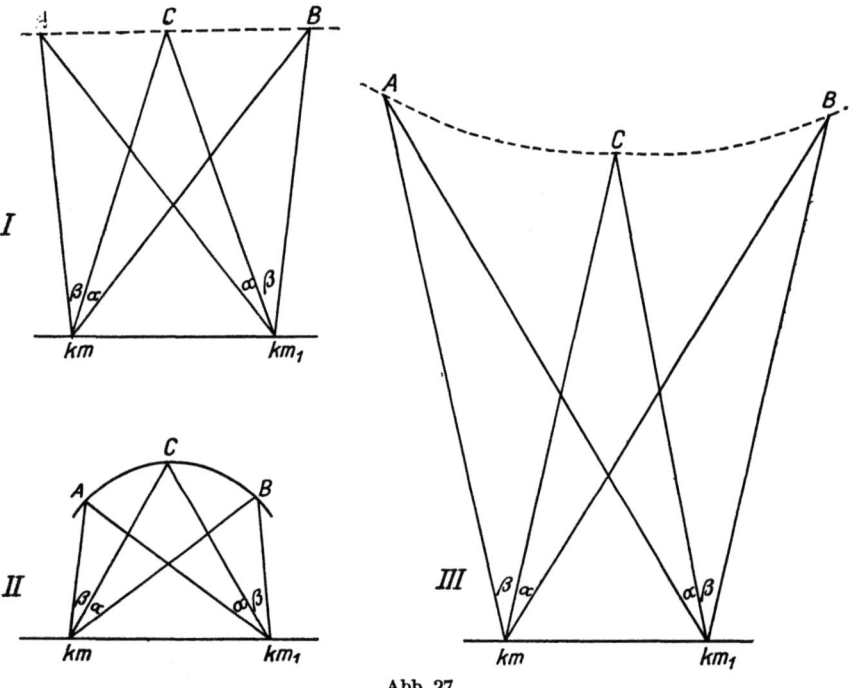

Abb. 27

betreffenden Gesichtslinien konstante, aber ungleiche Winkel einschließen, sich auf einer Hyperbel bewegen muß, für die folgende Gleichung gilt:

$$x^2 - y^2 + 2\,x\,y\,\operatorname{cotg}(\alpha + \beta) = g^2,$$

wenn g die halbe Basallinie ist und wenn man die Basallinie zur Abszissenachse und ihren Mittelpunkt zum Anfangspunkt eines rechtwinkligen Koordinatensystems macht. Wir kommen also zu dem Ergebnis, daß nicht der Horopter prinzipiell falsch ist, sondern daß zwei Winkel, von denen der eine auf der Nasen-, der andere auf der Schläfenseite liegt, funktionell dann gleich sind, wenn sie geometrisch verschieden sind; physiologische Inhomogeneität der Netzhaut. Die Differenz der Winkel ist individuell verschieden. Wir arbeiten also gleichsam mit einem Zirkel, der seine Werte ändert. Eine Horoptertheorie würde aber kaum entstanden sein, wenn man diesen und anderen Komplikationen, wie sie tatsächlich in der Natur gegeben sind, schon von Anfang an hätte Rechnung tragen wollen und sich nicht zu vorläufigen Vereinfachungen verstanden hätte.

Zur Erklärung der besprochenen Erscheinungen können wir annehmen, daß die Dichte der empfindlichen Elemente auf der Netzhaut eine verschiedene ist, je nachdem es sich um die Nasen- oder um die Schläfenseite der Netzhaut handelt.[1]

3. Das Sehen mit disparaten Netzhautstellen

Wir wissen jetzt, daß Objekte, die im (empirischen) Horopter liegen, in der Kernfläche erscheinen. Die naturgemäß nächste Frage ist dann offenbar: wo wird ein Objekt gesehen, das außerhalb des Horopters liegt? Ein solches Objekt bildet sich auf Punkten ab, die nicht Stellen identischer Sehrichtung sind und daher wird es doppelt erscheinen. Punkte, die nicht korrespondieren, nennt man disparat; und zwar sind sie längsdisparat, wenn sie auf korrespondierenden Längsschnitten, aber disparaten Querschnitten liegen, querdisparat, wenn sie auf korrespondierenden Querschnitten, aber disparaten Längsschnitten liegen. Die Längsdisparation wird auch Höhen- oder Vertikaldisparation, die Querdisparation auch Horizontaldisparation genannt.

Wir können also sagen, daß im allgemeinen alles, was außerhalb des Horopters liegt, in Doppelbilder zerfällt; ich betone „im allgemeinen", denn wir werden Spezialfälle kennen lernen, in welchen dies nicht gilt.

Zunächst wollen wir einen Apparat besprechen, der sich zu allen Binokularversuchen eignet, besonders aber zur Untersuchung der Frage, die uns jetzt beschäftigt. Nehmen wir an, daß irgend ein geradlinig begrenztes Gebilde binokular fixiert werde. Wenn wir von jedem Eckpunkt dieses Gebildes die entsprechenden Richtungslinien durch den mittleren Knotenpunkt eines jeden Auges ziehen und uns zwischen dem Objekt und jedem der beiden Augen eine Ebene denken, die senkrecht zur betreffenden Gesichtslinie steht, so werden die verschiedenen Richtungslinien der einzelnen Objektpunkte diese beiden Ebenen in verschiedenen Punkten schneiden. Da es bei der Sehrichtung nur auf die getroffenen Netzhautstellen ankommt, muß es ganz gleichgültig sein, ob die Reize, welche auf die beiden Netzhäute ausgeübt werden, von einem einzigen reellen Objekt ausgehen, oder von zwei projektivischen Zeichnungen,

---

[1] Siehe auch: FRANZISKA HILLEBRAND: Über d. scheinbare Streckenverkürzung im indirekten Sehen. Zeitschr. f. Sinnesphysiol., Bd. 59, S. 174 ff., 1828.

die jedem Auge gesondert dargeboten werden, aber so, daß in beiden Fällen dieselben Netzhautstellen getroffen werden.

Der geometrische Körper $A\,B\,C\,D$ (Abb. 28) kann also durch die beiden projektivischen Zeichnungen $\gamma_1 \beta_1 \alpha_1 \delta_1$ und $\beta_2 \gamma_2 \alpha_2 \delta_2$ vollkommen ersetzt werden, wenn diese von zwei Projektionszentren aus entworfen sind, welche voneinander so weit abstehen wie die beiden mittleren Knotenpunkte.

Man nennt die Vorrichtung, die es gestattet, jedem Auge ein gesondertes, variables Bild zu bieten und dadurch dieselben Erregungen auf beiden Netzhäuten zu erzeugen, die auch durch ein einziges Außenobjekt erzeugt werden können, ein Haploskop oder Stereoskop. Grundsätzlich ist zur Vereinigung der beiden Halbbilder zu einem räumlichen Gebilde nichts anderes notwendig als die beiden projektivischen Zeichnungen P_l und P_r (Abb. 28). Aber wegen der physiologischen Zwangsbeziehung zwischen Konvergenz und Akkommodation sind noch gewisse Hilfsapparate erforderlich. Mit der Mehrung der Konvergenz geht ja bekanntlich eine Akkommodation für die Nähe parallel, mit der Minderung ein Nachlassen derselben. Beim Sehen unter normalen Umständen (reelle Objekte und emmetrope Augen) ist diese Assoziation sehr zweckmäßig, für haploskopische Versuche wird sie aber störend wirken, weil Konvergenz und Akkommodationszustand hier nicht zueinander passen und daher die Bilder verschwommen erscheinen müßten, wenn diesem Umstand nicht in irgend einer Weise Rechnung getragen würde. Wenn man also statt eines fernen Objektes, das mit parallel stehenden Gesichtslinien betrachtet wird, zwei nahe gelegene perspektivische Zeichnungen verwendet, so darf man die Einrichtung nicht so treffen, daß die Gesichtslinien parallel stehen, weil bei dieser Stellung der Akkommodationsapparat ganz entspannt, d. h. auf unendliche Entfernung eingestellt ist. Man muß dafür sorgen, daß die mit der Konvergenz zwangsweise verbundene Akkommodation zugleich der Entfernung des Objektes angepaßt ist.

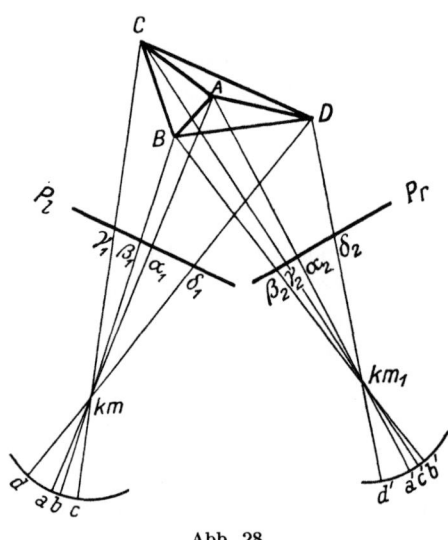

Abb. 28

Beim gewöhnlichen BREWSTERschen Stereoskop werden wegen der

Nähe der Bilder den Augen Konvexlinsen vorgesetzt, um sie künstlich kurzsichtig zu machen. Da aber wegen der immerhin noch notwendigen Akkommodation sich doch unwillkürlich eine Konvergenz einstellt, die es verhindern würde, daß die zusammengehörigen Punkte der beiden Zeichnungen auf identische Stellen fallen — die Projektionsbilder haben hier voneinander einen solchen Abstand, daß sie eigentlich nur mit parallelen Gesichtslinien betrachtet werden könnten —, so werden außerdem noch zwei Prismen vor die Augen gesetzt. Dadurch entsteht dieselbe Wirkung, wie wenn der Beobachter die Gesichtslinien parallel stellen würde.[1] Um das Stereoskop für alle Refraktionszustände der Augen (Kurzsichtigkeit, Weitsichtigkeit) passend zu machen, kann man die Linsenprismen — man schleift Prismen und Linsen in einem Stück — nähern oder entfernen. Doch ist dieser Apparat zu messenden Versuchen ungeeignet. Zu solchen verwendet man am zweckmäßigsten das Spiegelstereoskop von WHEATSTONE mit der Verbesserung von HERING[2] (Abb. 29).

Vor jeder der beiden horizontalen und zunächst als parallel angenommenen Gesichtslinien befindet sich ein Spiegel (S), der um 45° gegen die Gesichtslinie und gegen den vertikal gestellten Rahmen, in dem sich die projektivischen

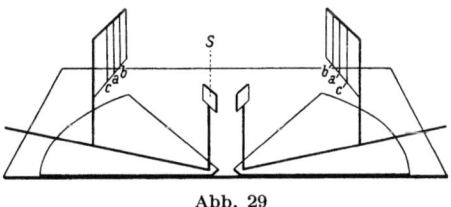

Abb. 29

Zeichnungen (mit den Punkten $a\,b\,c$ und $a'\,b'\,c'$) befinden, geneigt ist. Die Rahmen, welche zur Aufnahme der Zeichnungen dienen, können den Spiegeln beliebig genähert oder von ihnen entfernt werden, wobei sich aber die Lage der Rahmen zu den Spiegeln nicht ändert. Werden also die Spiegel gedreht, um verschiedene Konvergenzstellungen zu ermöglichen, so drehen sich die Zeichnungen mit, so daß die Netzhautbilder immer dieselben bleiben.

Blickt der Beobachter mit parallel geradeaus gerichteten Gesichtslinien in die Spiegel, so verschmelzen die projektivischen Bilder zu einem einzigen. Dreht man nun die Spiegel bei dauernder Fixation des einfach erscheinenden Punktes a, so werden die Augen aus der Primärstellung in immer stärkere Konvergenz übergehen und es läßt sich ein Konvergenzgrad ermitteln, bei welchem die Bilder scharf erscheinen, zu welchem also die Entfernung der Projektionen von den Spiegeln paßt.

---

[1] Man kann es durch Übung dahin bringen, die stereoskopischen Bilder mit parallel gestellten Gesichtslinien zu betrachten; wenn man kurzsichtig ist, braucht man dann überhaupt kein Stereoskop, da die Kurzsichtigkeit die Konvexlinsen ersetzt.

[2] Raumsinn, S. 393. Vgl. auch HILLEBRAND: Die Stabilität d. Raumwerte auf d. Netzhaut, S. 38ff.

Wir wollen nun mit Hilfe des Haploskops untersuchen, welche Empfindungen entstehen, wenn die beiden Bilder eines Objektes querdisparat sind, d. h. wenn sie nicht auf korrespondierenden Längsschnitten liegen. Da es uns hier nur auf die Querdisparation ankommt — der Einfluß der Längsdisparation soll erst später erörtert werden —, so können wir zum Versuch vertikale Linien, dünne Fäden oder Drähte benützen, die in den früher erwähnten, mit den Spiegeln verbundenen Rahmen verschiebbar angebracht sind (in der Zeichnung werden sie durch Punkte dargestellt).

Abb. 30 II zeigt die Verhältnisse, wie sie bei einer haploskopischen Anordnung einzurichten wären, wenn genau dieselben Netzhautreize

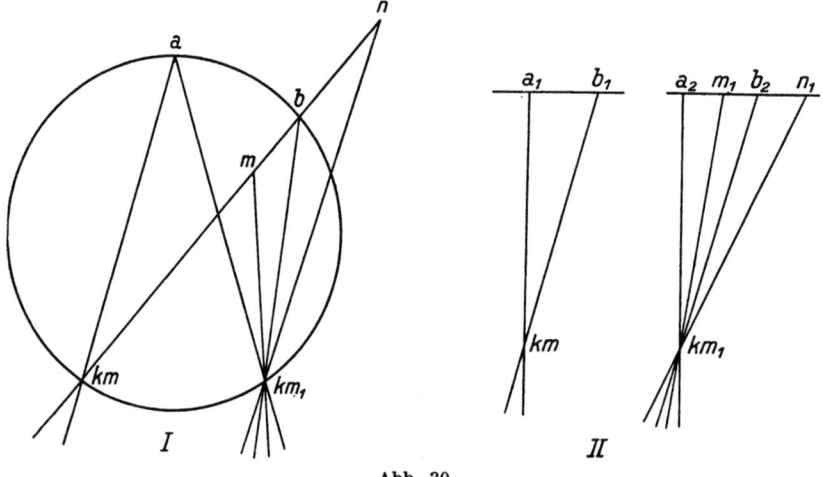

Abb. 30

erzeugt werden sollen, wie sie in Abb. 30 I durch reelle, einfache Objekte erzeugt werden. Wenn ich in Abb. 30 II den Punkt b_2 verschiebe, so daß er einmal nach m_1, dann nach n_1 zu liegen kommt, alle anderen Punkte aber in Ruhe lasse, so ist offenbar derselbe Fall gegeben, wie wenn ich in Abb. 30 I den Punkt b einmal nach m, dann nach n verschiebe.

Was sieht man nun, wenn man den Punkt b etwa nach m bringt, bzw. b_2 nach m_1? Das läßt sich nach unseren Kenntnissen sogar voraussagen. m (m_1) fällt nicht mehr auf Stellen identischer Sehrichtung, daher muß dieser Punkt dem linken Auge in einer anderen Richtung erscheinen als dem rechten: er wird überhaupt nicht mehr einfach gesehen, sondern zerfällt in Doppelbilder, welche relativ zum Fixationspunkt a rechts liegen; aber das dem linken Auge angehörige Halbbild liegt weiter nach rechts als das dem rechten Auge angehörige, was man unmittelbar aus den Winkeln ersieht. Vergleicht man die Richtungen der beiden Halbbilder untereinander, so liegt das dem linken Auge angehörige Bild rechts, das dem rechten Auge angehörige links, wovon man sich durch abwechselndes Schließen des rechten und linken Auges überzeugen kann. Solche Doppelbilder nennt man gekreuzte oder ungleichnamige.

Verschiebt man nunmehr den Punkt b nach n bzw. b_2 nach n_1, so gehört das rechts erscheinende Halbbild dem rechten Auge, das links erscheinende dem linken an. Solche Doppelbilder heißen ungekreuzte oder gleichnamige.

Je weiter ich den Punkt b aus dem Horopter herausbringe, desto größer muß die Verschiedenheit zwischen der Sehrichtung des linken und der des rechten Auges werden; die beiden Halbbilder rücken also lateral auseinander, wenn man bei strenger Fixation von a den Punkt b aus dem Horopter bringt, sei es im Sinne der Näherung oder im Sinne der Entfernung. Näherung und Entfernung unterscheiden sich nur dadurch, daß die Doppelbilder in einem Fall gekreuzt, im anderen ungekreuzt sind.

Nun ist folgender Umstand von fundamentaler Wichtigkeit. Wenn der Punkt b aus dem Horopter herauswandert nach m oder nach n, so zerfällt er nicht sofort in Doppelbilder, sondern er wird ein kurzes Stück noch einfach gesehen. Anders ausgedrückt, wenn der Punkt b sich auf disparaten Netzhautstellen abbildet, so muß diese Disparation eine gewisse Größe überschreiten, damit ein Zerfall in Doppelbilder eintritt.

Der erste, der dieses Verhalten entdeckt hat, war PANUM; er hat den kleinen Bezirk, innerhalb dessen noch kein Zerfall in Doppelbilder stattfindet, korrespondierenden Empfindungskreis genannt. Im korrespondierenden Empfindungskreis gibt es einen Punkt, der im strengsten Sinne korrespondierend genannt werden kann.

Die Frage ist jetzt: wo sieht man den Punkt b, wenn er den Horopter verlassen hat, aber noch nicht in Doppelbilder zerfällt? Darauf ist zu antworten: man sieht ihn außerhalb der Kernfläche, d. h. außerhalb der Ebene, die durch den scheinbaren Ort des binokular fixierten Punktes geht und auf der Sehrichtung desselben senkrecht steht, und zwar in einer Richtung, die zwischen den Richtungen seiner beiden Einzelbilder liegt. Wenn man rasch hintereinander bald das rechte, bald das linke Auge schließt, so springt der Punkt, wenn er nicht im Horopter liegt, bald nach der einen, bald nach der andern Seite; bei Öffnung beider Augen hat er eine Richtung, die zwischen den beiden monokularen Richtungen liegt, und eine Entfernung, die größer oder kleiner ist als die der Kernfläche. **Im Einfachsehen mit disparaten Netzhautstellen liegt die einzige Quelle für unsere Tiefenwahrnehmung.** Würde es ein solches Einfachsehen nicht geben, mit anderen Worten, würde der Punkt b, sobald er den Horopter verläßt, sofort in Doppelbilder zerfallen, so würde sich die Lage eines diesseits oder jenseits des Horopters liegenden Punktes zwar durch Doppelbilder verraten, wir könnten sogar durch abwechselndes Schließen der Augen herausbringen, ob die Doppelbilder gekreuzt oder ungekreuzt sind und könnten daraus schließen, daß der Punkt in Wirklichkeit diesseits bzw. jenseits des Horopters liegt, aber wir würden ihn nicht ferner oder näher sehen.[1]

Den Begriff einer dritten Dimension könnten wir also bilden, auch wenn es kein Einfachsehen mit disparaten Netzhautstellen gäbe, aber eine sinnliche Anschauung von einer dritten Dimension würden wir niemals erhalten.

Für eine gegebene Augenstellung können wir uns nun sehr leicht das Gebiet zeichnen, innerhalb dessen eine anschauliche Tiefenwahrnehmung besteht. Wir brauchen nur empirisch festzustellen, wie weit der Punkt b den Horopter nach beiden Seiten überschreiten muß, um eben in Doppelbilder zu zerfallen; durch zwei so gefundene Punkte legen wir dann wieder Müllersche Horopteren (Abb. 31). Die Sichel, die so entsteht, ist das Gebiet unserer anschaulichen Tiefenwahrnehmung. Die Horopteren II und III dürfen nicht überschritten werden, wenn keine Doppelbilder entstehen sollen. Alles, was bei Fixation von A zwischen II und III liegt,

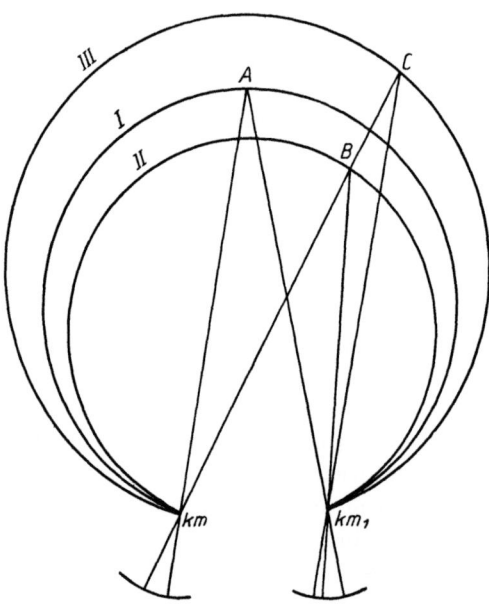
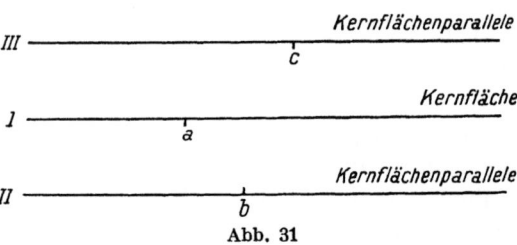

Abb. 31

wird noch einfach gesehen. Was im Horopter I liegt, erscheint in der Kernfläche, was bis zum Horopter III liegt, erscheint in einer der Kernfläche parallelen, aber ferner als sie liegenden Ebene, alles, was bis zum Horopter II liegt, auch in einer der Kernfläche parallelen, aber näheren Ebene.

---

[1] Ebenso können wir den verschiedenen Luftdruck aus der Höhe der Quecksilbersäule im Barometer erschließen, aber eine Wahrnehmung von dem Luftdruck haben wir nicht, wir haben keinen Sinnesapparat dafür.

In der Disparation (auch Parallaxe genannt) haben wir ein ungemein empfindliches Reagens auf Entfernungsunterschiede. Es kann angewendet werden, um z. B. nachgemachte Banknoten von echten zu unterscheiden oder um nachzuweisen, ob eine Auflage neu gesetzt ist, denn die stereoskopisch vereinigten Drucke zeigen die in einem solchen Falle immer vorhandenen Verschiedenheiten an, indem einzelne Buchstaben (oder andere Details) vor oder hinter den übrigen liegen. Innerhalb des korrespondierenden Empfindungskreises gibt also ein Punkt a der einen Netzhaut nicht nur zusammen mit dem identischen Punkt a' der andern Netzhaut eine einfache Empfindung, sondern auch zusammen mit einem disparaten Punkt. Dieser disparate Doppelreiz bringt eine ganz neue Ortsempfindung hervor, nämlich eine Nah- oder Fernempfindung relativ zur Kernfläche. Wenn die Disparation eine gekreuzte ist, entsteht eine Nahempfindung, und zwar erscheint der Gegenstand umso näher, je größer die gekreuzte Disparation ist und bei der ungekreuzten Disparation entsteht eine Fernempfindung, und der Gegenstand erscheint umso ferner, je größer die ungekreuzte Disparation ist. Der Ort ist also nicht bloß nach seiner Richtung variabel, entsprechend den verschiedenen Netzhautpunkten, die schon bei einer einzigen Netzhaut eine Variierung der Richtung zulassen, sondern auch seiner Entfernung nach, entsprechend den verschiedenen Kombinationen disparater Erregungen, die noch immer eine Empfindung liefern. Mit andern Worten, es ist eine Erregungskombination, die die Tiefenempfindung produziert und da innerhalb des korrespondierenden Empfindungskreises verschiedene Kombinationen möglich sind, sind auch verschiedene Tiefenempfindungen möglich. Die Disparation oder Parallaxe wirkt also unmittelbar als Reiz und es ist ebenso eine letzte Tatsache, daß sie eine Tiefenempfindung produziert, wie das $\lambda = 501$ die Qualität Grün hervorbringt.

Jeder Punkt einer Netzhaut produziert eine Sehrichtung und daher produziert jede einzelne Netzhaut ein zweidimensionales Richtungskontinuum. Wenn nun die Tatsache des Einfachsehens mit disparaten Netzhautstellen nicht bestünde, so wäre die eine Netzhaut nur eine Wiederholung der andern und man könnte unter teleologischem Gesichtspunkt überhaupt nicht einsehen, zu was für einem Zweck wir zwei Augen haben. Wenn aber der eine Netzhautpunkt mit mehreren anderen eine einfache Empfindung produzieren kann, so ist durch die variable Kombination eine neue Variabilität möglich. Zum zweidimensionalen Richtungskontinuum tritt als dritte Variable die Entfernung hinzu.

Damit erledigt sich eines der wichtigsten Argumente, das gegen die Ursprünglichkeit der Tiefenanschauung immer angeführt wurde, daß nämlich ein Mensch nicht dreidimensional empfinden könne, weil er nur ein flächenhaftes Aufnahmsorgan habe.

Die Variabilität unserer Raumwahrnehmung nach der dritten

Dimension haben wir auf zwei Erfahrungssätze zurückgeführt: 1. was im Horopter liegt, erscheint in der Kernfläche; 2. was sich auf disparaten Stellen abbildet, erscheint, sofern die Disparation nicht zu groß ist, einfach, und zwar vor der Kernfläche, wenn die Disparation gekreuzt, hinter der Kernfläche, wenn sie ungekreuzt ist.

Beide Sätze sprechen den Netzhautstellen Eigenschaften zu, die gegenüber ihren spezifischen Energien völlig neu sind und sich aus ihnen nicht ableiten lassen. Korrespondierende Netzhautstellen sind durch die Identität der Sehrichtung definiert, daraus läßt sich nicht ableiten, daß das einfach Gesehene in der Kernfläche erscheint. Disparate Netzhautstellen sind durch die Verschiedenheit der Sehrichtungen definiert; daraus läßt sich nicht ableiten, daß man bei geringer Disparation vor oder hinter die Kernfläche lokalisiert, ja überhaupt noch einfach sieht. Läßt sich hier eine Brücke finden? Ja, aber nur mit Hilfe einer Hypothese, die HERING in den „Beiträgen zur Physiologie"[1] entwickelt hat. Wenn die Disparation so groß ist, daß überhaupt ein Zerfall in Doppelbilder eintritt, so wissen wir bereits, daß, wenn das Außenobjekt innerhalb des MÜLLERschen Kreises liegt, die Doppelbilder gekreuzt sind. Die Halbbilder erscheinen uns in diesem Falle näher als die Kernfläche, und zwar um so näher (d. h. weiter entfernt von der Kernfläche), je mehr sich das Netzhautbild von der Fovea entfernt (Abb. 32a'). Die äußere Netzhaut produziert also eine Nahempfindung relativ zur Kernfläche; wir wollen ihr einen negativen Tiefenwert zuschreiben (Abb. 32a). Also schon eine Netzhaut produziert eine Tiefenempfindung, aber eine invariante, d. h. jeder Netzhautstelle der äußeren Netzhaut kommt ein unveränderlicher Nahwert relativ zum fixierten Punkt zu, und zwar ein um so größerer, je peripherer die Netzhautstelle liegt.

Umgekehrt verhält es sich bei ungekreuzten Doppelbildern, sie liegen ferner als der fixierte Punkt (Abb. 32b'). Wir müssen daher jeder inneren Netzhautstelle einen positiven Tiefenwert (= Fernwert) zuschreiben, und zwar einen um so größeren, je weiter nach innen die Netzhautstelle liegt (Abb. 32b). Es gibt also auf der Doppelnetzhaut Stellen identischen Tiefenwertes, ebenso wie es Stellen identischer Sehrichtung gibt. Aber die Stellen identischer Sehrichtung liegen gleichsinnig zur Fovea, die Stellen identischen Tiefenwertes symmetrisch zu ihr; daher sind Stellen identischer Sehrichtung zugleich Stellen entgegengesetzten Tiefenwertes, nur die beiden Foveae sind Stellen identischer Sehrichtung und zugleich solche identischen Tiefenwertes. Die Netzhautstellen b_l und b_r (Abb. 32c) sind Stellen identischer Sehrichtung, aber entgegengesetzten Tiefenwertes; daher müssen die ihnen entsprechenden Sehobjekte β_l und β_r in derselben Sehrichtung erscheinen, aber β_l näher und β_r ferner als der fixierte Punkt (Abb. 32c'). Die Hypothese HERINGS ist nun

---
[1] S. 291ff. und S. 325ff.

die folgende: eigentlich sollten auch Erregungen von Stellen identischer Sehrichtung Doppelbilder ergeben, die zwar in derselben Sehrichtung, aber in verschiedener Entfernung erscheinen, das eine näher, das andere ferner als die Kernfläche. Diese beiden Tiefenempfindungen ergeben aber ein Mischphänomen, d. h. die beiden entgegengesetzten Tiefen-

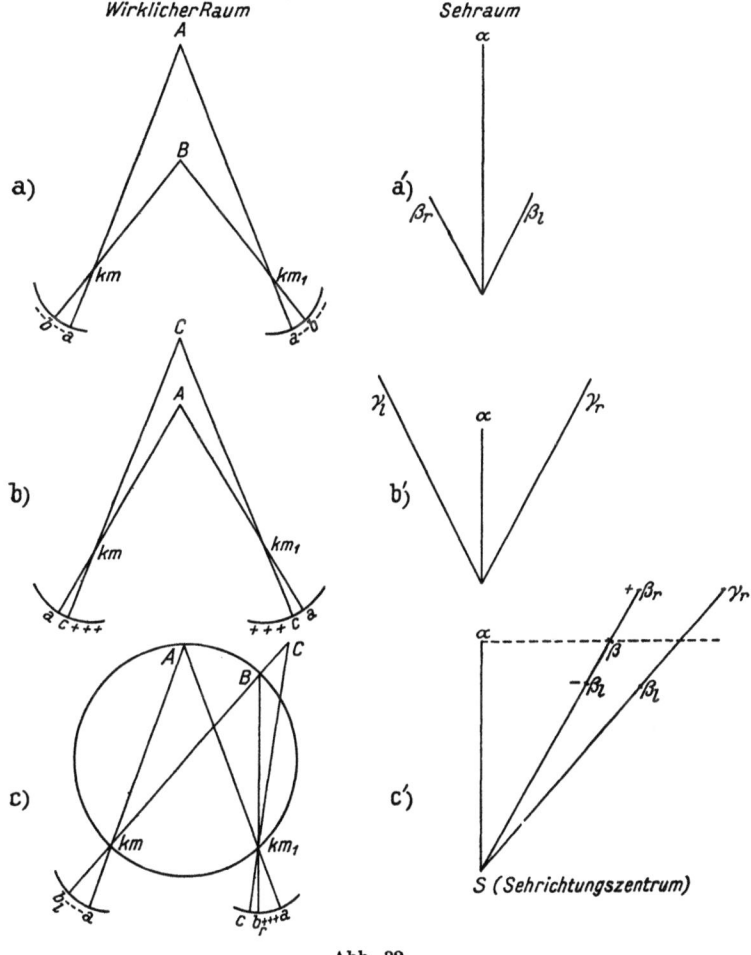

Abb. 32

werte setzen sich zu einem einzigen zusammen, der den Wert des arithmetischen Mittels hat, hier also = 0 ist. Demnach muß der Punkt b so erscheinen, daß er relativ zur Kernfläche weder einen Nah- noch einen Fernwert hat, mit anderen Worten, er muß in der Kernfläche erscheinen. Denken wir uns nun, die beiden Netzhautstellen seien disparat, aber sehr wenig, dann sollten die Halbbilder in verschiedenen Sehrichtungen erscheinen. Aber wenn diese Sehrichtungen sehr wenig verschieden sind, wird man sie nicht auseinanderhalten können, sie werden als eine Sehrichtung erscheinen. Dann wird es aber wieder zu einer Mischung der Tiefenwerte, d. h. zur Bildung eines arithmetischen Tiefenmittels kommen können, nur werden die zwei Tiefenkomponenten zwar von entgegengesetztem Vorzeichen, aber nicht mehr von gleicher absoluter Größe sein. Das arithmetische Mittel wird also nicht der Tiefenwert 0 sein, mit dem wir die Kernfläche bezeichnen, sondern ein positiver oder negativer, je nachdem der Tiefenwert der inneren oder äußeren Netzhautstelle überwiegt. So ist erklärt, warum man mit disparaten Netzhautstellen, wenn die Disparation klein ist, näher oder ferner als die Kernfläche sieht.

Der Tiefenwert jeder Netzhautstelle ist, wie schon erwähnt, invariant, ändert sich also nicht, wenn der Außenpunkt, der sich auf dieser Stelle abbildet, verschoben wird. Die Entstehung einer **variablen** Tiefenempfindung erklärt sich also nur aus der Tatsache, daß wir mit Netzhautstellen von geringer Disparation einfach sehen können. Es bleibt demnach der Satz aufrecht, daß **die Tiefenwahrnehmung an den binokularen Sehakt gebunden ist.** Durch die Theorie HERINGS ist nur die **variable** Tiefenempfindung auf das variable Mischungsverhältnis von zwei invarianten Tiefenkomponenten zurückgeführt. Denn wenn jede Netzhautstelle einen invarianten Tiefenwert hat, aber verschiedene Netzhautstellenpaare zur Erzeugung einer Empfindung zusammentreten, so können aus invarianten Komponenten variable Mischeffekte entstehen.

Zu dieser Auffassung HERINGs stimmt es sehr gut, daß gesondert wahrgenommene Halbbilder tatsächlich diejenigen Tiefenwerte zeigen, die ihnen vermöge der Lage der Netzhautbilder zukommen; fallen beide auf die äußeren Netzhauthälften, so erscheinen sie beide näher, fallen sie auf die inneren Netzhauthälften, so erscheinen sie beide ferner als der fixierte Punkt. Bei den Doppelbildern eines Punktes, der sich z. B. linksseitig auf der äußeren, rechtsseitig auf der inneren Netzhaut abbildet, und zwar mit so großer Disparation, daß die Doppelbilder deutlich getrennt gesehen werden, erscheint das Halbbild des linken Auges näher, das des rechten ferner als der fixierte Punkt.

Es läßt sich weiter auch verstehen, daß es durch Übung gelingt, auch mit solchen disparaten Stellen, mit denen man im Zustand mangelnder Übung einfach gesehen hatte, doppelt zu sehen, daß also der korrespondierende Empfindungskreis eingeengt werden kann. Denn ebenso wie es durch Übung gelingen wird, einen Komplex von Tönen, den der Ungeübte nur als Klangfarbe eines Tones mit einer Intensität hört, in mehrere Töne und mehrere Intensitäten zu sondern, ebenso wird es bei einiger Übung möglich sein, zwei Sehobjekte zu unterscheiden, die für den Ungeübten wegen der großen Ähnlichkeit ihrer scheinbaren Orte zu einem einzigen verschmelzen.

Besonders interessant ist bei den getrennt gesehenen Doppelbildern noch der folgende Umstand. Wenn sich ein Außenpunkt auf disparaten Netzhautstellen abbildet, so findet doch immer auch eine Erregung der zugehörigen identischen Stellen statt, zum mindesten sind die autonomen Erregungen der Netzhaut vorhanden — das Sehfeld ist ja immer in seiner Gänze mit Qualitäten besetzt. Es werden also identische Stellen qualitativ verschieden gereizt und damit sind die Bedingungen gegeben, unter denen Wettstreit bzw. binokulare Farbenmischung eintreten kann. Früher wurden diese beiden längst bekannten Erscheinungen nur als Farbenphänomene, d. h. nur in Bezug auf ihre qualitative Seite studiert.[1] Man wußte, daß im allgemeinen eine zwischen den beiden monokularen Farben liegende Mischfarbe auftritt, die bald der einen, bald der andern Komponente näher liegt, unter günstigen Umständen die Mitte halten, unter andern Umständen aber der einen Komponente so nahe liegen kann, daß sie schwer oder gar nicht von ihr unterschieden wird, und daß bei längerer Betrachtung diese verschiedenen Verhaltungsweisen zeitlich wechseln können („Phasen des Wettstreites"). Man wußte auch, daß das Auftreten von Grenzlinien im einen der monokularen Felder dieser Komponente ein Übergewicht verschafft, ja günstigsten Falles ihr zum Siege verhelfen kann („Prävalenz der Konturen"). Da bei binokularer Mischung immer eine Mischfarbe entsteht, deren Helligkeit zwischen den Helligkeiten der Komponenten liegt, muß man annehmen, daß sich beide Netzhäute nur mit einem Bruchteil der ihnen zugehörigen Empfindung geltend machen, und zwar so, daß diese Bruchteile sich immer zu Eins ergänzen (komplementärer Anteil der beiden Netzhäute).

Diese Erscheinungen hat HERING in seiner Theorie der Tiefenwahrnehmung herangezogen, indem er längst gemachte Erfahrungen vom qualitativen auf das lokale Gebiet übertrug. Auch die Tiefenwerte können nämlich das Phänomen der Mischung oder des Wettstreites zeigen. Auch hier macht sich die Prävalenz der Konturen geltend; korrespondiert mit einem Fadenbild im einen Auge ein gleichmäßiger Hintergrundstreifen im andern, so wird entsprechend dem Tiefenwert des Fadenbildes lokalisiert. Darauf ist zurückzuführen, daß bei gleicher Parallaxe die Bildschärfe das Tiefensehen fördert. Es kann bei den Tiefenwerten aber auch zu einem zeitlichen Phasenwechsel kommen, derart, daß sie sich mit verschiedener, und zwar wechselnder, aber immer komplementärer Quote an dem einheitlichen Resultate beteiligen. In dem besonderen Falle, daß beide Quoten gleich (aber natürlich dem Vorzeichen nach entgegengesetzt) sind, würde der Tiefenwert null resultieren. Mit

---

[1] Vgl. S. 45.

dieser Auffassung stimmt es sehr gut überein, daß die Lokalisation der Doppelbilder zwar meistens dem Mittel aus den Tiefenwerten der beiden getroffenen Netzhautstellen entspricht, aber doch einen deutlich labilen Charakter hat. So zeigt es sich, daß gekreuzte Doppelbilder, namentlich bei dauernder Fixation, zuweilen in die Kernfläche oder sogar hinter diese zurückweichen.[1] Auch die Erscheinung, daß stereoskopische Verschmelzungsbilder häufig nicht sofort ihre endgültige Gestalt erlangen, daß also der volle stereoskopische Effekt eine gewisse Entwicklungszeit braucht,[2] erklärt sich — abgesehen davon, daß Ungeübte nicht gleich die richtige Stellung der Gesichtslinien finden, und daß bei Stellungsanomalien und Motilitätsstörungen korrigierende Fusionsbewegungen nötig sind — unter dem Gesichtspunkt eines Tiefenwettstreites jedenfalls besser als durch die Hypothesen von einer verschiedenen „psychischen Ausnützung" der Querdisparation. Will man damit nur ausdrücken, daß dieselbe Disparation als Reiz nicht immer ihren vollen Effekt in der Empfindung erreicht, so ist damit gegenüber der Annahme eines Tiefenwettstreites nichts Neues gesagt. Meint man aber, es müßte sich an die getrennt zum Bewußtsein kommenden disparaten Einzelbilder erst irgendeine Tätigkeit des Denkens oder Schließens knüpfen, faßt man also die Parallaxe nicht als Reiz-, sondern als Empfindungskombination auf, aus der man erst auf Grund von Erfahrungen, Assoziationen u. dgl., kurz auf indirektem Wege, zur Tiefenlokalisation gelangt,[3] so spricht die Umkehrung des Reliefs, zusammengehalten mit der Tatsache, daß man rechts- und linksäugige Eindrücke nicht als solche unterscheiden kann,[4] in schlagender Weise gegen eine solche Auffassung. Nur wenn man annimmt, daß die Parallaxe selbst als Reiz wirkt, der durch die Reizung zweier Netzhautpunkte a_l und b_r zustandekommt, ist die Annahme gestattet, daß die Reizung der korrespondierenden Punkte im andern Auge a_r und b_l eine neue Reizkombination darstellt und daher auch zu einem neuen Empfindungserfolg führt — so erklärt sich die Umkehrung des Reliefs bei Vertauschung der beiden Hälften eines Stereoskopbildes. Wie aber könnte man aus der Empfindungskombination $a_l\, b_r$ ein anderes Resultat erschließen als aus der Empfindungskombination $a_r\, b_l$, wenn sich aus der

---

[1] Diese Erscheinung ist also durchaus nicht, wie JAENSCH (Über d. Wahrnehmung des Raumes. Zeitschr. f. Psychol., Ergänzungsbd. 6, 1911) meint, als Beweis dafür aufzufassen, daß die primäre Ursache der Tiefenempfindung nicht die Querdisparation sein könne.

[2] L. v. KARPINSKA: Experimentelle Beiträge zur Analyse der Tiefenwahrnehmung. Zeitschr. f. Psychol., Bd. 57, S. 1ff.

[3] So JAENSCH: A. a. O. S. 146f. und öfter. KARPINSKA: A. a. O. S. 47f.

[4] Untersuchungen, die auf HERINGS Veranlassung in Leipzig durchgeführt wurden, haben ergeben — was übrigens schon HELMHOLTZ angenommen hatte —, daß man aus der Empfindung selbst (sekundäre Hilfsmittel abgerechnet) nicht entnehmen kann, ob sie von einem links- oder rechtsäugigen Reiz herstammt.

Empfindung selbst nicht entnehmen läßt, ob sie von einem links- oder rechtsäugigen Reiz herrührt? Es kann auch nicht weiter in Erstaunen versetzen, daß die Aufmerksamkeit die Lokalisation der Doppelbilder zu beeinflussen vermag, denn auch der qualitative Wettstreit ist dem Einfluß der Aufmerksamkeit unterworfen. Das Gewicht, d. h. die Erregungsgröße einer Netzhautstelle (und natürlich auch eines größeren Netzhautbezirkes) kann ja durch die Aufmerksamkeit Veränderungen erfahren und diese Veränderungen werden Schwankungen im Werte des resultierenden arithmetischen Tiefenmittels zur Folge haben.

Anmerkung der Herausgeberin

Auf die Veränderungen der Tiefenlokalisation infolge von Aufmerksamkeitsschwankungen hat Jaensch eine neue Theorie der optischen Raumwahrnehmung aufgebaut.[1] *Nicht die Querdisparation erzeuge die Tiefenwahrnehmung, sondern die Aufmerksamkeitswanderung, bzw. die mit ihr aufs engste verknüpften Blickbewegungsimpulse.*[2] *Die Querdisparation biete nur besonders günstige Bedingungen für die sukzessive Auffassung der in verschiedenen Tiefen lokalisierten Gesichtseindrücke.*

Beweise für die Richtigkeit seiner Theorie sieht Jaensch vor allem in dem von ihm als Kovariantenphänomen bezeichneten Erscheinungskomplex. Vereinigt man im Haploskop je drei Fäden von je gleichem Abstand zu einem Bild in der Kernfläche, so zeigt sich, daß, wenn man den einen seitlichen Faden ein wenig verschiebt, nicht nur dieser Faden aus der Kernfläche heraustritt, sondern auch der zweite seitliche Faden. Diese Veränderung ist besonders deutlich, wenn man die beiden seitlichen Fäden kollektiv auffaßt. Daher ist, schließt Jaensch, nur der „Nichtkernflächeneindruck" unmittelbar mit dem Auftreten der Querdisparation gegeben, nicht dagegen eine bestimmte Tiefenrelation.[3] *Auch das Panum-Phänomen zeige, daß die Querdisparation nicht die primäre Ursache der Tiefenempfindung sein könne. Bietet man einem Auge zwei vertikale Linien, a und b, dar (wobei b die innere, der Medianebene nähere Linie ist), dem andern Auge eine Linie c und verschmilzt nun c mit a oder mit b, so erscheint b nicht immer vor a, wie dies bisher stets beschrieben worden ist und nach der Heringschen Theorie erwartet werden müßte, weil sich b auf der äußeren Netzhaut abbildet und daher einen Nahwert hat, sondern unter Umständen (besonders wenn die Aufmerksamkeit auf a gerichtet ist) wird der Tiefenunterschied entweder aufgehoben, so daß die beiden Fäden annähernd in der Kernfläche zu liegen scheinen, oder es erfolgt sogar eine Umkehr; a erscheint vor b.*

Im vorhergehenden ist bereits angedeutet worden, wie sich diese und

---

[1] *Über d. Wahrnehmung d. Raumes. Zeitschr. f. Psychol., Ergänzungsbd.* 6, 1911.
[2] *A.a.O. S. 102.*
[3] *A.a.O. S. 38.*

ähnliche Erscheinungen unter dem Gesichtspunkt eines Wettstreites der Tiefenwerte der einzelnen Netzhäute erklären lassen. Gegen die Jaenschsche Theorie, auf die im einzelnen hier nicht eingegangen werden kann,[1] ist zu bemerken, daß doch offenbar eine Tiefenwahrnehmung schon vorhanden sein muß, wenn die Aufmerksamkeit nacheinander in verschiedene „Tiefenschichten"[2] verlegt werden soll. Mit Recht wendet Hofmann ein, daß die Aufmerksamkeit unmöglich die Tiefenwahrnehmung hervorbringen könne, daß sie vielmehr das Sehen der Tiefenunterschiede schon voraussetze, sowie die Verlagerung der Aufmerksamkeit auf einen seitlich gelegenen Punkt das Bestehen der relativen Breitenlokalisation zur Voraussetzung hat.

Nach neueren Angaben von Jaensch und Reich[3] sowie von Kröncke[4] hängt auch die Gestalt des Horopters vom Verhalten der Aufmerksamkeit ab. Jaensch und Reich untersuchten die Horopterabweichung bei 24 Personen und fanden bei ungefähr der Hälfte, daß ihre Angaben mit den Beobachtungen von Hering und Hillebrand nicht übereinstimmten; zu ähnlichen Ergebnissen gelangte Kröncke. Nachuntersuchungen von Hofmann[5] und Fischer[6] konnten dies nicht bestätigen; die Hering-Hillebrandsche Horopterabweichung zeigte sich in normaler Weise.

Wir wenden uns jetzt der Frage zu, von welchen Faktoren die Disparation oder Parallaxe abhängt. Die Größe der Disparation bestimmt, um wieviel ein Objekt näher oder ferner gesehen wird als der Kernpunkt, bestimmt also die Größe der Plastik.

Es seien (Abb. 33) k_m und k_{m1} die beiden mittleren Knotenpunkte; A sei der fixierte Punkt, B der Punkt, um dessen scheinbare Entfernung relativ zum fixierten Punkt gefragt wird. Dann stellt der Winkel $A\,k_m\,B\,(\varphi)$ der durch die Gesichtslinie $A\,k_m$ und durch die Richtungslinie $B\,k_m$ des linken Auges gebildet wird, die halbe Parallaxe dar, die ganze Parallaxe ist in diesem Falle $= 2\,\varphi$, weil wir der Einfachheit wegen angenommen haben, daß beide Punkte in der Medianebene liegen. Allgemein kann man sagen: die Disparation wird gemessen durch eine algebraische Winkeldifferenz, d. h. durch die Differenz der Winkel, welche durch die Gesichtslinie und durch die Richtungslinie des rechten und des linken Auges

---

[1] Siehe Hofmann: Die Lehre vom Raumsinn des Doppelauges. Ergeb. d. Physiol., Bd. 15, S. 273, 1915, und: Raumsinn, S. 425 und S. 460 ff. Ferner: Fröbes: Lehrbuch der experim. Psychologie. Herder, Freiburg, 1917. Bd. 1, S. 298 ff.

[2] Jaensch, A. a. O. S. 287 und S. 324.

[3] Über die Lokalisation im Sehraum. Zeitschr. f. Psychol., Bd. 58, S. 278 ff., 1921.

[4] Zur Phänomenologie der Kernfläche des Sehraumes. Zeitschr. f. Sinnesphysiol., Bd. 52, S. 217 ff., 1921.

[5] Raumsinn, S. 425.

[6] Über Asymmetrien des Gesichtssinnes, speziell des Raumsinnes beider Augen. Pflügers Arch. f. d. ges. Physiol., Bd. 204, S. 203 ff., 1924.

gebildet werden. Der Ausdruck „algebraisch" bedeutet: mit Rücksicht auf das Vorzeichen, so daß diese Differenz auch eine Summe sein kann.

Natürlich kann man auch umgekehrt aus der Größe der Disparation den objektiven Entfernungsunterschied berechnen.

Es sei $e_1 = \dfrac{a}{tg\,\alpha}$ und die Entfernung des Punktes B ist $e_1 + e_2 = \dfrac{a}{tg\,(\alpha - \varphi)}$. Wenn man also von einer Landschaft eine stereoskopische Aufnahme macht und dann eine „wandernde Marke" einmal in die Entfernung eines bestimmten Punktes des Landschaftsbildes bringt, dann in die Entfernung eines andern, so läßt sich aus der abgelesenen Disparation die Entfernung der beiden Punkte berechnen, man braucht nur die Entfernung eines einzigen Punktes zu kennen. Das ist das Prinzip des Stereokomparators, der für Terrainaufnahmen, für meteorologische Beobachtungen, für Kriegszwecke verwendet wird.

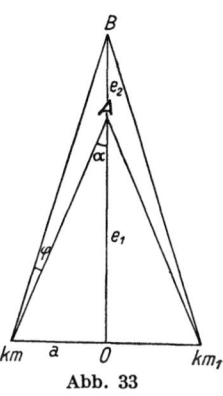

Abb. 33

Man ersieht ferner daraus, daß für einen gegebenen objektiven Tiefenabstand zweier Punkte die Disparation auch von der Pupillardistanz (2a) abhängt. Derjenige sieht also plastischer, der einen größeren Augenabstand hat. Die Plastik eines Stereoskopbildes muß daher erhöht werden, wenn man die photographische Aufnahme von zwei Standorten aus macht, die weiter voneinander entfernt sind als die Augen (Prinzip des Telestereoskops,[1] des Relieffernrohrs und der stereoskopischen Himmelsaufnahmen (WOLF, Heidelberg) mit den „Augendistanzen": Entfernung zweier Sternwarten, große Achse der Erdbahnellipse und verschiedene Stellungen unseres Sonnensystems relativ zum Fixsternhimmel).

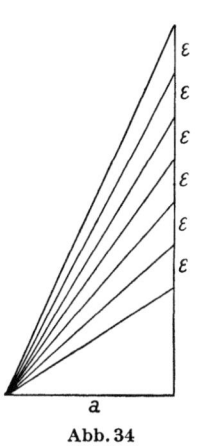

Abb. 34

Aus dem Gesagten geht hervor, daß, wenn ein körperlicher Gegenstand um gleiche Abstände immer weiter und weiter hinausgeschoben wird, seine Parallaxe immer geringer werden muß, mit anderen Worten, die Tiefenunterschiede erzeugen eine um so kleinere Disparation, je entfernter der Körper liegt (Abb. 34).

In dieses Kapitel der abnehmenden Parallaxe bei zunehmender Entfernung gehört die Erscheinung der Steilheit der Gebirge.

Von großem theoretischen Interesse ist die weitere Folge, daß es eine stereoskopische Grenze geben muß.[2]

---

[1] HELMHOLTZ: Das Telestereoskop. Poggendorfs Annal. d. Physik., Bd. 102, S. 167ff., 1857.

[2] Vgl. Theorie der scheinbaren Größe bei binokularem Sehen. S. 20f., 39f.

Wenn wir uns gleiche Parallaxenwinkel aneinandergelegt denken, so müssen wir, um gleiche Parallaxen zu erzeugen, offenbar um immer größere Entfernungen fortschreiten. Für jeden Reiz und jeden Reizunterschied — also auch für die unmittelbar als Reiz wirkende Disparation — gibt es aber ein gewisses Minimum, das nicht überschritten werden darf, wenn es noch wirksam sein soll.

Es sei ψ das halbe Disparationsminimum (Abb. 35), dann bedeuten die einzelnen Abschnitte auf der Medianlinie die eben merklichen Tiefenunterschiede, die sich ergeben, wenn der Blickpunkt nach und nach in die einzelnen Schnittpunkte verlegt wird. Die Zeichnung veranschaulicht das allmähliche Wachsen der eben merklichen Entfernungsunterschiede beim Wachsen der absoluten Entfernungen unter Voraussetzung eines konstanten Disparationsminimums.[1]

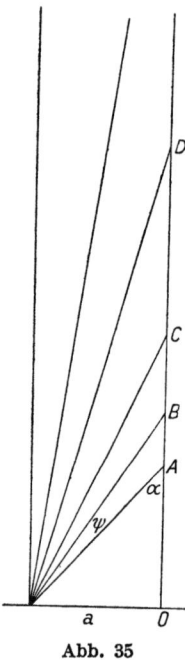

Abb. 35

Schließlich müssen, wenn wir um immer größere Entfernungen fortschreiten, die Richtungslinien parallel werden, für die Schenkel dieser Winkel gibt es also überhaupt keinen Schnittpunkt mehr. Dann muß aber im Schnittpunkt der vorletzten Richtungslinien die stereoskopische Grenze liegen, mit anderen Worten, wenn man das Objekt, welches im Schnittpunkt der vorletzten Richtungslinien liegt, noch weiter hinausschieben würde, so wäre diese Entfernungszunahme physiologisch unwirksam.

Die Entfernung, über die hinaus jede Disparationszunahme unwirksam wird, läßt sich ausrechnen.[2]

Ist a die halbe Basallinie (Abb. 35), ψ das halbe Disparationsminimum, α der halbe Konvergenzwinkel, $y\,(=OB)$ die Entfernung desjenigen Punktes B, der eben merklichferner erscheint als der fixierte Punkt A, so ist

$$y = \frac{a}{tg\,(\alpha - \psi)}\,.$$ Für den Spezialfall $\alpha = \psi$ wird $y = \infty$.

---

[1] Die Konstanz des Disparationsminimums wird allerdings von verschiedenen Seiten bestritten. FRUBÖSE und JAENSCH (Der Einfluß verschiedener Faktoren auf die Tiefensehschärfe. Zeitschr. f. Biol., Bd. 78, 1923) fanden, daß mit zunehmender Entfernung vom Auge auch das Disparationsminimum kleiner wird. HOFMANN findet diese Angaben bestätigt durch die bei HILLEBRAND (Theorie d. scheinbaren Größe bei binok. Sehen, S. 19) angeführte Tabelle, nach der sich im Bereiche von 100 bis 380 cm ebenfalls eine Abnahme des Disparationsminimums (von 38'' auf 33'') ergibt.

[2] F. WÄCHTER: Über die Grenzen des telestereoskopischen Sehens. Wiener Sitzungsber. math. naturw. Kl. 1896. Bd. 105, S. 856ff. Vgl. ferner HILLEBRANDS Anzeige dieser Arbeit in d. Zeitschr. f. Psych. u. Physiol. d. Sinnesorg., Bd. 16, S. 155, und: Die Theorie d. scheinbaren Größe, S. 28f. und S. 39f.

Das heißt: wenn der Fixationspunkt in einer Entfernung liegt, in welcher eine Strecke von der Größe der eigenen Basallinie unter einem Gesichtswinkel erscheinen würde, der dieselbe Größe hat wie das Disparationsminimum selbst, dann gibt es keinen Punkt, der entfernter erscheinen kann als der fixierte; in dieser Konvergenzstellung würde jeder wie immer große Zuwachs an tatsächlicher Entfernung physiologisch unwirksam sein. Hiemit ist eine prinzipielle Grenze der binokularen Stereoskopie gegeben, was nichts anderes heißt, als daß der binokulare Sehraum endlich ist. Die Tatsache, daß die Sterne am Himmelsgewölbe kleben, kommt daher, daß sie jenseits der stereoskopischen Grenze liegen.

Wie wir gehört haben, ist das Körperlichsehen lediglich abhängig von dem Umstand, daß wir mit disparaten Netzhautstellen unter bestimmten Umständen einfach sehen können. Häufig aber hört man sagen, das Körperlichsehen komme dadurch zustande, daß die beiden Augen von einem und demselben Gegenstand verschiedene Projektionen erhalten, oder mit anderen Worten ausgedrückt, das Körperlichsehen sei eine Folge der binokularen Parallaxe. Beide Ausdrucksweisen haben etwas Irreführendes. Die Linie MN (Abb. 36) bildet sich allerdings mit einer Parallaxe ab, aber daraus kann ich gar nicht ableiten, was die Doppelnetzhaut mit diesen zwei verschiedenen Bildern anfängt. Daß sie den Punkt N, trotzdem er sich auf disparaten Netzhautstellen abbildet, einfach und entfernter als M sieht, das ist eine ganz neue Tatsache, und diese Tatsache geht nicht daraus hervor, daß sich die Linie MN links und rechts unter verschiedenen Winkeln abbildet. Wenn der Punkt M gegeben ist und wenn die beiden Winkel α und β gegeben sind, dann könnte ich mir allerdings daraus die Lage von N konstruieren oder berechnen, aber erstens wird diese mathematische Operation tatsächlich nicht gemacht (es sitzt kein Geometer im Gehirn, der, mit einem Theodolithen bewaffnet, Winkel mißt und dann rechnet oder konstruiert und das fertige Resultat der Hirnrinde überliefert). Und zweitens — selbst wenn diese Operation gemacht würde — könnte aus ihr nur folgen, daß wir wissen, wo N liegt, nicht aber, daß wir N in einer bestimmten Lage sehen. Und weiter: wenn der Prozeß so verliefe, warum sehen wir dann, sobald N etwas weiter aus dem Horopter herausrückt, Doppelbilder? Wie ist überhaupt der Zerfall in Doppelbilder zu erklären, da doch die Richtungslinien von N immer nur einen einzigen Schnittpunkt haben können?

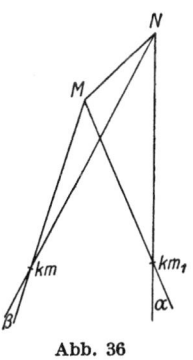

Abb. 36

Wenn also das Lokalisieren von N darin bestünde, daß irgend ein unbewußter Konstruktionsprozeß mittels der Richtungslinien gemacht wird, dann müßte N immer einfach, und zwar an seinem wahren Ort gesehen werden. Dann müßte ferner die Gestalt des Horopters mit derjenigen der Kernfläche immer identisch sein. Auch könnte die Plastik niemals bei Zunahme der absoluten Entfernung abnehmen. Kurz, es müßte alles anders sein, als es tatsächlich ist.

Ich will nochmals betonen, daß wir nur innerhalb des korrespondierenden Empfindungskreises im strengen Sinne des Wortes sagen können: wir sehen Entfernungen und Entfernungsunterschiede. Überschreiten wir dieses Gebiet, so daß ein Zerfall in Doppelbilder eintritt, so sehen wir nicht mehr, wie sich der Punkt nähert oder entfernt. Es gibt hier überhaupt nicht mehr einen Punkt, sondern deren zwei, und wir sehen nur, daß sich der Richtungsunterschied der beiden Halbbilder immer vergrößert. Streng genommen dürfen wir also nur sagen: wir deuten das Auftreten von gekreuzten Doppelbildern als Zeichen, daß der Gegenstand näher ist als die Kernfläche und wir deuten das Auftreten von gleichnamigen Doppelbildern als Zeichen, daß der Gegenstand ferner liegt als die Kernfläche und wir beziehen diese Doppelbilder auf einen um so ferneren, bzw. um so näheren Gegenstand, je weiter sie lateral auseinanderweichen.

Nun ist aber diese Deutung ein Vorgang, welcher sich bei jedem Menschen unzählige Male vollzogen hat und der daher so eingeübt ist, daß er ganz ohne Reflexion mit derselben Sicherheit auftritt, wie wenn wir wirklich eine Tiefenempfindung auch jenseits desjenigen Gebietes hätten, in welchem wir einfach sehen. Wir erkennen also einen Gegenstand durch das Auftreten der Doppelbilder sofort als näher oder ferner und darum dürfen wir sagen: Das Sehen der dritten Dimension kommt zustande 1. durch das Einfachsehen mit disparaten Netzhautstellen, 2. durch die Doppelbilder. Nur muß festgehalten werden, daß ein Sehen der dritten Dimension im strengen Sinne nur auf die erste dieser beiden Arten möglich ist. Eine notwendige Konsequenz ist nun die: das Sehen der dritten Dimension steht und fällt mit dem Vorhandensein des binokularen Sehaktes.

Wenn man einem Beobachter, der binokular sieht, eine Reihe vertikaler Stäbe (von verschiedener und unbekannter Dicke, damit keine empirischen Lokalisationsmotive wirksam werden) darbietet und ihm die Aufgabe stellt, diese Stäbe in eine Front zu stellen, so kann er das mit großer Genauigkeit machen. Wenn man aber diesem Beobachter ein Auge verschließt, so ist er nicht mehr imstande, die Aufgabe zu lösen, weil er keine Tiefenunterschiede bemerken kann. Auch der HERINGsche Fallversuch[1] beweist, daß die Tiefenwahrnehmung an das binokulare Sehen gebunden ist. Der Beobachter blickt durch eine trichterförmige Röhre, so daß alle seitlich gelegenen Gegenstände unsichtbar sind und nur ein gleichmäßig gefärbtes Stück des Hintergrundes erscheint. Wenn man nun durch das Gesichtsfeld bald näher, bald ferner als der Fixationspunkt, kleine Kugeln (Schrotkörner) fallen läßt, so wird der binokular sehende Beobachter imstande sein, mit Sicherheit zu sagen, ob die Kugel vor dem Fixationspunkt, in der Ebene desselben oder hinter ihm herabgefallen ist. Schließt man ihm ein Auge ab, so vermag er nichts mehr darüber auszusagen. Dieser Versuch ist auch klinisch darum von Be-

---

[1] Die Gesetze der binokularen Tiefenwahrnehmung. Du Bois Archiv, Bd. 79 und 152, 1865.

deutung, weil man so auf die rascheste Weise herausbringen kann, ob ein Mensch binokular sieht oder nicht.

Bisher haben wir nur den Einfluß der Querdisparation auf die Tiefenlokalisation behandelt, aber noch gar nicht die Frage aufgeworfen, welche Wirkung die Längsdisparation ausübt. Diese Frage ist dahin zu beantworten, daß die Längsdisparation überhaupt keinen Tiefeneffekt hervorbringt, was sich aus eingehenden Untersuchungen ergeben hat.[1]

Es wurden an den vertikalen Kokonfäden, die wir im Haploskop früher zur Untersuchung des Einflusses der Querdisparation benützten, verschieden geformte Papierschnitzelchen in regelloser Anordnung angebracht und die Seitenfäden dann wieder in alle die Lagen gebracht, die sie, ehe die Schnitzel aufgeklebt waren, eingenommen hatten. Immer ergab sich, daß die hierdurch erzeugten Längsdisparationen ohne Wirkung blieben. Dasselbe negative Resultat zeigte sich bei der Verwendung von horizontalen Fäden, die den symmetrisch gestellten vertikalen Seitenfäden an deren vorderer Seite anlagen.[2] Die abweichenden Ergebnisse, zu denen HELMHOLTZ gelangt ist — er verwendete zur Erzeugung der Längsdisparation Glasperlen, die in Zwischenräumen von etwa 4 cm an den Vertikalfäden befestigt, somit regelmäßig angeordnet waren —, erklären sich durch den Einfluß der Perspektive, also eines empirischen Lokalisationsmotives.[3] Diese Deutung empfiehlt sich um so mehr, als der HELMHOLTZsche Versuch ebenso ausfällt, wenn man ihn monokular anstellt.

Da also nur die Querdisparation einen stereoskopischen Effekt hervorbringt, entspricht die Kernfläche dem Längshoropter. Hieran läßt sich eine interessante Überlegung knüpfen. Wir wissen, daß wir, wenn es kein Einfachsehen mit disparaten Netzhautstellen gäbe, nur flächenhaft sehen könnten und eine Netzhaut dann nur eine Wiederholung der andern wäre. Erst aus der Tatsache des korrespondierenden Empfindungskreises ergibt sich die Möglichkeit einer neuen Variablen; unser Sehen wird dreidimensional. Wenn wir aber nunmehr annehmen, daß nicht nur das Verschmelzen verschiedener Punkte, die (innerhalb des korrespondierenden Empfindungskreises) auf korrespondierenden Querschnitten, sondern auch das Verschmelzen von verschiedenen Punkten, die auf korrespondierenden Längsschnitten liegen, zu einem Variieren des gesehenen Ortes führt, so wäre die Gelegenheit zur Wahrnehmung einer vierten Dimension gegeben. Das ist aber nicht der Fall. Wir können somit sagen: daß der Sehraum dreidimensional ist, ist eine Folge zweier Umstände: 1. der Flächenhaftigkeit der Netzhäute; 2. der

---

[1] Die Stabilität der Raumwerte auf der Netzhaut. S. 25ff.
[2] Es ist auch bekannt, daß man Telegraphendrähte nicht in die Tiefe lokalisieren kann.
[3] Die Stabilität der Raumwerte auf der Netzhaut. S. 27ff.

Tatsache, daß die Querdisparation, aber auch nur die Querdisparation, einen lokalisatorischen Effekt hat.

Anmerkung der Herausgeberin

Die physiologische Tiefenempfindung verwertet Hillebrand für eine Theorie der scheinbaren Größe bei binokularem Sehen, d. h. er sucht das Verhältnis zwischen scheinbarer Größe und Größe des Netzhautbildes, das von der von vornherein zu erwartenden Proportionalität weit abweicht, mit Zuhilfenahme der Disparation zu erklären.[1]

Es ist seit langem bekannt, daß binokular betrachtete Objekte innerhalb gewisser Grenzen bei Annäherung an den Beobachter ungefähr gleich groß bleiben, obwohl das Netzhautbild und der demselben entsprechende Gesichtswinkel zunehmen.[2] *Entfernt man den Gegenstand immer weiter vom Beobachter, so wird er allmählich kleiner, d. h. sein Verhalten entspricht dann immer mehr den Gesetzen der Zentralprojektion. Jenseits der stereoskopischen Grenze und anscheinend auch bei monokularer Betrachtung, wenn alle empirischen Anhaltspunkte für die Empfindung von Entfernungsunterschieden ausgeschlossen sind, ist die scheinbare Größe nur mehr vom Gesichtswinkel abhängig.*

Hillebrand versuchte zunächst, um den Einfluß der binokularen Tiefenwahrnehmung auf die scheinbare Größe zu untersuchen, zwei nach der Tiefe zu verlaufende Fäden so einzustellen, daß sie parallel erschienen. Die Fäden müssen natürlich, um den Eindruck der Parallelität zu erzeugen, nach der Ferne zu divergent eingestellt werden, aber diese Divergenz ist nur gering und entspricht durchaus nicht einer Konstanz der Gesichtswinkel, unter denen die queren Abstände der Fäden gesehen werden. Diese Versuche erwiesen sich jedoch als ungeeignet, um die Beziehung zwischen Querdisparation und Gesichtswinkel abzuleiten, weil binokular betrachtete gerade Linien, die nach der Tiefe zu verlaufen, immer gekrümmt erscheinen. Daher führte Hillebrand sogenannte „Alleekurven" ein, d. h., er ersetzte die nach der Tiefe zu verlaufenden Fäden durch zwei Reihen vertikal herabhängender Fäden, die paarweise in verschiedenen Entfernungen vom Beobachter aufgehängt waren und nach der Seite hin solange verschoben werden konnten, bis der Beobachter den Gesamteindruck einer von ihm nach der Tiefe zu verlaufenden, zur Medianebene symmetrischen „Allee" hatte.

Es ergab sich, daß verschieden weit vom Beobachter entfernte Strecken dann gleich groß erscheinen, wenn die Unterschiede ihrer Gesichtswinkel den Unterschieden ihrer scheinbaren Entfernungen

---

[1] *Theorie der scheinbaren Größe bei binokularem Sehen.*

[2] *Hering: Beiträge z. Physiol. Leipzig 1861. 1. Heft, S. 14. Götz Martius: Über die scheinbare Größe der Gegenstände und ihre Beziehung zur Größe der Netzhautbilder. Wundts philos. Studien, Bd. 5, S. 601 ff. v. Kries: Beiträge zur Lehre vom Augenmaße. Beiträge z. Psych. u. Physiol. der Sinnesorgane, S. 14 ff., 1891.*

proportional sind, wobei der scheinbare Entfernungsunterschied durch die Disparation gemessen wird. *Hillebrand glaubte nachweisen zu können:*
1. *daß das Disparationsminimum einen annähernd konstanten Wert hat;*[1]
2. *daß das Verhältnis der beiden Drehungswinkel $\frac{\nu}{\mu}$ ein konstantes ist.*

Der Gang der Überlegung ist nun kurz der folgende: die Punktpaare AA', BB' und CC' (Abb. 37) liegen auf Horopterkreisen, d. h. die Punkte jedes einzelnen Paares haben nur einen Lateralabstand voneinander, weil jeder durch die Knotenpunkte k_m und k_{m1} gelegte Kreis der geometrische Ort aller wirklichen Punkte ist, die im Sehraum in frontalparallelen Ebenen erscheinen.[2] *Die Winkel φ sollen halbe Disparationsminima darstellen und sind als solche einander gleich,* d. h. der Tiefenabstand der Punkte A, B, C ist ein eben merklicher; dann muß nach der Voraussetzung auch der Tiefenabstand der Punkte A', B', C' ein eben merklicher und konstanter sein.

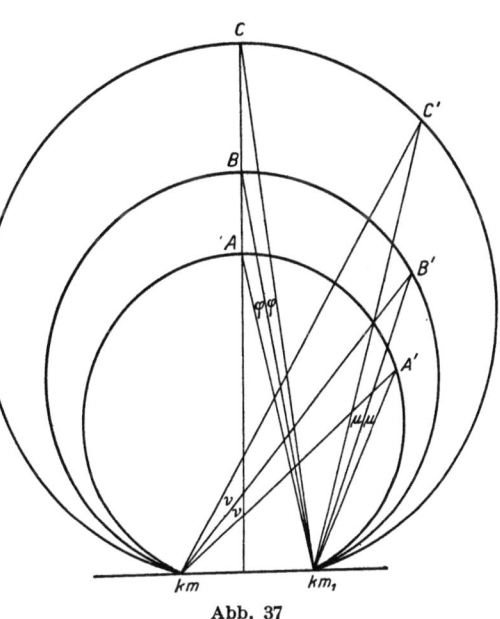

Abb. 37

A', B' und C' haben von der Mediane den gleichen scheinbaren Lateralabstand, sind also Punkte einer empirisch ermittelten Scheinallee. Der Gesichtswinkel, welcher den Lateralabstand des Punktes A' von der Mediane bestimmt, ist $A\,k_{m1}\,A'$. Der Gesichtswinkel, welcher den Lateralabstand von B' bestimmt, ist $B\,k_{m1}\,B'$. Der letztere ist also um den Betrag $(\varphi + \mu)$ kleiner als $A\,k_{m1}\,A'$, d. h. demselben scheinbaren Lateralwert entspricht ein in Wirklichkeit kleinerer

---

[1] Daß ebenmerkliche Tiefenunterschiede als gleich zu betrachten sind, gilt ihm als selbstverständlich, weil nach seiner Meinung der gegen Fechners Ableitung des psychophysischen Gesetzes erhobene Einwand, ebenmerkliche Unterschiede seien durchaus nicht immer gleich, hier nicht zutrifft. Handelt es sich hier doch um einen unmittelbar wahrgenommenen Ortsunterschied, nicht um das Bemerken von Zuwüchsen, also um einen mittelbar wahrgenommenen Größenunterschied zweier Strecken.

[2] Der Einfachheit wegen ist die Gültigkeit des Müllerschen Kreishoropters vorausgesetzt. Diese (empirisch unrichtige) Annahme kann ausgeschaltet werden, ohne daß die Theorie dadurch berührt wird.

Lateralwinkel. Das ist eine reine Erfahrungstatsache. Die Hypothese setzt ein mit der Annahme, daß der Gesichtswinkel des Punktes C', der um ein Disparationsminimum ferner liegt als B', wieder um ($\varphi + \mu$) kleiner ist als der Gesichtswinkel von B' und daß das selbe von jedem andern Punkt derselben scheinbaren Allee gilt, der eben merklich ferner liegt.

Wenn aber ($\varphi + \mu$) konstant ist, so muß, da nach der Voraussetzung φ ohnehin konstant ist, auch μ konstant sein; und da ($\nu - \mu$) — die Disparation zwischen A', B', bzw. B' und C' — konstant ist, ist auch ν konstant. Man hätte daher, um neue Punkte einer scheinbaren Allee zu finden, nur den vom linken Auge ausgehenden Strahl um den Winkel ν, den vom rechten Auge ausgehenden Strahl um den Winkel μ zu drehen, also derart, daß die beiden Drehungswinkel immer in dem konstanten Verhältnisse $\frac{\nu}{\mu}$ zu einander stehen, was mit den Tatsachen übereinstimmt.

Die obige Hypothese findet daher ihre experimentelle Verifizierung durch die Feststellung, daß für einen und denselben Beobachter und für eine und dieselbe Allee der Quotient $\frac{\nu}{\mu}$ wirklich einen konstanten Wert hat.

Gegen diese Theorie der scheinbaren Größe bei binokularem Sehen wurden verschiedene Einwände erhoben. Von den Angriffen gegen die Konstanz des Disparationsminimums war schon die Rede. v. Kries[1] und Poppelreuter[2] wenden sich nicht nur gegen die Konstanzannahme, sondern auch gegen die Gleichsetzung der eben merklichen Tiefenunterschiede. Es sei nicht richtig, daß gleichen Größen der Querdisparation gleiche Sehtiefen entsprechen, die Auswertung der Querdisparation sei vielmehr für verschiedene Sehtiefen verschieden. Dies scheint sich aus Versuchen Heines[3] und aus der durch v. Kries veranlaßten Dissertation Issels[4] zwingend zu ergeben.

Die Heranziehung des Disparationsminimums ist jedoch, wie Blumenfeld[5] richtig bemerkt, für die mathematische Entwicklung der Theorie ohne Bedeutung. Selbst wenn gleichen eben merklichen Tiefenunterschieden nicht gleiche Parallaxen entsprechen sollten, bleibt die Theorie Hillebrands erhalten, weil die in ihr ausgesprochene Beziehung zwischen Breiten- und Tiefenwerten innerhalb der Reize bestehen bleibt. Daß die Theorie eigentlich in dieser Relation liegt, hat Poppelreuter offenbar nicht erkannt. Was die von den Ergebnissen Hillebrands wenigstens teilweise

---

[1] *Referat über die Hillebrandsche Arbeit. Zeitschr. f. Psychol., Bd. 33, S. 366ff.*

[2] *Beiträge zur Raumpsychologie. Zeitschr. f. Psychol., Bd. 58, S. 200ff.*

[3] *Über: Orthoskopie usw. v. Graefes Archiv f. Ophth., Bd. 51, S. 563ff., 1900.*

[4] *Messende Versuche über binokulare Entfernungswahrnehmung. Freiburg 1907.*

[5] *Untersuchungen über d. scheinbare Größe im Sehraume. Zeitschr. f. Psychol., Bd. 65, S. 256.*

abweichenden Versuchsresultate betrifft, zu denen Poppelreuter und Blumenfeld gelangen, so ist zu bemerken, daß die Versuche Poppelreuters durch (absichtlich herangezogene) Erfahrungsmomente derart kompliziert sind, daß sich aus ihnen wohl überhaupt keine Schlüsse ziehen lassen. Blumenfeld aber dürfte mit der Annahme im Rechte sein, daß die Art der Einstellung (das Verhalten der Aufmerksamkeit) auf die Versuchsergebnisse einen wesentlichen Einfluß ausübt. Die Resultate Hillebrands sind meist bei Fixation eines median in der Entfernung des fernsten Fadenpaares in Augenhöhe angebrachten Zeichens gewonnen. Er hatte aber neben diesen Hauptversuchen Einstellungen mit bewegtem Blick machen lassen, in denen die Versuchsperson den Eindruck der ganzen Allee auf einmal auf sich einwirken ließ und die einzelnen Fäden so einzustellen trachtete, daß der Gesamteindruck einer parallel zur Medianebene verlaufenden Ebene entstand und andere, in denen sie, die Mitte je eines Fadenpaares fixierend, die Seitendistanzen gleichzumachen suchte. Blumenfeld bestätigte und erweiterte das Ergebnis von Hillebrand, daß diese „Parallel-" und „Distanzeinstellungen" — die Bezeichnungen stammen von Blumenfeld — zu ganz verschiedenen Alleen führen. Die Verschiedenheiten in den Versuchsergebnissen finden auf diese Weise eine Erklärung. Es wird Sache einer späteren Untersuchung sein, den tieferen Grund dieser Verhältnisse aufzudecken.

4. Die Lokalisation des Kernpunktes

In Betreff der Tiefenwahrnehmung wissen wir jetzt Folgendes: alles was im Horopter liegt, wird in der Kernfläche gesehen, was innerhalb des Horopters liegt, bildet sich mit gekreuzter Disparation ab und wird näher gesehen, was außerhalb des Horopters liegt, bildet sich mit ungekreuzter Disparation ab und wird ferner gesehen als die Kernfläche.

So wäre dem ganzen System der wirklichen Objekte ein bestimmtes System der Sehobjekte zugeordnet. Wir können die Lokalisation jedes Punktes erklären aus den spezifischen Ortsenergien derjenigen zwei Netzhautstellen, auf denen er sich abbildet, aber immer nur relativ zum scheinbaren Ort des fixierten Punktes, also relativ zum Kernpunkt. **Aber wohin lokalisieren wir den Kernpunkt?** Müssen hier ganz neue Quellen der Lokalisation angenommen werden oder nicht?

Gewöhnlich wird die Ansicht vertreten, daß der Ort des fixierten Punktes selbst überhaupt nicht durch optische Mittel bestimmt wird, sondern in irgend einem Zusammenhang mit der Konvergenz der Gesichtslinien, bzw. mit der Akkommodation[1] steht. Und zwar ist die Auf-

---

[1] Diese sind wegen der bekannten physiologischen Assoziation nicht zu trennen; es könnte also, wenn Entfernungsunterschiede beim Akkommodationswechsel erkennbar wären, der Grund entweder in der Akkomodation oder in der gleichzeitigen Konvergenz liegen.

fassung, daß wir uns der Konvergenz- oder Akkommodationsänderungen durch Muskelempfindungen (Muskelgefühle), also auf zentripetalem Wege bewußt werden, am meisten verbreitet. Diese Empfindungen sollen entweder selbst räumlich bestimmt oder von Raumempfindungen assoziativ begleitet sein. Doch wird auch die Meinung vertreten, daß schon mit der Innervation zur Konvergenz (bzw. mit dem Nachlassen der Innervation) eine Tiefenempfindung gegeben sei; in diesem Falle würde es sich um eine zentral erzeugte Empfindung handeln.

Es ist nun vielfach untersucht worden, was Konvergenz und Akkommodation für die Tiefenlokalisation eigentlich leisten.[1] Die Literatur über diese Frage bringt eine verwirrende Menge von Angaben; diese Verwirrung löst sich aber sehr einfach, wenn man die Versuche in Gruppen teilt und dann analysiert.

1. Gruppe (Binokulare und monokulare Versuche bei konvergenten, ruhenden Gesichtslinien; Lokalisation sehr unsicher).

Soll man von einem im Dunkelraum binokular oder monokular fixierten, einzigen Lichtpunkt aussagen, wie weit entfernt er ist, so zeigt sich, daß viele überhaupt nicht imstande sind, ein Urteil über die Entfernung abzugeben und daß jene, die eines abgeben, bei konstanten äußeren Verhältnissen Verschiedenes aussagen.

WUNDT[2] wollte die Entfernung eines einzelnen vertikalen Fadens durch eine Röhre blickend mit Hilfe eines in der Hand gehaltenen Maßstabes abschätzen. Es zeigte sich, daß er dabei die Entfernungen enorm unterschätzte, so daß er zu der Überzeugung gelangte, ,,daß es durchaus unmöglich ist, hiebei ein Urteil über die absolute Entfernung zu fällen". HELMHOLTZ[3] versuchte, auf einen solchen Faden von der Seite her mit einem Bleistift zu stoßen und stieß immer hinter dem Faden vorbei.

Versuche von DONDERS[4] ergaben teils Unterschätzung, teils Über-

---

[1] HILLEBRAND hat zu dieser Frage in zwei Abhandlungen: Das Verhältnis von Akkommodation und Konvergenz zur Tiefenlokalisation und: In Sachen der optischen Tiefenlokalisation Stellung genommen. Er gelangt zu dem Resultat, daß Akkommodation und Konvergenz keinen Einfluß auf die Tiefenlokalisation haben. In der zweiten Abhandlung werden die Einwände DIXONS: On the Relation of Accommodation and Convergence to our Sense of Depth (Mind, New Series, Bd. 4, S. 195ff.) und ARRERS: Über die Bedeutung der Akkommodations- und Konvergenzbewegungen für die Tiefenwahrnehmung (Wundts Philos. Studien, Bd. 13, S. 116ff. und S. 122ff.) eingehend geprüft und zurückgewiesen.

[2] Beiträge zur Theorie der Sinneswahrnehmung. Leipzig und Heidelberg 1862, zuerst erschienen in der Zeitschr. für rationelle Medizin von HENLE und PFEUFFER, III. Reihe.

[3] Physiolog. Optik. 2. Aufl. S. 796ff.

[4] Die Projektion der Gesichtserscheinungen nach den Richtungslinien. v. GRAEFES Archiv. f. Ophth., Bd. 17 (2), 1871.

schätzung der Entfernungen, BAIRD[1] fand stets eine geringe Unterschätzung.

Es ist also unser Urteil über die Entfernung eines einzigen Lichtpunktes im Dunkelraum bei ruhenden Gesichtslinien sehr unsicher.

2. Gruppe (Binokulare Versuche; Konvergenzänderungen und Disparation; genaue Lokalisation).

Wenn man im absolut dunklen Raum einen Lichtpunkt binokular fixiert, nunmehr aber diesen Punkt nähert oder entfernt, so zeigt sich, daß man über die Näherung oder Entfernung sehr genaue Angaben machen kann. Dies ist von WUNDT auf die mit den Konvergenzänderungen verbundenen Muskelgefühle zurückgeführt worden, aber es ist ganz überflüssig, unbewiesene Muskelempfindungen zur Erklärung heranzuziehen, da die ganze Lokalisation in diesen Fällen durch das bereits bekannte Moment der Parallaxe hinreichend erklärt wird.

Wenn der Lichtpunkt den Horopter verläßt, so bildet er sich sofort mit einer gekreuzten oder ungekreuzten Disparation ab und erhält einen Nah- oder Fernwert, wodurch der Anstoß zur Vermehrung oder Verminderung der Konvergenz erteilt wird; das Primäre ist also die Disparation und erst hinterher gehen wir mit den Gesichtslinien nach.

3. Gruppe (Monokulare Versuche; keine Disparation; Lokalisation trotz Konvergenzänderung unmöglich).

Wenn man den Einfluß der Akkommodation und Konvergenz auf die Tiefenlokalisation untersuchen will, so muß man die Versuche monokular machen, d. h. man muß sich einer Versuchsanordnung bedienen, bei der alle Lokalisationsmomente mit Ausnahme der Akkommodation und der mit ihr trotz Verschluß des anderen Auges assoziierten Konvergenz ausgeschlossen sind. Binokulare Versuche sind gänzlich ungeeignet, weil immer das höchst empfindliche Reagens der Disparation zur Wirkung gelangt. Bei monokularen Versuchen muß aber auch darauf geachtet werden, daß alle empirischen Lokalisationsmotive ferngehalten werden.

Am empfehlenswertesten zur Verwendung als Fixationsobjekte sind haarscharf geschnittene Kanten,[2] die sich von einem beleuchteten Hintergrund abheben und beliebig verschoben werden können. Es zeigte sich nun, daß der Beobachter bei monokularer Betrachtung sowohl über die absolute Entfernung wie über die kontinuierliche Entfernungsänderung der bewegten Kante (oder eines Lichtpunktes) gar nichts Bestimmtes aussagen kann, obwohl er das Objekt während der Bewegung fixiert und ihm mit der Akkommodation folgt, wobei das vom Sehakt ausge-

---

[1] The influence of accommodation and convergence upon the perception of depth. Americ. Journ. Psychol., Bd. 14, S. 150ff., 1903.

[2] Vgl. darüber und über die Vermeidung aller Versuchsfehler die Abhandlung: Das Verhältnis von Akk. und Konv. zur Tiefenlokalisation. S. 108ff.

schlossene Auge unter der Binde die der Akkommodation entsprechenden Konvergenzgrade durchläuft. Wenn es somit die mit der Akkommodation oder Konvergenz verbundenen Muskelgefühle wären, welche die Lokalisation bestimmen, so müßten auch bei monokularer Betrachtung bestimmte Aussagen über die absolute Entfernung und über die Entfernungsänderungen des fixierten Objektes möglich sein.

Daß WUNDT bei seinen monokularen Versuchen doch Angaben — wenn auch nur sehr grober Art — über Entfernungsänderungen machen konnte, erklärt sich durch ein empirisches Lokalisationsmotiv, nämlich dadurch, daß die Fäden, mit denen er arbeitete, ihre scheinbare Dicke änderten, wenn sie verschoben wurden.

Bei abruptem Wechsel der Akkommodation (wenn man das zuerst fixierte Objekt rasch durch ein zweites von anderer Entfernung ersetzt) werden Tiefenunterschiede innerhalb gewisser Grenzen allerdings auch bei monokularer Betrachtung erkannt, aber dies hat zweifellos seinen Grund darin, daß der Beobachter im Bestreben des Deutlichsehens den Akkommodationsapparat willkürlich in Tätigkeit setzt und aus dem Größer- bzw. Kleinerwerden der Zerstreuungskreise erkennt, ob die Richtung der Änderung die passende war; es wird also durch abwechselndes Einstellen der Akkommodation auf Nähe und Ferne die richtige Einstellung ausprobiert.

Es ergibt sich demnach durch genaue Analyse der Versuchsergebnisse zwingend, daß nicht in irgendwelchen durch Konvergenz- bzw. Akkommodationsänderungen hervorgerufenen Empfindungen die Quelle für unsere „absolute" Tiefenlokalisation liegen kann, denn wenn Konvergenz und Akkommodation wirklich isoliert werden, so ist eine Tiefenlokalisation unmöglich oder doch höchst unsicher. Zu einer ähnlichen Auffassung gelangt HOFMANN.[1] „Überblicken wir die Gesamtheit der Versuche, so finden wir, daß je exakter sie angestellt sind, desto mehr die Anzeichen für ein Erkennen von Tiefenunterschieden mittels der Akkommodation und Konvergenz zurücktreten." HOFMANN sieht — wie HERING — in den Konvergenzbewegungen nicht die Ursache der Tiefenempfindung, sondern ihre Folge.

Wie kommt es nun aber, daß, wenn Akkommodation und Konvergenz für die Tiefenempfindung nichts leisten, man im gewöhnlichen Leben doch alle Gegenstände, die im Gesichtsfeld liegen, mit voller Sicherheit nach allen drei Dimensionen, also auch nach der Tiefe, lokalisiert? Das setzt doch voraus, daß gerade der Kernpunkt eine bestimmte (absolute) Lokalisation erfährt, weil ja alle anderen Punkte relativ zum Kernpunkt lokalisiert werden.

Hier werden wir zuerst eine begriffliche Richtigstellung vornehmen

---

[1] Raumsinn, S. 474.

müssen. Dürfen wir wirklich sagen: wir lokalisieren den Kernpunkt absolut? Wir nennen ein Objekt absolut lokalisiert, wenn seine Lokalisation ohne die Lokalisation eines zweiten Objektes erfolgt. Der sprachliche Ausdruck einer solchen absoluten Lokalisation ist das individuelle „hier". Hingegen wäre „links" eine relative Lokalisation, ebenso „median" (mitten im Sehfeld), „näher", „ferner", „oben", „unten". Könnten wir die wirklichen Orte erkennen, so wären das lauter absolute Orte; wir könnten aber auf dieser Basis auch Ortsrelationen erkennen (denn auch ein wirklicher Ort hat eine Relation zu einem anderen wirklichen Ort). **Aber wir erkennen nicht die wirklichen Orte, sondern nur die Sehorte, und die Sehorte erkennen wir nur in ihrer Relation zum Ort unseres Körpers.**[1] Ein Gegenstand in einem fahrenden Eisenbahnwagen hat immer denselben Sehort, wenn er innerhalb des Wagens ruht und auch wir in Ruhe sind. Seinen wirklichen Ort ändert er während der ganzen Fahrt, davon merken wir aber nichts. Der Sehort eines Gegenstandes bleibt also derselbe, wenn die Relation des wirklichen Ortes eines Gegenstandes zum wirklichen Ort unseres Körpers sich nicht ändert. Nur wenn ich innerhalb des Wagens diese Relation änderte, z. B. durch Annäherung an den Gegenstand, würde der Sehort ein anderer werden.

„Absolut lokalisieren" heißt also eigentlich „relativ zu mir" (d. h. zu meinem Körper) lokalisieren. Aber sehen wir denn überhaupt unsern eigenen Körper oder wenigstens Teile desselben? Unter gewöhnlichen Verhältnissen, d. h. im erleuchteten und offenen Gesichtsfeld sehen wir nicht nur ein Außenobjekt, sondern auch Teile unseres Körpers; im Dunkelraum oder bei Anwendung von Röhren schließen wir das Bild unseres eigenen Körpers aus. Im ersteren Falle lokalisieren wir ein Objekt mit großer Bestimmtheit, im letzteren sind wir dazu nicht imstande. Daraus ist zu erschließen, daß die Lokalisation des fixierten Objektes davon abhängt, daß wir auch Teile unseres Körpers sehen. Wenn wir aber alle Objekte (also auch das fixierte) bloß relativ zu unserem gesehenen Körper lokalisieren, ist es offenbar falsch, nach der „absoluten" Lokalisation des Kernpunktes zu fragen. Eine solche existiert gar nicht und es erübrigt sich daher die Frage nach ihrem Zustandekommen.

Zu erklären haben wir also überhaupt nur die Lokalisation des fixierten Punktes relativ zu unserem Körper und wir werden uns zu fragen haben, ob wir zur Erklärung dieser relativen Lokalisation neue Mittel überhaupt brauchen (wie z. B. Konvergenz oder Akkommodation),

---

[1] Gemeint ist hier das ganze System der scheinbaren Orte. Jeder Punkt innerhalb eines gegebenen Sehfeldes muß eine absolute Position haben, da ihm sonst auch keine relativen Bestimmungen zukommen könnten. Jede Relation, also auch die räumliche, ist ja etwas Sekundäres gegenüber den primären Daten, zwischen denen sie statt hat.

oder ob wir mit dem Mittel der Disparation ausreichen, das sich ja für die relative Lokalisation bisher als ausreichend erwiesen hat?

Die Disparation ermöglicht es, ein Objekt näher zu sehen als den Kernpunkt, und zwar um so näher, je größer die gekreuzte Disparation ist, d. h. die Größe der Disparation bestimmt genau die (relativ zum Kernpunkt gesehene) Nähe eines Objektes. Die im erleuchteten Raum gesehenen Teile unseres Körpers bilden sich nun in der Regel mit gekreuzter Disparation ab, weil der fixierte Punkt gewöhnlich weiter entfernt ist als die sichtbaren Körperteile. Wir sind also imstande, die sichtbaren Teile unseres eigenen Körpers relativ zum fixierten Punkt zu lokalisieren. Dann sind wir aber auch imstande, den fixierten Punkt relativ zu den sichtbaren Teilen unseres Körpers zu lokalisieren, wir brauchen bloß die Relation umzukehren. Offenbar ist es ja dasselbe, ob ich sage „mein Körper (soweit ich ihn sehe) erscheint um 1 m näher als der fixierte Punkt" oder „der fixierte Punkt erscheint um 1 m ferner als mein sichtbarer Körper". Ich brauche also keine neuen Faktoren neben der Disparation, um die scheinbare Entfernung des fixierten Punktes von meinem Körper zu erkennen und die Lokalisation des fixierten Punktes (Kernpunktes) bietet keine Schwierigkeiten mehr, wenn wir sie als Lokalisation relativ zu unserem „körperlichen Ich" (d. h. zu den sichtbaren Teilen des eigenen Körpers) auffassen.[2] Diese Annahme ist aber sehr plausibel, denn erstens erklärt sie ganz ungezwungen, warum der fixierte Punkt immer dieselbe scheinbare Lage hat, solange er im wirklichen Raum seine relative Lage zu unserem Körper nicht ändert. Die Konstanz der relativen Lage bedingt die Konstanz der Disparation. Und zweitens erklärt sich dadurch, warum wir den fixierten Punkt so unsicher lokalisieren, wenn von unserem Körper nichts sichtbar ist, also z. B. im absolut dunklen Raume oder wenn wir durch Röhren, Diaphragmen u. dgl. uns den Anblick eigener Körperteile entziehen.

Die Verlegenheit, die das Problem der Lokalisation des Kernpunktes bereitete, hat ihren Ursprung außer in der irreführenden Bezeichnung „absolute Lokalisation" zweifellos auch noch in dem Umstand, daß man den Kernpunkt als Nullpunkt der Tiefenwahrnehmung auffaßte. Es gibt aber im Sehraum überhaupt keinen Nullpunkt und keine positiven und negativen Raumwerte; in bezug auf mich (d. h. meinen Körper) ist jeder Punkt „fern", der eine mehr, der andere weniger. Nur in der Reihe der Ursachen unserer verschiedenen Fernempfindungen kann man den

---

[2] Wenn das Mittel der Disparation ausreicht, um nicht nur die Lokalisation der Objekte relativ zur Kernfläche, sondern auch die Lokalisation der Kernfläche selbst zu erklären, so versteht es sich von selbst, daß man nicht, wie v. KRIES es tut (Allgemeine Sinnesphysiologie. Leipzig, Vogel 1923, S. 221), die relative und die sogenannte absolute optische Lokalisation als zwei verschiedene Arten des Sehens, die sich im Laufe der Entwicklung gegenseitig ablösen, einander gegenüberstellen darf.

Kernpunkt als Nullpunkt bezeichnen, weil hier die gekreuzte Disparation in die ungekreuzte übergeht.¹

Bei weit entfernten Fixationsobjekten genügt es allerdings nicht, Teile des eigenen Körpers zu sehen, weil sich diese mit so großer Disparation abbilden, daß sie in Doppelbilder zerfallen und außerdem die Doppelbilder sehr exzentrisch liegen und daher undeutlich sind. In diesem Falle lokalisiert man nur dann mit Sicherheit, wenn zwischen dem fixierten Objekt und dem eigenen Körper noch andere sichtbare Gegenstände liegen und der Blick längs diesen Objekten wandern kann. Die Lokalisation geschieht dann durch eine rasche Aneinanderreihung von Entfernungsunterschieden; jedes einzelne der zwischenliegenden Objekte wird relativ zu seinen unmittelbaren Nachbarn noch deutlich gesehen und zerfällt noch nicht in Doppelbilder. Das Prinzip bleibt aber dasselbe: die Lokalisation des Kernpunktes relativ zum Ich ist nur die Umkehrung der Lokalisation des Ich relativ zum Kernpunkt.

Anmerkung der Herausgeberin

Hofmann stimmt mit Hillebrand darin überein, daß die Lokalisation des Kernpunktes, die er im Anschluß an G. E. Müller als egozentrische Lokalisation bezeichnet, ebenfalls nur eine relative ist.² Man könnte geneigt sein, eine vollständige Übereinstimmung zwischen ihm und Hillebrand anzunehmen, weil das „eigene Ich" wie bei diesem den Ausgangspunkt der Lokalisation bilden soll, aber Hofmann nimmt nicht nur die sichtbaren, mit einer bestimmten Disparation sich abbildenden Teile unseres Körpers für die Ausbildung der Tiefenlokalisation in Anspruch, „wir ergänzen in der Vorstellung³.... die Gesamtheit unseres Körpers";⁴ ja er ist sogar der Meinung, daß die auf außeroptischem Wege zustande gekommenen Vorstellungen bei der Entwicklung der „egozentrischen" Lokalisation eine ausschlaggebende Rolle spielen. Sagt er doch, daß wir alle Momente, welche die Vorstellung von der Lage des Kopfes irgendwie lebendiger zu machen geeignet sind, auf das sorgfältigste verwerten.⁵ Hier wird also die Lokalisation des Kernpunktes nicht mehr auf die Disparation allein zurückgeführt und somit als rein relative Lokalisation aufgefaßt. Für Hofmann nimmt vielmehr das „eigene Ich" eine bestimmte (absolute) Lage im wirklichen Raum ein, während für Hillebrand die Lage des Körpers im wirklichen Raum gar nicht in Betracht kommt.⁶

---

¹ Vgl.: In Sachen der optischen Tiefenlokalisation. S. 138ff.
² *Raumsinn, S. 468.*
³ *Von mir gesperrt.*
⁴ *A. a. O., S. 352.*
⁵ *Über die Grundlagen der egozentrischen (absoluten) Lokalisation. Skand. Arch. f. Physiol., Bd. 43, S. 25, 1923.*
⁶ *Vgl.: Kritischer Nachtrag zur Lehre von der Objektruhe usw., S. 190.*

B. Die empirischen Lokalisationsmotive

Wir haben bisher nur von der Tiefenlokalisation gesprochen, wie sie sich physiologisch, d. h. aus der Art des Reizes ergibt. Daß sie aber außer durch die Besonderheit des Reizes offenbar noch durch andere, im individuellen Leben erworbene Motive mitbestimmt wird, ergibt sich aus folgenden Gründen:

1. Wir haben Tiefenempfindungen auch bei monokularer Betrachtung, bei der es keine Disparation gibt.

2. Wir sehen in der Regel auch Tiefenunterschiede, wenn die Objekte jenseits der stereoskopischen Grenze liegen.

3. Jeder Maler kann den Eindruck der Körperlichkeit erzeugen, obwohl ihm nur ein flächenhaftes Gebilde zur Verfügung steht.

Wie ist das zu erklären? Wenn die Disparation eine Tiefenempfindung erzeugt, so sind häufig gewisse Begleiterscheinungen mitgegeben und diese können mit der Tiefenempfindung so fest assoziiert sein, daß sie schließlich allein genügen, um sie hervorzurufen. Folgendes Beispiel wird das klar machen: ein Mensch steht hinter einem Schlagbaum. Der Schlagbaum wird näher gesehen, weil er sich mit gekreuzter Disparation abbildet, zugleich verdeckt er den Menschen teilweise, so daß dieser in zwei Teile zerfällt. Steht der Mensch vor dem Schlagbaum, so bildet sich der Schlagbaum mit ungekreuzter Disparation ab und wird daher ferner gesehen. Zugleich wird aber jetzt ein Teil des Schlagbaumes durch den Menschen verdeckt und der Schlagbaum zerfällt in zwei getrennte Teile. Diese partielle Deckung des einen Gegenstandes durch den andren ist immer mitgegeben, wenn ein Mensch vor oder hinter einem Schlagbaum steht und dieser ständige Begleitumstand kann die Tiefenempfindung auch dann hervorrufen, wenn die Disparation vollständig fehlt, z. B. bei der flächenhaften Darstellung eines hinter einem Schlagbaum stehenden Menschen.

Die Frage ist nur: sehen wir in solchen Fällen das eine Objekt näher als das andere, oder urteilen wir bloß, daß es näher sei?

Offenbar das erstere. Die Modifikation des Empfindungsinhaltes ist anschaulich und tritt mit der ganzen Energie eines sinnlichen Eindruckes auf. Mit anderen Worten: es handelt sich nicht um ein bloß abstraktes Wissen von den wirklichen Raumverhältnissen, sondern um ein verändertes räumliches Sehen.[1]

Physiologisch kann man sich die Wirkung von Erfahrungen sehr wohl, wie HERING das getan hat, als eine **Umstimmung der Sehsubstanz** denken. Die Empfindung ist also nicht nur durch den Reiz (die periphere Erregung), sondern auch durch die Beschaffenheit der physiologischen Substanz bedingt. Wenn sich aber die Beschaffenheit

---

[1] Vgl. Die Stabilität der Raumwerte auf der Netzhaut, S. 4ff.

der Sehsubstanz selbst geändert hat, so wird verständlich, daß sie auf denselben Reiz in verschiedener Weise reagieren kann und daß zwischen dem ersten Sehakt des Neugeborenen und einem beliebigen Sehakt des Erwachsenen ein Unterschied besteht. Die unsere Raumanschauung betreffenden Änderungen der Sehsubstanz durch im Laufe des Lebens erworbene Erfahrungen bezeichnet man als **empirische Motive der Lokalisation**. Man nennt sie auch **sekundär**, weil sie die Tiefenanschauung nicht produzieren, sondern nur reproduzieren. Wäre eine aus der primären Quelle der Parallaxe stammende Tiefenanschauung nicht schon vorhanden, so könnte sie niemals auf Grund indirekter Zeichen (wie z. B. der partiellen Verdeckung) auftreten. In bezug auf die sinnliche Anschaulichkeit sind also die sekundären Lokalisationsmotive den primären gleichwertig, genetisch sind sie es aber nicht.

Die wichtigsten empirischen Lokalisationsmotive sind die folgenden:

Die Linearperspektive. Die Linearperspektive hat den Zweck, bei Darbietung eines ebenen Objektes (Gemälde, Photographie) die Empfindung des Körperlichen hervorzurufen; sie muß diesen Zweck schon monokular erreichen. Das Mittel besteht zunächst darin, daß man mit einer ebenen Darstellung dasselbe monokulare Netzhautbild erzeugt, welches durch das körperliche Objekt hervorgerufen wird. Das wird geometrisch dadurch erreicht, daß man das körperliche Objekt aus dem mittleren Knotenpunkt auf eine Ebene projiziert (Zentralprojektion).[1]

Da die gereizten Netzhautstellen eines Auges nur für die Richtung des Gesehenen entscheidend sind, nicht aber für Entfernungen, so ist das Netzhautbild monokular unendlich vieldeutig; denn die zu jeder Sehrichtung gehörige Ortsempfindung könnte in jede beliebige Entfernung lokalisiert werden. Wenn also (Abb. 38a) das Kreuz $ABCD$ seine vier Endpunkte auf den Netzhautstellen $a\,b\,c\,d$ abbildet, so wäre dieselbe Abbildung auch zu erreichen durch die in Abb. 38b dargestellte Zentralprojektion auf die Ebene MM_1; denn auch hier werden die Netzhautstellen $a\,b\,c\,d$ gereizt. Da die Entfernungen durch diese Netzhautbilder gänzlich unbestimmt gelassen sind, könnten die Punkte $ABCD$ auch in die Ebene MM_1 lokalisiert werden. Aber es könnte auch jeder Punkt in eine beliebige andere Entfernung auf seiner Sehrichtungslinie lokalisiert werden.

Es könnten also prinzipiell unendlich viele Kreuze mit den verschiedensten Schnittverhältnissen und auch mit den verschiedensten Winkeln der beiden Balken gesehen werden. Das psychologische Problem der Perspektive ist nun: warum wird aus diesen unendlich zahlreichen Möglichkeiten gerade eine ausgewählt und welche ist diese eine? Die Antwort lautet: es wird diejenige Lokalisation aus den unendlich vielen

---

[1] Vgl. S. 122.

Möglichkeiten ausgewählt, welche bei binokularer Beobachtung und daher bei Wirksamkeit der Parallaxe realisiert sein würde. Daher wird die Strecke CD senkrecht auf AB gesehen, und zwar so, daß sich die beiden Strecken gegenseitig halbieren. Es wird also assoziativ eine Lokalisation erzeugt, die lediglich vom Reiz aus nicht zustande kommen würde, und dabei wirkt die binokulare Erfahrung im Sinne einer eindeutigen Auswahl. Bei unbekannten Gegenständen versagt die Linearperspektive begreiflicherweise vollständig.

Genau dasselbe Kreuz braucht man im früheren Leben nicht gesehen zu haben. Aber in unserer Wahrnehmungswelt prädominieren die rechten

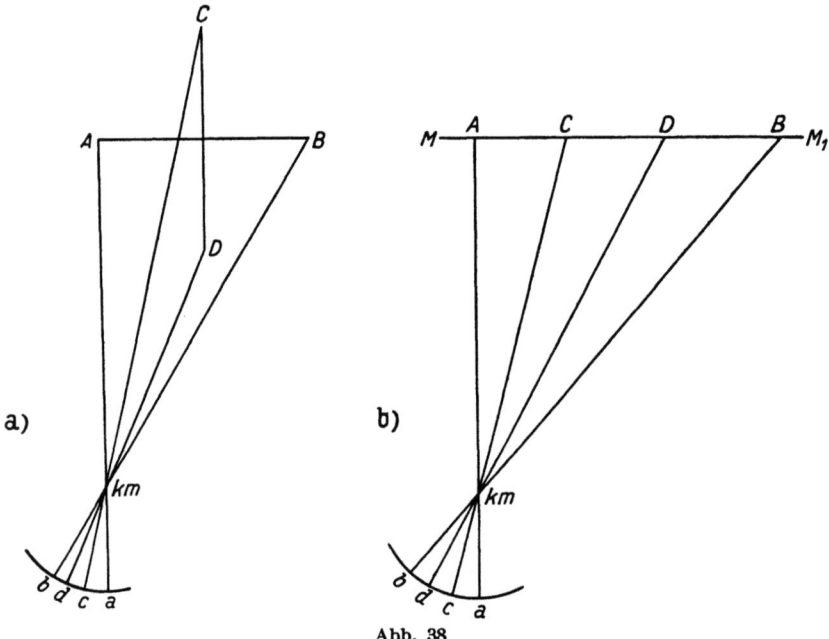

Abb. 38

Winkel so sehr, daß aus den unendlich vielen Lokalisationen, die bei einer schiefwinkligen Zentralprojektion möglich wären, im allgemeinen diejenige körperliche Lokalisation ausgewählt wird, bei welcher die schiefen Winkel als rechte, aber mit Tiefenerstreckung, erscheinen.

Nun könnte man freilich einwenden, daß Gemälde, Photographien usw. doch auch binokular betrachtet werden und hier die Wirkung die sein müßte, daß sie in der Ebene der Leinwand oder des Papieres gesehen werden, sie erscheinen aber plastisch. Das ist richtig. Aber wir wissen, daß assoziative Faktoren nicht immer bloß als Zutaten auftreten, sondern daß sie mit Merkmalen der Empfindung auch in Konflikt geraten und diese überwinden können. Dies ist z. B. der Fall bei den assimilativen

Assoziationen. Falsch gedruckte Wörter werden richtig gelesen, es werden aber auch Wörter falsch gelesen, wenn die Assoziation ein bestimmtes Wort nahe legt, das anders ist als das gedruckte. Die empirischen Lokalisationsmotive streben auf reproduktivem Wege das Gemälde plastisch erscheinen zu lassen, die Binokularparallaxe will es eben erscheinen lassen. Der Effekt ist, daß es plastisch erscheint, aber nicht so plastisch, wie die empirischen Motive es erscheinen ließen, wenn sie ungestört wären. Man sieht also Gemälde, Photographien usw. plastischer, wenn man sie monokular betrachtet, weil hier die dritte Dimension eine freie Stelle ist, die assoziativ besetzt werden kann.

Verteilung von Licht und Schatten. Eine ebene Kreisfläche kann durch entsprechende Abtönung den Eindruck einer Kugel hervorrufen. Hier wirkt die Färbung modifizierend auf das räumliche Sehen. Es ist klar, daß wir es auch hier mit einem empirischen Lokalisationsmotiv zu tun haben; die Plastik wird dadurch erreicht, daß wir Erfahrungen darüber besitzen, wie Licht und Dunkel sich auf bestimmten körperlichen Gegenständen abstufen.

Die Luftperspektive. Das Licht, das von fernen Gegenständen zu uns gelangt, ist in der Regel durch die Absorption der dazwischen liegenden trüben Luftschichten in seiner Zusammensetzung geändert. Bekannt ist die blaue Färbung ferner Gebirgszüge. Der Maler erzeugt durch diese an und für sich rein qualitativen Empfindungen den Eindruck weit entfernter hoher Berge.

Die beiden letztgenannten Lokalisationsmotive könnte man zusammenfassend so charakterisieren, daß die verschiedene Helligkeit der Objekte einen Anhaltspunkt für die Entfernungsschätzung bietet.[1]

Viel weniger bekannt ist eine Erscheinung, die das Gegenstück dazu bildet, daß man durch rein qualitative Mittel (Farbe und Helligkeit) eine anschauliche Modifikation der Raumdaten hervorbringen kann. Es kann nämlich unter Umständen das räumliche Sehen auf die Farbe modifizierend wirken. Hält man, mit dem Rücken gegen das Fenster stehend, ein dunkelgraues Papier nahe vor sich hin und betrachtet binokular abwechselnd das Papier und die weit dahinter liegende weiß getünchte Wand, so sieht man das nahe Papier dunkler als die ferne Wand, obwohl man den Versuch leicht so einrichten kann, daß das graue Papier infolge der Nähe des Fensters viel mehr Licht aussendet als die weiße Wand im Hintergrunde (was mit jedem Photometer gemessen werden kann). Sobald aber monokular und bei ruhendem Kopf die Grenzlinie zwischen Papier und Wand betrachtet wird und es gelingt,

---

[1] Von zwei verschieden hellen Lichtpunkten im Dunkelzimmer wird der hellere gewöhnlich für näher gehalten als der dunklere. Vgl. FRÖHLICH: Unter welchen Umständen erscheinen Doppelbilder in ungleichen Abständen vom Beobachter? v. GRAEFES Arch. f. Ophth., Bd. 41, 4, S. 134ff., 1895. BOURDON: La perception monoculaire de la profondeur. Revue philosoph. Bd. 46, 1898. ASHLEY: Concerning the significance of intensity of light in visual estimates of depth. Psychol. review. Bd. 5, 1908.

beide in einer und derselben Entfernung zu sehen (unmittelbares Aneinandergrenzen der beiden Flächen, Beobachtung durch eine Röhre, deren Gesichtsfeld halb von der einen, halb von der anderen Fläche ausgefüllt wird), so erscheint das Papier heller als die Wand.[1]

Das Erkennen von Einzelheiten. Bei großer Entfernung des Gegenstandes verschwinden Einzelheiten, die wir auf Grund früherer Erfahrungen als vorhanden voraussetzen. Durch Vernachlässigung der Details kann man daher den Eindruck großer Entfernung erzeugen. Durch dieses Moment können sehr leicht Täuschungen hervorgerufen werden, wenn nämlich nicht die große Entfernung, sondern andere Ursachen es sind, welche die Einzelheiten verschwommen machen oder gänzlich verschwinden lassen. Dies ist der Fall bei ungewöhnlicher Trübung der Medien, z. B. beim Nebel. Das Nichtbemerken von Einzelheiten an einer menschlichen Gestalt, die wir bei starkem Nebel sehen, läßt uns die Entfernung dieser Gestalt überschätzen. Dies hat noch eine weitere Folge. Da nämlich ein entfernter Gegenstand notwendig größer sein muß als ein näherer, wenn er unter gleichem Gesichtswinkel gesehen wird, so halten wir die menschliche Gestalt für größer als wir sie schätzen würden, wenn kein Nebel vorhanden wäre.

Bekanntschaft mit den wirklichen Größenverhältnissen. Denken wir uns, ein Landschaftsmaler wolle einen Almboden darstellen. Wenn er eine Kuh so malt, daß sie unter größerem Gesichtswinkel erscheint als die Almhütte, so erzeugt er dadurch den Eindruck, daß die Kuh näher ist als die Hütte; er kann also durch entsprechende Größenverhältnisse den Eindruck verschiedener Entfernungen hervorbringen.[2] Aber das ist nur möglich, weil wir wissen, daß eine Almhütte größer ist als eine Kuh, bei unbekannten Gegenständen versagt dieses Mittel vollständig. Daraus erklären sich die Schwierigkeiten, in denen sich der hochalpine Maler befindet, dem auch die anderen sekundären Lokalisationsmotive nur in sehr beschränktem Maße zur Verfügung stehen.

Partielle Deckung eines Gegenstandes durch einen andern. Dieses Lokalisationsmotiv ist schon besprochen worden. Wenn es wirksam werden soll, müssen wir aus der Erfahrung wissen, daß ein näher gelegenes Objekt ein fern gelegenes ganz oder teilweise decken kann und daß ein bestimmter Gegenstand nicht dort aufhört, wo er uns nicht mehr sichtbar ist, wir müssen also wissen, daß die beiden unterbrochenen Stücke zusammengehören.

Bewegung der Objekte bei Kopfbewegungen. Das Bild des näheren Objektes verschiebt sich stärker als das des ferneren. Wir werden darauf bei Besprechung der Lokalisation bei bewegtem Blick zurückkommen.

---

[1] HERING: Grundzüge, S. 10.
[2] Im Kino beruht der Eindruck des Vor- und Zurückgehens der Personen auf ihrem Größer- und Kleinerwerden.

Dies sind im wesentlichen die empirischen Lokalisationsmotive.[1] Man kann sicher darauf rechnen, daß bei allen räumlichen Wahrnehmungen des täglichen Lebens mindestens eines von ihnen sich geltend macht. So kommt es, daß wir das primäre Motiv, die Parallaxe, im gewöhnlichen Leben gar nicht brauchen und es erklärt sich die vielverbreitete Ansicht, man könne mit einem Auge so gut auskommen wie mit zweien. Doch hat sich uns gezeigt, daß wir gänzlich auf die Parallaxe angewiesen sind, wenn wir künstlich alle empirischen Lokalisationsmotive beseitigen.[2] Menschen, die von Geburt aus einäugig sind, können sich nur an die sekundären Momente halten. Daher können sie wissen, daß ein Gegenstand ferner oder näher ist als der andere und können durch Übung ihr motorisches Verhalten diesen sekundären Momenten anpassen. Wenn sie das aber auch korrekt machen, so folgt daraus durchaus nicht, daß sie Tiefenunterschiede sehen. Durch Befragen kann man natürlich bei solchen Menschen nichts erreichen, denn das hieße so viel als jemanden die Entscheidung einer Alternative zumuten, deren eines Glied er überhaupt nicht kennt.

III. Die Lokalisation bei bewegtem Blick

Wir haben bisher nur von der Lokalisation bei ruhendem Blick und symmetrisch gestellten Gesichtslinien gesprochen. Alle Ortsbestimmungen wurden hiebei bezogen auf die Richtung und Entfernung des Kernpunktes, d. h. desjenigen Ortes im Sehraum, der von den Erregungen der beiden Foveae produziert wird. Dieser Punkt erscheint in der Hauptsehrichtung und jede andere Netzhautstelle produziert, wenn sie erregt wird, eine Richtung, die mit der Hauptsehrichtung einen Winkel einschließt, der ungefähr proportional dem Winkel ist, den die Richtungslinie im wirklichen Raum mit der Gesichtslinie einschließt.[3] Warum das der Fall ist, läßt sich ebensowenig sagen, wie sich sagen läßt, warum Licht von 501 $\mu\mu$ Grün produziert; es ist einfach ein gegebenes Kausalverhältnis zwischen Reiz und Empfindung.

Dasselbe gilt von der Entfernung eines Ortes im Sehraum. Sie ist eine Funktion der Disparation (Parallaxe). Die Disparation ist selbst ein Reiz und man kann auch hier nicht sagen, warum eine Disparation von bestimmter Größe gerade diese oder jene Nah- oder Fernempfindung produziert. Auch diese Kausalbeziehung können wir nur konstatieren. Wir wissen also, welche Sehrichtung und welche scheinbare Entfernung

---

[1] Außer ihnen hat JAENSCH noch besonders das Prinzip der ausgefüllten Strecke betont (Über die Wahrnehmung des Raumes, S. 345ff.). Das Vorhandensein einer „sichtbaren Zwischenstrecke" sei für das Zustandekommen eines sinnfälligen und nach Größe bestimmten Tiefeneindruckes erforderlich.

[2] Vgl. S. 138.

[3] Über die Abweichungen von der Proportionalität, vgl. S. 104.

von einem bestimmten Reiz des Doppelauges produziert wird und da sich aus Richtung und Entfernung der Ort im Sehraum zusammensetzt, so wissen wir, welche Ortsempfindung von jedem Reiz, der auf das ruhende Doppelauge wirkt, produziert wird.

Aber nun entsteht natürlich die Frage, ob der viel häufigere Fall des Sehens mit bewegtem Blick zu neuen Lokalisationsgesetzen führt oder ob die hier bestehenden Gesetze sich den für Blickruhe geltenden unterordnen.

1. Die Unveränderlichkeit der relativen Raumwerte

Eines können wir sofort sagen: die Relationen der gleichzeitig vorhandenen Sehobjekte untereinander ändern sich bei Blickbewegungen nicht.[1] Man mag Augenbewegungen welcher Art immer machen, die Sehobjekte behalten ihre relativen Raumwerte bei, wenn die Außenobjekte in Ruhe sind; es kommt nicht vor, daß ein Sehobjekt, das rechts oder oberhalb eines andern liegt, infolge einer Augenbewegung links oder unterhalb des andern gesehen wird. Das Schicksal der Fovea ist also mit dem Schicksal der übrigen Netzhautstellen fix verbunden und daher müßte, wenn sich bei einer Augenbewegung irgend etwas in der Lokalisation ändern sollte, diese Änderung alle Sehobjekte in der gleichen Weise treffen.

2. Ruhe der Objekte bei willkürlichen, Scheinbewegung bei unwillkürlichen Blickbewegungen[2]

Mit der Unveränderlichkeit der relativen Raumwerte ist natürlich die Frage noch nicht entschieden, ob sich nicht das ganze System der Sehrichtungen (das Sehrichtungsbündel) infolge einer Augenbewegung ändert. Da mit der Hauptsehrichtung alle anderen Sehrichtungen fix verbunden sind, so können wir die obige Frage auch so formulieren: welche Sehrichtung produzieren die Foveae, wenn die Augen aus der symmetrischen Stellung in eine asymmetrische (z. B. Rechtsstellung) übergehen? Produzieren sie noch dieselbe mediane Sehrichtung oder eine andere?[3]

Die Erfahrung gibt darauf zwei verschiedene Antworten, je nachdem die Augenbewegung, die zur neuen Stellung geführt hat, eine **willkürliche** ist oder nicht. Wir nennen eine Augenbewegung willkürlich, wenn sie durch die Verlagerung des Aufmerksamkeitsortes hervorgerufen

---

[1] Vgl. HERING: Raumsinn, S. 532f.

[2] Vgl. HILLEBRAND: Die Ruhe der Objekte bei Blickbewegungen, und: Kritischer Nachtrag zur Lehre von der Objektruhe.

[3] Die symmetrische Stellung dürfen wir als Ausgangsstellung ansehen, weil sie durch das mechanische Muskelgleichgewicht gegeben ist und immer eingenommen wird, wenn uns in der Außenwelt nichts interessiert.

worden ist, dagegen ist eine Augenbewegung unwillkürlich, wenn sie ohne Verlagerung der Aufmerksamkeit (durch Fingerdruck oder labyrinthogen) erfolgt.

Ein Objekt bilde sich auf einer peripheren Netzhautstelle ab und werde rechts gesehen. Richte ich nun die Gesichtslinie darauf, weil es mich interessiert und ich es deutlich zu sehen wünsche, so bildet es sich foveal ab, wird aber noch immer rechts gesehen.

Die Fovea hat also ihre mediane Funktion verloren und einen Rechtswert erhalten und dementsprechend haben alle Netzhautstellen einen Rechtswert erhalten, d. h. alle sehen um einen Winkelwert weiter nach rechts, der dem Winkel der Augenbewegung entspricht. HERING hat dieser Tatsache folgenden Ausdruck gegeben: durch jede willkürliche (d. h. von der Aufmerksamkeit geleitete) Augenbewegung bekommen die sämtlichen Netzhautstellen andere absolute Raumwerte und die Änderung dieser Raumwerte entspricht nach Sinn und Ausmaß der Größe der intendierten Augenbewegung. Die Größe der intendierten Augenbewegung ist aber bestimmt durch den Grad der Aufmerksamkeitsverlagerung, also durch den Unterschied zwischen dem Ort, dem die Aufmerksamkeit sich neu zuwendet, von dem Orte, dem sie bisher zugewendet war.[1]

Der Ausdruck „absoluter Raumwert" ist allerdings sehr unglücklich, denn die sogenannte absolute Lokalisation ist eine Lokalisation bezogen auf diejenige in der interesselosen Stellung, also eine durchaus relative, worüber später noch näheres zu sagen sein wird, aber was HERING zum Ausdruck bringen wollte, bleibt richtig: nach einer willkürlichen Blickbewegung produzieren alle Netzhautstellen andere Sehrichtungen als sie sie vorher produziert hatten, und zwar Sehrichtungen, die von den ursprünglichen um denselben Winkelbetrag verschieden sind, um welchen der neue Aufmerksamkeitsort vom alten verschieden ist. Die Tatsache, daß das Sehrichtungsbündel sich durch eine willkürliche Blickbewegung um einen Winkel ändert, der so groß ist, wie der Winkel der Blickbewegung, ist von außerordentlicher Wichtigkeit. Denn wenn die Raumwerte der Netzhautstellen sich nicht ändern würden, dann müßte man mit einer rechts gestellten Blicklinie noch immer median sehen, es müßten alle Netzhautstellen ihre ursprünglichen Raumwerte beibehalten und die Folge wäre die, daß bei jeder Blickbewegung Scheinbewegungen der sämtlichen Gegenstände entstehen müßten.

Wir wollen uns den Vorgang auf der Netzhaut an der Hand der Abb. 39 verdeutlichen.

In der ersten Stellung (Abb. 39a) liegt das Bild von A auf der Fovea, in der zweiten Stellung (nach einer willkürlichen Augenbewegung) auf einer um den Winkel φ rechts von der Fovea gelegenen Stelle; das Bild

---

[1] Raumsinn, S. 534.

ist also vom Netzhautzentrum nach rechts gewandert. Das ist genau derselbe Fall, wie wenn bei ruhendem Auge (Abb. 39b) das Außenobjekt A nach links bis B verschoben würde; das Bild von A wandert auch hier vom Netzhautzentrum bis zu einer um den Winkel φ rechts gelegenen Stelle. Im ersten Fall bleibt aber das Objekt in Ruhe, im zweiten Fall sieht man eine Bewegung; der psychische Effekt ist also in beiden Fällen ein ganz verschiedener, obwohl auf der Netzhaut dieselbe Bildverschiebung stattgefunden hat. Es kann also offenbar auf das was auf der Netzhaut geschieht, nicht allein ankommen. Das ganze Sehrichtungsbündel ändert sich durch eine willkürliche Blickbewegung um einen Winkel, der so groß ist wie der Winkel der Blickbewegung. In unserem Beispiel verliert die Fovea ihren ursprünglichen Medianwert und bekommt den Rechtswert φ, daher wird eine Netzhautstelle, die relativ zur Fovea einen Linkswert hatte, den Medianwert erhalten. Das ruhende Außenobjekt A muß also eine Empfindung erzeugen, die vor und nach der Blickbewegung median erscheint. Da man sich den Raumwert, den eine Netzhautstelle in einem gegebenen Augenblick hat, aus einer absoluten und einer relativen Komponente zusammengesetzt dachte, so faßte man begreiflicherweise die Ruhe der Sehobjekte bei willkürlichen Blickbewegungen als den Effekt einer vollständigen Kompensation zweier gleich großer, aber gegensinniger Änderungen auf, was MACH so ausgedrückt hat: der physiologische Prozeß, der eine bestimmte willkürliche Augenbewegung zur Folge hat, ist mit der Raumempfindung, wie sie die Netzhaut liefert, algebraisch summierbar.[1]

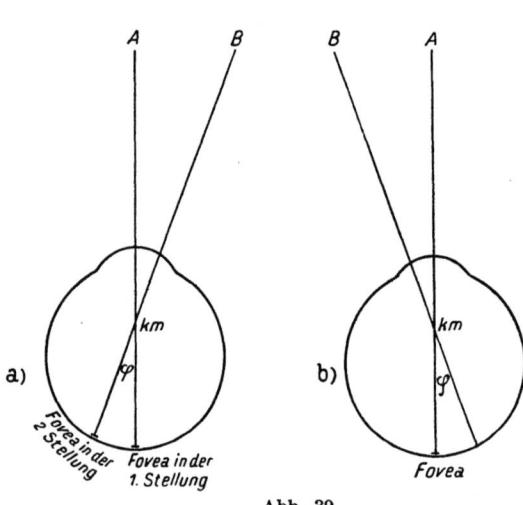

Abb. 39

Mit dem Ausdruck „Kompensation" war aber natürlich noch nichts erklärt und so versuchte man über die Natur des „absoluten" Faktors, der den retinalen kompensieren sollte, Aufschluß zu geben. Als ein Hysteron-Proteron ist der Versuch aufzufassen, die Objektruhe dadurch zu erklären, daß man der Empfindung einen intellektuellen Prozeß in Form von Urteilen gewissermaßen vorschaltet. Nach dieser Auffassung

---

[1] Analyse der Empfindungen. 6. Aufl. Jena: Fischer 1911. S. 105.

sehen wir die Objekte in Ruhe, weil wir wissen, daß wir die Augen bewegen und daher die Bewegung der Netzhautbilder auf eine Bewegung der Bulbi und nicht der Außenobjekte beziehen. Dieser Erklärungsversuch wäre schon durch den Hinweis zu erledigen, daß wir, wenn wir den Bulbus durch Fingerdruck verschieben, eine auffallende Scheinbewegung der Objekte sehen, obwohl wir auch hier „wissen", daß wir den Bulbus und nicht die Außenobjekte bewegt haben. Aber auch an sich ist die Erklärung vollkommen verfehlt, denn von der Bewegung der Netzhautbilder haben wir überhaupt kein Bewußtsein und können sie daher auch nicht auf etwas beziehen. Die intellektuelle Tätigkeit, die hier angenommen wird, soll also an etwas anknüpfen, was gar nicht existiert.

Weitaus mehr verbreitet ist die Meinung, daß die Kompensation des retinalen Faktors durch ein Stellungsbewußtsein zustandekommt, entweder in dem Sinne, daß uns Muskelempfindungen auf zentripetalem Wege zu einer Vorstellung von der Lage der Gesichtslinien verhelfen oder in dem Sinne, daß uns dieselbe durch „Innervationsempfindungen" zum Bewußtsein kommt.

Gegen die Lehre, daß durch die Augenbewegungen selbst, sei es durch die Kontraktion, sei es durch die Spannung der beteiligten Muskeln, in den sensiblen Endorganen Reize gesetzt werden, die zu zentripetal weitergeleiteten Erregungen und auf diese Weise zu Empfindungen führen, welche eine die Bildverschiebung kompensierende Wirkung ausüben, lassen sich aber so schwerwiegende Gründe anführen, daß sie jetzt von den meisten Forschern bereits aufgegeben ist.[1]

I. Derartige „kinästhetische" Empfindungen sind bloß einer qualitativen und intensiven Abstufung fähig, enthalten aber an sich nichts von einem variablen Ort. Es ist das Verdienst ZIEHENS,[2] dies festgestellt und gezeigt zu haben, daß Raumdaten höchstens den an diese Empfindungen assoziativ geknüpften Vorstellungen zukommen.[3]

Wenn aber die „kinästhetischen Empfindungen" stricto sensu raumlos sind, so können sie zur Kompensation retinaler Ortsänderungen überhaupt nicht dienen; erhalten sie aber auf dem Wege der Assoziation ihr Raumdatum, so kann die Quelle dieses letzteren nur wieder retinal sein und dann kann dieses nicht das entgegengesetzte Vorzeichen desjenigen Raumdatums haben, das kompensiert werden soll.

II. Wenn die Änderung der Raumwerte durch ein zentripetales Stellungsbewußtsien zustandekäme, so müßte dieses genau so fein

---

[1] Vgl. Die Ruhe der Objekte bei Blickbewegungen. S. 218ff.
[2] Experimentelle Untersuchungen über die räumlichen Eigenschaften einiger Empfindungsgruppen. Fortschritte der Psychologie, Bd. 1, S. 227ff.
[3] Daher sollte man sie besser als „arthrische Empfindungen" bezeichnen, da durch den Namen „kinästhetische Empfindungen" der Gedanke nahegelegt wird, daß die Ortsveränderung im Empfindungsinhalt selbst liege.

differenziert sein, wie die Raumwerte der Netzhaut, d. h. die kleinsten Ortsunterschiede, die man durch den Raumsinn der Netzhaut erkennt, müßten auch durch das Stellungsbewußtsein, also durch Muskelempfindungen, erkennbar sein. Es ist aber keine Rede davon, daß wir durch den Muskelsinn Stellungsunterschiede erkennen, die von der Größenordnung der kleinsten Ortsunterschiede sind, die wir noch mit der Netzhaut unterscheiden.[1] Dies zeigt deutlich das sogenannte „Punktwandern". Wenn man im Dunkelraum einen Lichtpunkt intermittieren läßt und sich bemüht, die Gesichtslinien während der Dunkelpausen in Fixationsstellung zu erhalten, so ergibt sich (besonders gut aus den entstehenden Doppelbildern), daß Augenbewegungen von mehreren Graden gemacht werden, ohne daß man etwas davon weiß.[2] Natürlich müssen diese Versuche ohne Netzhautkontrolle, und zwar auch ohne gedächtnismäßige, ausgeführt werden. Die Präzision willkürlicher Bewegungen in der Anpassung an einen bestimmten Zweck beweist nichts zugunsten der Feinheit der kinästhetischen Empfindungen, wenn ein Kontrollsinn die Ausführung der Bewegungen überwacht, oder so oft überwacht hat, daß die bloße Zielvorstellung eine qualitativ und quantitativ richtige Innervation herbeiführen kann.

III. Daß unmöglich der die Bildverschiebung kompensierende Faktor in kinästhetischen Empfindungen gelegen sein kann, sondern daß es bei der Kompensation auf das Moment der „Willkürlichkeit" ankommt, zeigen deutlich auch alle jene Augenbewegungen, die mit einer Rollungskomponente[3] zwangsweise verbunden sind. Steht man mitten vor der Wand eines Zimmers und läßt bei stark erhobener Blickebene den Blick längs der Wand und Decke verbindenden Hohlkehle von links nach rechts (oder umgekehrt) und wieder zurückgleiten, so hört die Hohlkehle auf, horizontal zu sein und bei rascher Bewegung fängt sie an zu pendeln. Die mit dieser Blickbewegung verbundene unbeabsichtigte Rollungskomponente wird nicht kompensiert, obwohl sie kinästhetisch ebenso wirksam sein müßte wie die Seitenwendungskomponente; daß diese kompensiert wird, ergibt sich daraus, daß an der Hohlkehle angebrachte Merkpunkte in Ruhe bleiben.

---

[1] Sie müßten jedenfalls < 1' sein.

[2] Das „Punktwandern" wurde zuerst von CHARPENTIER (Sur une illusion visuelle. Cpt. rend. de l'acad. Bd. 102, S. 1155ff., 1886) und AUBERT (Die Bewegungsempfindung. PFLÜGERS Arch. f. d. ges. Physiol., Bd. 39, S. 347ff., 1886) beschrieben, von BOURDON (La perception visuelle de l'espace. Paris. Schleicher frères, 1902. S. 159) und CARR (The autokinetic sensation. Psychol. rev., Bd. 17, S. 42ff., 1910) eingehender untersucht. Weitere Literatur über unbemerkt bleibende Augenbewegungen siehe bei HOFMANN: Raumsinn, S. 347f. und S. 544ff.

[3] Unter „Rollung" versteht man die Drehung des Bulbus um die Gesichtslinie. HERING: Raumsinn, S. 536.

IV. Auch die Erscheinungen des labyrinthogenen Nystagmus (Drehschwindels), wie er während und nach (aktiver oder passiver) Drehung des Körpers um die Vertikalachse auftritt, widerlegen die Lehre von einem zentripetalen Stellungsbewußtsein. Die genauen Vorgänge beim Drehschwindel sind durch die Untersuchungen von BREUER und MACH[1] festgestellt worden.

Während der Drehung bleibt der Bulbus zunächst zurück, d. h. er bleibt in Ruhe zu den Koordinaten des Außenraumes, macht jedoch relativ zum Kopf eine rückläufige Drehung (langsame Komponente). Das Zurückbleiben des Bulbus ist aber schon aus mechanischen Gründen (elastische Spannung der Muskeln und übrigen Adnexe) nur solange möglich, bis eine gewisse extreme Lage erreicht ist. Dann rückt er plötzlich nach, bleibt dann wiederum zurück, um wiederum ruckweise zu folgen. Dieses Hin- und Hergehen des Bulbus pflegt man als Nystagmus zu bezeichnen. Wird die Drehung aber länger fortgesetzt, so hören die selbständigen Bulbusbewegungen allmählich auf, die Augen verhalten sich, als ob sie fix mit dem Kopfe verbunden wären. Sämtliche Außenobjekte machen in dieser Phase infolge ihrer Bildverschiebungen eine Scheinbewegung, und zwar im entgegengesetzten Sinne gegenüber der Körperdrehung, während sie im Anfangsstadium, wo die Bulbi zurückblieben, nicht bewegt erschienen, denn die ruckweise Nachdrehung ist zu rasch, als daß man die entsprechende Bildverschiebung überhaupt bemerken würde und während der langsamen Komponente findet überhaupt keine Bildverschiebung statt.

Wird nun die Körperdrehung plötzlich sistiert, so fängt der Bulbus wieder an Bewegungen zu machen, und zwar dreht er sich langsam im Sinne der abgelaufenen Körperdrehung und ruckweise im entgegengesetzten Sinne (Nachnystagmus). Da diese ruckweise Komponente zu rasch verläuft, um bemerkt zu werden, ist nur die langsame Bewegung optisch wirksam und sämtliche Gegenstände machen Scheinbewegungen in dem ihr entgegengesetzten Sinne, bis die Bulbi allmählich wieder zur Ruhe kommen.

Da nun die Augenbewegungen im Nachnystagmus zweifellos durch Muskelkontraktionen zustande kommen, so dürften wir, wenn in den ihnen entsprechenden Empfindungen wirklich der die Bildverschiebung kompensierende Faktor gegeben wäre, keine Scheinbewegungen der Objekte sehen; die Kompensation der retinalen Ortsänderungen erfolgt aber nicht, und zwar offenbar deshalb nicht, weil den Bewegungen im Nachnystagmus das Moment der Willkürlichkeit fehlt. Etwas komplizierter liegen die Verhältnisse während der Drehung; doch lassen sie sich analog erklären. Natürlich kommt hier nur das Anfangsstadium in

---

[1] Grundlinien der Lehre von den Bewegungsempfindungen. Leipzig 1875, und Analyse der Empfindungen. 6. Aufl., S. 118ff.

Betracht, d. h. das Stadium, in dem der (später erlöschende) Nystagmus überhaupt statt hat. Während dieses Stadiums bleiben die Objekte in Ruhe, es fehlt ja die Bildverschiebung, denn der Bulbus verhält sich dem Außenraum gegenüber wie eine träge Masse und daher findet keine Bewegung der Netzhautbilder während der langsamen Komponente statt. Unter Voraussetzung eines zentripetalen Stellungsbewußtseins aber müßte eine Scheinbewegung aus dem Grunde auftreten, weil die Augenbewegungen, bzw. die sie charakterisierenden Muskelempfindungen kein Bewußtseinskorrelat haben.

V. Durch die Lehre von einem zentripetalen Stellungsbewußtsein sind ferner nicht zu erklären die starken Scheinbewegungen bei frischen Augenmuskellähmungen, bei denen Augenbewegungen und Bildverschiebungen überhaupt nicht oder doch nur in sehr beschränktem Maße stattfinden. Nimmt man aber an, daß in der Willkürlichkeit der Bewegung der Faktor liegt, der bei normalen Augenbewegungen die Bildverschiebung kompensiert, so begreift man, daß, wenn diese letztere ganz ausbleibt oder geringer ist als es der Norm entspricht, eine Überkompensation stattfindet, infolge deren eine falsche Lokalisation (Scheinbewegung) entsteht.

Aus den angeführten Gründen ergibt sich wohl mit Sicherheit, daß zentripetale Erregungen den kompensatorischen Faktor, der zur Erklärung der Objektruhe erforderlich ist, nicht liefern können. Man hat daher, um die Objektruhe zu erklären, an die zentrale oder kortikofugale Innervation selbst gedacht und „Innervationsempfindungen" als ihr psychisches Korrelat angenommen. Diese Auffassung paßt sich den Erscheinungen beim Nystagmus und bei der Parese gut an. Der kompensierende Faktor, der an die „Willkür" der Bewegung gebunden wäre, fehlt beim Nystagmus (und bei den unwillkürlichen Bewegungen überhaupt), ist dagegen bei der Parese vorhanden.

Aber unsere innere Wahrnehmung zeigt, wie schon SACHS[1] betonte, überhaupt nichts von Innervationsempfindungen, d. h. in unserem Bewußtsein ist uns weder eine normale, noch eine exzessive Innervationsgröße gegeben.[2]

Aber selbst wenn uns Innervationsempfindungen zum Bewußtsein kämen, so könnten ihnen jedenfalls ebensowenig wie den Muskelempfindungen Raumdaten zugesprochen werden — die Erwägungen ZIEHENS wären auch hier anwendbar.

Auch die feine Differenzierung, die diesen Empfindungen zukommen müßte, um eine genaue Kompensation zustande zu bringen, könnte ihnen keinesfalls zugesprochen werden, wie jene Augenbewegungen

---

[1] Zur Symptomatologie der Augenmuskellähmungen, GRAEFES Arch., Bd. 44, S. 320 bis 333, 1897.

[2] Vgl. Kritischer Nachtrag zur Lehre von der Objektruhe usw. S. 178 ff.

zeigen, die ohne (direkte oder indirekte) Netzhautkontrolle ausgeführt werden.

Man vermeidet alle diese Schwierigkeiten, wenn man mit HERING annimmt, daß die Änderung der Raumwerte nicht von der vollzogenen Blickbewegung herrührt, sondern von einem Vorgang, der der Blickbewegung vorangeht und sie zu einer willkürlichen macht: von der Verlagerung des Aufmerksamkeitsortes. Mit dieser Annahme ist nämlich zweierlei erreicht:

1. Geschieht die Verlagerung der Aufmerksamkeit schon vor der Ausführung der Bewegung und daher noch bei ruhendem Auge, also noch an der Hand derjenigen Raumempfindungen, die durch die Netzhaut selbst erzeugt werden. Daher vollzieht sich die Änderung der Raumwerte auf der Basis der Raumwerte der Netzhaut selbst und es ist nicht zu wundern, wenn sie ebenso fein differenziert ist wie die Netzhautbildverschiebung, die sie ja kompensieren soll.

2. Erklärt diese Auffassung sehr gut, warum eine solche Änderung der Raumwerte an die Willkürlichkeit der Blickbewegung gebunden ist, denn willkürlich im strengen Sinne ist nicht die Muskelkontraktion selbst (von der wir gar nichts zu wissen brauchen), sondern die Anregung der Bewegung durch das Interesse, das wir am Ziel der Bewegung nehmen und dieses Interesse dokumentiert sich psychisch durch die Aufmerksamkeit, die wir schon vor der Blickbewegung dem Zielpunkt zuwenden. Die Bewegung selbst geschieht nach Art eines Reflexes.

Wir werden also festhalten: die Verlagerung der Aufmerksamkeit, also das Vorstadium der Blickbewegung, macht, daß die Fovea und mit ihr alle Netzhautstellen ihre Raumwerte um einen Winkel ändern, der so groß ist wie der Winkel zwischen der Gesichtslinie und dem zunächst peripher abgebildeten Zielpunkt.

Anmerkung der Herausgeberin

Eine Erklärung, warum es überhaupt zu einer Kompensation kommt, mit anderen Worten, warum die Verlagerung des Aufmerksamkeitsortes bewirkt, daß man mit derselben Fovea, mit der man soeben median gesehen hatte, nunmehr z. B. rechts lokalisiert, war aber damit nicht gegeben. In der Abhandlung „Die Ruhe der Objekte bei Blickbewegungen" hat Hillebrand den Versuch gemacht, die von Hering beschriebene Tatsache auch zu erklären. Dieser Erklärungsversuch soll hier in aller Kürze wiedergegeben werden.[1]

Den Grundgedanken der Theorie bildet die Annahme, daß der sogenannte absolute Faktor, der nach der allgemeinen Auffassung den retinalen kompensieren soll, in der Verschiebung des merkbaren Sehfeldes um die

---

[1] *Vgl. auch: Kritischer Nachtrag zur Lehre von der Objektruhe.*

feststehenden Punkte A und B besteht (Abb. 40). Diese Verschiebung ist nichts anderes als ein Verlust von Orten auf der einen und ein Gewinn von Orten auf der anderen Seite des primären Sehfeldes, daher hat man nicht nötig, neben den Ortsenergien der Netzhaut noch nach einer anderen Quelle für unser räumliches Wahrnehmen zu suchen und die Äquivalenz des Gesichts- und Bewegungswinkels bietet keine Schwierigkeiten mehr.

Das Verschwinden und Zuwachsen von Sehorten steht in Zusammenhang mit dem Verhalten der Aufmerksamkeit, die, wenn sie sich von dem fixierten Orte (A) ab- und einem peripheren (B) zuwendet, das Sehfeld auf der einen Seite verkürzt, auf der anderen erweitert und somit gegenüber einem vergangenen Sehfeld verschiebt.

Durch die Blickbewegung selbst treten nur neue Qualitäten ins unveränderte Sehfeld, bzw. die Qualitäten verschieben sich innerhalb des unveränderten Sehfeldes, was sich daraus ergibt, daß eine Blickbewegung, die ohne Verlagerung der Aufmerksamkeit erfolgt (durch Fingerdruck oder labyrinthogen), ohne jede lokalisatorische Wirkung bleibt und durch gegensinnige Bewegung der Außenobjekte vollständig ersetzt werden kann.

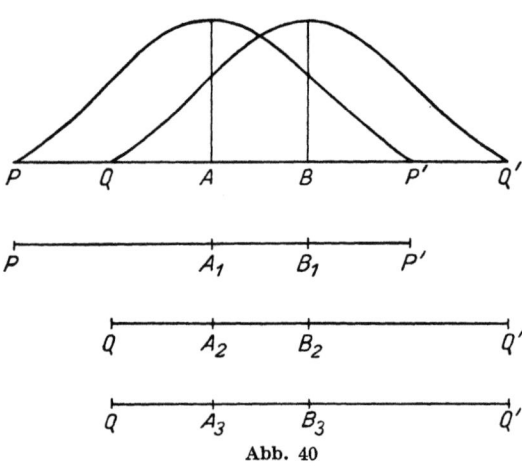

Abb. 40

Die Verlagerung des Aufmerksamkeitsmaximums, bzw. der Übergang der Blicklinie von A auf B kann sich natürlich nur in sehr kleinen Stufen vollziehen, ja diese Stufen können so klein angenommen werden, daß in unserer Wahrnehmung aus der ruckweisen Bewegung eine kontinuierliche wird.

Zum Zwecke der Darstellung ist es vorteilhaft, die Verschiebung des Sehfeldes und die Verschiebung der Qualitäten innerhalb des Sehfeldes so zu behandeln, als ob sie zeitlich voneinander zu trennen wären; in Wirklichkeit sind sie zum mindesten nicht merklich voneinander abstehend und dürfen daher nicht als isolierte psychische Daten aufgefaßt werden. Es ist also nur eine künstliche Trennung, wenn man den Vorgang bei der Blickbewegung in folgende drei Stadien zerlegt (Abb. 40).

Stadium I: A fixiert und beachtet, A erscheint als deutlichster Ort und als Mitte des Sehfeldes P P'. Stadium II: A fixiert, B maximal beachtet. Sehfeld Q Q', dessen Mitte und Deutlichkeitsmaximum in B liegt und als gegen die Mitte A eines vergangenen Sehfeldes um die Strecke A B *nach rechts verschoben wahrgenommen wird.* Stadium III: *Der Blick ist nach B gewandert und daher ist B Fixationspunkt und zugleich Aufmerksamkeitsort.* Die Orte und ihre Deutlichkeitsgrade sind im Stadium III dieselben wie im Stadium II und somit stimmen auch die Sehfeldgrenzen überein.

Diese Überlegung wird erleichtert, wenn man jedem Punkt des Sehfeldes eine bestimmte Erregungsgröße zuschreibt, die man auch Gewicht nennen kann; dieses Gewicht besteht aus einer autonomen, der Netzhautstelle eigentümlichen, und einer von der Aufmerksamkeit abhängigen, also heteronomen Komponente. Dann läßt sich die den einzelnen Sehfeldstellen zukommende Deutlichkeit durch eine „Gewichtskurve" darstellen.

Wenn dem Orte B die Aufmerksamkeit maximal zugewendet wird (was in der Gleichheit der Ordinaten von A und B zum Ausdruck kommt), tritt der Fixationsreflex auf, der die Blicklinie nach B überführt. Man nimmt also sofort das Stadium III wahr, aber die Intervention von Stadium II kommt darin zum Ausdruck, daß man das Sehfeld III als gegen I verlagert wahrnimmt, und zwar um den Betrag $PQ = AB$. Durch die Blickbewegung, die sich psychisch ja nur in einem Qualitätenwechsel äußert, wird erreicht, daß an den unveränderten Orten A und B auch die früheren Qualitäten erhalten bleiben.

Die Objekte bleiben in Ruhe, wenn die Verschiebung des Sehfeldes (im Stadium II) der Verschiebung der Qualitäten innerhalb des Sehfeldes (im Stadium III) genau entspricht.

Durch die Verschiebung des Sehfeldes werden nicht die absoluten, sondern nur die relativen Ortsbestimmungen der einzelnen Punkte geändert; diese hängen ja von den internen Relationen des jeweiligen Sehfeldes ab und müssen daher bei Verschiebung des Sehfeldes eine Änderung erfahren, wenn man das jeweilige Sehfeld für sich in Betracht zieht.

Wir fassen aber die beiden Sehfelder gar nicht als zwei unabhängige absolute Lokalisationssysteme auf, sondern beziehen uns immer nur auf das konstant bleibende Sehfeld in der interesselosen Ausgangsstellung, weil durch die Konstanz allein die Einübung einer zweckmäßigen Innervation unserer Glieder ermöglicht wird. Das zweite Lokalisationssystem ist überhaupt nur durch seine Änderung gegenüber dem ersten charakterisiert. Mit anderen Worten, wir nehmen unmittelbar wahr, daß das Deutlichkeitsmaximum sich nach rechts verschoben hat, also auf einen anderen Ort und auf eine andere Qualität übergegangen ist. Alle Qualitäten erscheinen an ihren ursprünglichen Orten, aber mit veränderten Deutlichkeitsgraden, so daß wir wiederum ein Gefälle haben, welches sich symmetrisch um das Deutlichkeitsmaximum gruppiert.

In der Auffassung der Lokalisation nach der Blickbewegung als einer bloß *relativen*, durch die veränderten Deutlichkeitsgrade der einzelnen Sehorte bedingten, liegt der Kern der Theorie.

Die Mediane ist nach ihr nur durch die internen Relationen des Sehraumes charakterisiert; ein Sehobjekt ist median, wenn es in der interesselosen Stellung in der Mitte des Sehfeldes liegt, in jeder andern Stellung aber, wenn diese aus der interesselosen hervorgegangen ist und das Sehobjekt in der interesselosen Stellung mitten im Sehfeld lag: „Median" ist also eine rein relative Lokalisation, nämlich relativ zu den gegenwärtigen oder vergangenen Sehfeldgrenzen. Von dieser Theorie der Objektruhe ausgehend glaubte Hillebrand auch die stroboskopische Bewegung erklären zu können.[1] Die Wahrnehmung einer reellen Bewegung läßt sich bekanntlich nicht nur durch die kontinuierliche Ortsänderung eines sichtbaren Außenobjektes hervorrufen, sondern auch dadurch, daß man dieses Außenobjekt in einer räumlich und zeitlich diskontinuierlichen Reihe von Ruhelagen auf das Auge wirken läßt, wobei die Abstände benachbarter Lagen durchaus nicht von der Größe der Raumschwelle sein müssen. Hillebrand nimmt an, daß unter gewissen Umständen die Verschiebung des Sehfeldes nicht synchron mit der Verlagerung des Aufmerksamkeitsortes verläuft, sondern dieser nachhinkt. Dies wird dann der Fall sein, wenn das Gewicht eines neu auftauchenden Punktes B (Abb. 40) aus der bestehenden Deutlichkeitskurve herausfällt. Der Punkt A ist verschwunden, aber es herrscht in diesem Augenblick noch das alte Sehfeld PP', denn das Gewicht des primären Gedächtnisresiduums von A ist im ersten Augenblick noch nicht abgesunken. Daher wird der Punkt B dorthin lokalisiert, wohin er seinem Gewichte nach paßt, also nach A oder in die Nähe von A. In dem Maße als das Gewicht von A absinkt, verschiebt sich das Sehfeld und der Punkt B wandert seinem endgültigen Ort zu; die stroboskopische Bewegung ist zu Ende, wenn das Sehfeld sich so weit verschoben hat, daß das Gewicht des Punktes B nicht mehr aus der Deutlichkeitskurve herausfällt. Das Herausfallen eines Gewichtes aus einem bestehenden Gefälle ist also die Grundbedingung für die stroboskopische Bewegung. Solange Gewicht und Gefälle zueinander passen, sind die Bedingungen für die Objektruhe erfüllt.

Im „Anhang" der Abhandlung „Zur Theorie der stroboskopischen Bewegungen" setzt sich Hillebrand mit Wertheimers „Kurzschlußtheorie",[2] sowie mit Linkes „Theorie der Identifikationstäuschung"[3] und mit Koffka[4] auseinander. Gemeinsam ist diesen, daß sie die stroboskopische Elementarbewegung, wie den Bewegungseindruck überhaupt, unter die

---

[1] *Zur Theorie der stroboskopischen Bewegung, und: Kritischer Nachtrag zur Lehre von der Objektruhe. S. 43ff.*

[2] *Experim. Stud. über das Sehen von Bewegung. Zeitschr. f. Psychol., Bd. 61, S. 161ff., 1912.*

[3] *Die strob. Täuschungen und das Problem des Sehens von Bewegungen. Psychol. Studien, Bd. 3, S. 393ff., 1908., und Grundfragen der Wahrnehmungslehre. München. 1918.*

[4] *Cermak und Koffka: Beiträge zur Psychol. der Gestalt. Psychol. Forschung. Bd. 1, S. 66ff.*

Gestaltwahrnehmungen rechnen. Auch *Köhler* [1] *bringt seine physiologische Erklärung der stroboskopischen Elementarbewegung in Zusammenhang mit seiner Lehre von der Gestaltwahrnehmung.*[2]

3. Lokalisation bei Kopf- und Körperbewegungen

Auf die Frage, ob sich in der Lokalisation der Sehobjekte etwas ändert, wenn eine Kopf- oder eine Körperbewegung erfolgt, ist zu antworten, daß die Kopf- und Körperbewegungen tatsächlich gewisse Daten liefern, die bei unbewegtem Kopfe (oder Körper) nicht gegeben sind.

So können wir zweifellos die Entfernungen von Dingen, die verschieden weit von uns abstehen und die wir bei ruhendem Kopfe nicht mehr sehen, durch Kopfbewegungen erkennen. Bei Bewegungen des ganzen Kopfes können auch sekundäre Lokalisationsmotive ausgelöst werden, welche einen Anhaltspunkt dafür geben, welches Objekt näher und welches ferner liegt. Dies ist z. B. der Fall, wenn die Kopfbewegung merkliche Änderungen in der perspektivischen Verkürzung zur Folge hat. Die parallaktischen Verschiebungen, die durch Kopfbewegungen ausgelöst werden, sind ebenfalls ein Datum für die Tiefenwahrnehmung, weil die näheren Objekte eine größere Wanderung durchmachen als die ferneren. Fixiere ich das nähere Objekt und bewege den Kopf dabei um seine Vertikalachse hin und her, so macht das fernere Objekt gleichsinnige Bewegungen. Fixiere ich aber das fernere Objekt und mache dieselben Kopfbewegungen, so macht das nähere Objekt eine zur Kopfbewegung gegensinnige Bewegung. In bezug auf Bewegungen des ganzen Körpers ist hier eine wichtige Ergänzung zum früher Gesagten zu machen. Wir haben gehört, daß objektiv konstante Tiefenerstreckungen physiologisch einen immer geringeren und geringeren Wert erhalten, je größer die absolute Entfernung vom Beobachter ist, weil die Parallaxe ständig abnimmt.

Bewegt sich der Beobachter geradlinig vorwärts, so nimmt die scheinbare Entfernungsdifferenz zweier gegebener Punkte aus diesem Grunde immer zu. Während also der ruhende Beobachter mit einem Maßstab mißt, dessen Einheit objektiv immer größer wird, je weiter die Teilstriche sich von ihm entfernen, trägt der vorwärts schreitende Beobachter seinen Maßstab mit sich vorwärts und legt daher nach und nach immer denselben Teil auf die verschiedenen Gegenden der objektiven Welt. Ein Beobachter, der wie eine Pflanze an einen bestimmten Standort gebunden wäre, würde die mit der Entfernung stetig abnehmende Plastik der Gegenstände niemals korrigieren können. Erst dadurch, daß er vorwärts schreitet, bemerkt er, daß Entfernungsunterschiede,

---

[1] *Zur Theorie der strob. Bewegung. Psychol. Forschung. Bd. 3, S. 397 ff. 1923.*

[2] *Weitere Literatur zur "Gestaltwahrnehmung" siehe bei Hofmann: Raumsinn, S. 575 ff.*

die früher klein waren, immer größer werden. Auch wenn wir annehmen, daß ein solcher Beobachter zunächst nicht im Besitze eines festen Maßstabes, sondern lediglich auf seine optische Schätzung angewiesen ist, so würde er trotzdem imstande sein, folgende Überlegungen anzustellen: die beiden Punkte A und B (vgl. Abb. 35) sind im gegenwärtigen Augenblick ebenso weit voneinander entfernt wie die Punkte C und D (die absolut genommen viel ferner liegen und daher auch eine viel größere Entfernungsdifferenz haben müssen als A und B, was aber der Beobachter nicht weiß). Nähere ich mich dem ganzen System, so wird die Distanz $AB > CD$, gehe ich aber nach rückwärts, so wird $AB < CD$; es hängt daher nur von meiner Stellung ab, ob ich die eine Distanz größer oder kleiner sehe als die andere. Ein solcher Beobachter würde also, um zwei Tiefenerstreckungen als gleich zu definieren, seinen eigenen Standort mit in die Definition aufnehmen müssen oder, was dasselbe ist, er würde erkennen, daß die Entfernungsdifferenzen auch Funktionen der absoluten Entfernung sind. Der Beobachter könnte aber auch bemerken, daß eine gewisse Tiefendistanz AB ihm etwa doppelt so groß erscheint als die ferner gelegene Tiefendistanz CD, nähert er sich aber dem Anfangspunkt C so weit, daß ihm dieser gerade so fern zu liegen scheint wie früher der Anfangspunkt A der Distanz AB, so kommt ihm jetzt CD gerade so groß vor, wie früher AB. Er könnte sich daher sagen: um die Vergleichung zweier Tiefendistanzen AB und CD der Willkür zu entrücken, muß ich meinen Standpunkt jeweils so wählen, daß mir die Anfangspunkte A, bzw. C gleich weit entfernt erscheinen. Durch diese Überlegung, daß man sich von einem subjektiven und völlig willkürlichen Faktor, wie es ja der Standort des Beobachters ist, am besten dadurch freimacht, daß man ihn konstant hält, hätte er einen sehr zweckmäßigen Gleichheitsbegriff festgesetzt. Das wäre aber das Äußerste, was ein Beobachter ohne Meßinstrument leisten könnte. Erst wenn er mit einem Maßstab ausgerüstet ist, von dessen Unveränderlichkeit er überzeugt sein darf, kann er konstatieren, daß das, was er in der angegebenen Weise als „gleich groß" definiert hat, auch mit dem Maßstab gemessen gleich groß ist.

So wird aus dem inhomogenen Sehraum der homogene Euklidische Raum, der eben wegen seiner Homogeneität auch als grenzenlos gedacht werden muß. Das ist die wichtige Rolle der Vorwärtsbewegung.

Schließlich ist zu bemerken, daß es nicht nur eine Ruhe der Objekte bei willkürlichen Blickbewegungen, sondern auch eine solche bei willkürlichen Kopf- und Körperbewegungen gibt. Diese Vorgänge sind noch wenig untersucht, doch ist anzunehmen, daß es gelingen wird, auch die Lokalisation bei Kopf- und Körperbewegungen auf die Raumwerte der Netzhautstellen als auf ihre primäre Quelle zurückzuführen, weil die auch bei Kopf- und Körperbewegungen vorhandene Verschiebung der Netzhautbilder nicht exakt kompensiert werden könnte, wenn nicht die Lokalisation in einem Raumsystem erfolgte, das ebenso fein differenziert ist wie das retinale.

IV. Nativismus und Empirismus
1. Begriffliche Klärung

In betreff unserer optischen Raumanschauung ist wiederholt eine Frage aufgeworfen worden, die man in die unklare Alternative gekleidet hat, ob sie angeboren oder erworben sei. Die Vieldeutigkeit dieser Ausdrucksweise hat wesentlich dazu beigetragen, jede Verständigung unmöglich zu machen und es wird daher nötig sein, die verschiedenen Bedeutungen, die man mit dieser Frage verbinden kann, genau auseinander zu halten.

I. Im strengen Wortsinn müßte unter „angeboren" gemeint sein, daß jede einzelne Raumbestimmung, wie wir sie in unserer Erfahrung vorfinden, von dem Reiz gänzlich unabhängig ist. Das würde natürlich auch von allen Zusammensetzungen und damit von jeder einzelnen Gestalt gelten müssen. In dieser Form ist der angeborene Charakter aber niemals behauptet worden, denn das würde der Erfahrung direkt widersprechen. Was vielmehr vielfach behauptet wurde, ist, daß nicht die einzelne räumliche Bestimmung, wohl aber der Gesamtraum, und zwar der qualitätslose, vor aller Reizeinwirkung gegeben sei und der einzelne Reiz nur bestimme, welche Raumstellen von Qualitäten besetzt werden.[1] Der Raum wäre demnach eine Art Gefäß (ein Receptaculum).

---

[1] So vertritt JOH. v. KRIES (Anhangskapitel zur 3. Aufl. d. physiol. Optik von HELMHOLTZ: Über die räumliche Ordnung des Gesehenen, insbesondere ihre Abhängigkeit von angeborenen Einrichtungen und der Erfahrung, S. 459ff. und Allgemeine Sinnesphysiologie, Vogel, Leipzig 1923, S. 194ff.) im Anschluß an KANT die Meinung, daß die Raumvorstellung einen festgegebenen, einheitlichen und unveränderlichen Bewußtseinsinhalt darstellt. Diese Annahme bilde für die von HELMHOLTZ entwickelte „empirische Theorie" die unentbehrliche Grundlage, ohne welche sie gewissermaßen in der Luft schweben würde. Die Vorstellung des Raumes ist also nach KRIES etwas Gegebenes, was keiner Veränderung unterliegt. Die spezielle räumliche Anordnung des Gegebenen soll zwar Sache der Erfahrung sein, ist aber ihrer allgemeinen Natur nach ebenfalls schon bildungsgesetzlich festgelegt. Es gelinge zur Zeit nicht, „in voller Schärfe etwa das anzugeben, was wir als ein primitives Sehen bezeichnen und als Ausgangspunkt erfahrungsmäßiger Ausbildung in Anspruch nehmen könnten."

Die KRIESsche Raumlehre kann als Vermittlungsversuch zwischen Nativismus und Empirismus aufgefaßt werden. Zur Zeit könne „wohl als anerkannt gelten, daß in dem radikalen Sinne, in dem sie zunächst aufgestellt worden sind, weder die eine noch die andere Theorie zutrifft" (Sinnesphysiologie, S. 217). KRIES hält aber die Unterschiede, die noch bestehen, nicht für so bedeutend, „daß man noch von einem sehr starken Gegensatz empiristischer und nativistischer Auffassung sprechen könnte" (a. a. O. S. 219).

In diesem Sinne ist die Behauptung vom angeborenen Charakter sicher falsch: es gibt keine Raumanschauung ohne Qualitäten; der sogenannte „Gesamtraum" ist der Komplex sämtlicher mit Qualitäten behafteter Raumstellen. Man begreift aber, daß die irrige Meinung vom Receptaculum entstehen konnte. Es wird hier nämlich eine Verwechslung begangen; wenn sichtbare Außendinge auftreten, so werden nicht qualitätlose Raumstellen mit Qualitäten besetzt, vielmehr ist der Sachverhalt der, daß an die Stelle qualitativ undifferenzierter Raumstellen differenzierte treten. Auch in Fällen, in denen gar keine sichtbaren Einzelobjekte gegeben sind (z. B. wenn ich in den wolkenlosen Himmel blicke oder die Augen schließe) ist fortwährend Raumanschauung da; es gibt im Sehraum gar keine unbesetzten Richtungen, sämtliche Punkte des undifferenzierten Gesichtsfeldes sind mit Qualitäten behaftet (bei geschlossenen Augen mit dem Eigenlicht der Netzhaut). Da aber nur die qualitativ differenzierten Raumstellen für uns Interesse haben, und wir nur in diesem Falle von „Dingen" oder „Objekten" reden, so liegt die Verwechslung nahe, dann, wenn gar keine „Objekte" gegeben sind, zu sagen, „wir sehen nichts".

Ein weiterer Umstand, der uns an eine leere Raumanschauung glauben läßt, ist der folgende: zwischen mir und den nächsten sichtbaren Objekten liegt nichts dazwischen oder braucht wenigstens nichts dazwischen zu liegen; da diese Objekte aber doch in einer gewissen Entfernung von mir gesehen werden, scheinen alle dazwischen liegenden Raumstellen unbesetzt zu sein; hier wäre also ein qualitätloser Sehraum vorhanden. Allein auch das beruht auf einer Verwechslung. In der Richtung des nächsten gesehenen Objektes werden allerdings keine Qualitäten gesehen, aber (und das darf man nicht übersehen) auch keine Orte; hier ist nicht leerer Sehraum da, sondern gar nichts. Ein Abstand wird nicht erst wahrgenommen, wenn er ausgefüllt ist.

Es ist also der Sehraum kein Receptaculum und wenn er das nicht ist, so ist schon gar kein Anlaß, von einem angeborenen Receptaculum zu reden.

II. Wenn man in der Raumanschauung etwas Angeborenes erblicken will, so kann auch gemeint sein, daß der äußere Reiz sie nicht allein bestimmt, sondern daß die Funktionsweise unseres Sehapparates daran mindestens ebenso beteiligt ist, so daß bei Gleichheit des äußeren Reizes unsere Raumanschauung eine andere wäre, wenn wir einen anders arbeitenden Sehapparat hätten; der Apparat aber ist angeboren. Dies ist richtig, gilt aber für alle unsere sinnlichen Qualitäten in derselben Weise (JOH. MÜLLER). Wir bringen also eine funktionelle Disposition von vornherein mit und von dieser können wir gewiß sagen, daß sie angeboren ist, nicht aber von der Raumanschauung. Es ist auch richtig, daß, wenn das ganze System unserer optischen Raumdaten in unserem Sehorgan dispositionell vorgebildet ist, sich unsere tatsächlichen Raumanschauungen nur innerhalb dieses Systems abspielen, also z. B. nur dreidimensional sein können, weil der Apparat nur dreidimensional funktioniert. Daher bedingt diese Anlage, daß wir zwischen zwei Punkten nur eine Linie wahrnehmen können, die uns den Eindruck macht, kürzer zu sein als jede andere und sich daher unsere Wahrnehmung zusammen mit der Schätzung des Augenmaßes in Übereinstimmung befindet mit dem bekannten EUKLIDschen Axiom. Es ist kein Zweifel, daß bei andern funktionellen Bedingungen des Sehorganes auch mehr als drei Dimensionen und mehr als eine Gerade zwischen zwei Punkten wahrgenommen werden könnten. Ebenso könnten wir uns ja auch unsern Sehapparat so konstruiert denken, daß es keine stereoskopische Grenze gäbe und daher unser Sehraum nach der Tiefe unbegrenzt wäre. Da aber unser Sehorgan in einer ganz bestimmten Weise konstruiert ist, liegen eine Reihe von Relationen in ihm vorgebildet und es zeichnen sich daher auch gewisse Axiome dadurch aus, daß unsere Anschauungen bloß mit ihnen und nicht mit anderen, im übrigen gleich möglichen, harmonieren. Man kann also sagen, daß vor aller Erfahrung eine präformierte Anlage zu einem ganz bestimmten System von räumlichen Anschauungen gegeben ist. Daraus folgt natürlich nicht, daß die Raumanschauung selbst angeboren sei und noch weniger, daß es die Axiome sind.

In betreff der letzteren sei nur noch eine Bemerkung hinzugefügt. Die Begriffe, aus denen sie bestehen, sind nicht Verallgemeinerungen aus je einer Anschauung, sondern sind in komplizierter Weise synthetisch definiert und nur der Bedingung der Widerspruchslosigkeit unterworfen. Aus diesem Umstand geht die Ersetzbarkeit der EUKLIDschen Axiome durch andere hervor. Unsere Anschauung, die ein anderes Vorstellungsmaterial hat als es die geometrischen Axiome haben, ist nur mit einem bestimmten System von Axiomen verträglich. Würde man also den Fehler machen, für die in den Axiomen verwendeten Begriffe einfach unsere Anschauungen einzusetzen, so könnte die Meinung entstehen, daß ein ganz bestimmtes System von Axiomen präformiert sei. Und macht man weiter den Fehler, das Präformierte als angeboren anzusehen und macht man noch den dritten Fehler, angeboren mit a priori zu verwechseln, so kann die Meinung entstehen, daß unsere geometrischen Axiome apriorische Urteile seien und ihnen als solchen der Charakter der Notwendigkeit zukomme.

III. Die Frage „angeboren oder erworben" ist aber für unsere Raumanschauung noch in einer andern Bedeutung aufgeworfen worden. Selbst wenn man das „angeboren" nur im Sinne einer dispositionellen Präformation versteht und die aktuelle Raumanschauung als eine erworbene ansieht, bleibt doch noch eine Schwierigkeit bestehen. Nach dem bisher Gesagten müßte sich das Raumdatum einer Gesichtsempfindung genau so verhalten wie seine Qualität. Beide sind vom Reiz und von der Funktionsweise unseres Sehorgans abhängig und sind daher, wenn diese beiden Faktoren gegeben sind, in eindeutiger Weise bestimmt und diese Kausalbeziehung ist eine primäre, nicht weiter zurückführbare.

Bei unveränderter Funktion unseres Sehorgans ruft ein Licht von 501 $\mu\mu$ die Empfindung Grün hervor; und wie immer die physiologischen Mittelglieder zwischen dem äußern Reiz und der Empfindung beschaffen sein mögen, wir denken sie uns jedenfalls als rein physiologische Vorgänge, die kein Bewußtseinskorrelat haben (z. B. die chemischen Veränderungen des Sehpurpurs usw.); es treten keine psychischen Mittelglieder auf und daher schon gar keine, die etwa erst im individuellen Leben erworben werden müßten. Wir können nicht von einem Erlernen der Empfindung Grün sprechen und sind daher der begründeten Überzeugung, daß der erwachsene Mensch auf den Lichtreiz geradeso reagiert wie das neugeborene Kind. Anders aber scheint es sich bei den Raumdaten der Empfindung zu verhalten. Hier gibt es eine Reihe von Beobachtungen, die schlagend zu beweisen scheinen, daß man bei der Lokalisation von einem Erlernen sprechen kann, etwa so wie man die Bedeutung von Sprachzeichen erlernen muß, wo ja zwischen den akustischen Reiz und die Bedeutungsvorstellung psychische Glieder eingeschaltet werden. Den Beweis dafür, daß es im individuellen Leben so etwas gibt wie Entwicklung der Raumanschauungen, Vervollkommnung der Lokalisation, kurz ein Sehenlernen, erblickt man darin, daß zweifellos Unterschiede bestehen zwischen den Anfangsstadien der Lokalisation und den späteren Stadien.

Wenn wir aber schon einmal gezwungen sind, einen Einfluß der Erfahrung auf die Lokalisation der Sehobjekte gelten zu lassen, so scheint es dem logischen Grundsatz der Sparsamkeit zu entsprechen, sich mit diesem einzigen Erklärungsprinzip zu begnügen, d. h. anzunehmen, daß der Neugeborene überhaupt nicht lokalisiere und somit unser ganzes optisches Raumsystem ein Produkt individueller Erwerbung sei. Man hat die Vertreter dieses Standpunktes, zu denen sehr namhafte Forscher, vor allem Lotze und Helmholtz, gehören, als Empiristen bezeichnet.[1] Diejenigen dagegen, welche annehmen, daß das Sehorgan auf einen Reiz ebenso primär mit einem Ort wie mit einer Farbe reagiert und daß nicht erst eine weitere geistige Leistung nötig ist, um der — ursprünglich ortslosen — Empfindung einen scheinbaren Ort zu verschaffen, hat man Nativisten genannt. Diese Lehre, die mit allem Nachdruck von Hering vertreten wird und auch unsern Ausführungen zugrunde gelegt ist, wäre aber zweifellos besser statt als „Nativismus" als „Lehre von den Raumempfindungen" zu bezeichnen, weil durch diesen Ausdruck die vollkommene Koordination von Farbe und Ort eines Sehobjektes angedeutet ist.

Es wird nunmehr unsere Aufgabe sein, uns mit den Gründen für und wider den „Nativismus" auseinander zu setzen.

---

[1] Auf empiristischem Standpunkte stehen auch die meisten englischen Psychologen, so Berkeley, James und J. St. Mill, Alex. Bain, Herb. Spencer.

2. Die Argumente der Empiristen gegen den Nativismus

Die Unrichtigkeit der nativistischen Auffassung soll vor allem aus der „Tatsache des Sehenlernens" hervorgehen. Niemand kann leugnen, daß zwischen der Lokalisation eines Neugeborenen und der eines Erwachsenen ein Unterschied besteht, und es wird daher für uns von größtem Interesse sein, zu untersuchen, was sich aus der Lokalisation im frühesten Kindesalter erschließen läßt.

Die Lokalisation im frühen Kindesalter. Mehrfache Beobachtungen über das Lokalisationsvermögen kleiner Kinder liegen vor. Die ersten systematischen Beobachtungen darüber stammen von PREYER.[1] Man hat aus den Beobachtungen entnehmen zu müssen geglaubt, daß im frühesten Kindesalter sehr falsch lokalisiert wird, vor allem nach der Dimension der Tiefe. Doch lassen sich schwere Bedenken gegen alle diese Lokalisationsuntersuchungen bei kleinen Kindern geltend machen.

Unmittelbar haben wir natürlich keine Vorstellung von der Lokalisation des Kindes, wir sind also darauf angewiesen, aus gewissen Handlungen des Kindes auf dessen Lokalisation zu schließen, namentlich aus der Art, wie ein Kind nach einem gesehenen Gegenstand greift, oder auch überhaupt, ob es danach greift oder nicht. Die Schlüsse aus falschen Greifbewegungen sind aber von höchst zweifelhaftem Wert, weil die Beobachtungen sämtlich mehrdeutig sind. Wenn falsch gegriffen wird, so braucht das seinen Grund durchaus nicht in einer falschen Lokalisation zu haben, diese kann möglicherweise ganz richtig sein, das Kind hat aber noch nicht hinreichende Übung in der Ausführung der Bewegungen, denn auch diese müssen erst gelernt werden. Es muß erst eine Beziehung hergestellt werden zwischen einem gesehenen Ort und der Innervation bestimmter Muskelgruppen.

Beim Erwachsenen ist im allgemeinen diese Zuordnung längst erworben, aber wir brauchen nur neuartige Bedingungen einzuführen, z. B. eine Bewegung unter Leitung des Spiegelbildes ausführen zu lassen, um zu sehen, wie auf einmal vollständige Desorientierung auftritt,[2] weil die Zuordnung zwischen Muskelinnervation und optischer Wahrnehmung noch nicht hergestellt ist. In diesem Zustand aber befindet sich das Kind. Wenn ferner das Kind nach Gegenständen langt, die viel zu weit entfernt sind, so folgt auch daraus nicht mit Notwendigkeit, daß die Tiefenlokalisation eine falsche ist. Bei vollkommen richtiger Tiefenlokalisation kann möglicherweise die Erfahrung über die Größe des

---
[1] Seele des Kindes. Leipzig 1882.
[2] Dies zeigen die Experimente STRATTONS (Some preliminary experiments on vision without inversion of the retinal image. Psychol. rev., Bd. 3, S. 611ff., 1896, und: Vision without inversion of the retinal image. Ebenda, Bd. 4, S. 341ff. und S. 463ff., 1897).

Fühlraumes, d. h. über denjenigen Ausschnitt des Sehraumes, den man mit den Armen beherrschen kann, noch nicht vorhanden oder wenigstens noch nicht hinreichend wirksam sein. Man darf auch nicht vergessen, daß Greifbewegungen den Charakter pantomimischer Bewegungen haben können, d. h. daß sie als Ausdruck des Verlangens in Fällen vorkommen können, in welchen die Überzeugung von der physischen Erreichbarkeit eines Gegenstandes gar nicht vorliegt.[1]

Ein weiterer Umstand, welcher auf die Unsicherheit eines Schlusses von falschen Greifbewegungen auf falsche Lokalisation hinweist, ist der, daß die Herrschaft über die Augenbewegungen selbst erst erworben werden muß. Aus zahlreichen Untersuchungen von Ophthalmologen[2] geht sicher hervor, daß die ersten koordinierten Augenbewegungen bei Kindern niemals symmetrisch, sondern gleichgerichtet sind. Die ersten koordinierten Bewegungen sind Parallelführungen der Augen und es scheint im allgemeinen ziemlich lange zu dauern, bis überhaupt Konvergenzbewegungen zustandekommen, so daß wir damit zu rechnen haben, daß im frühesten Kindesalter eine Herrschaft über die Augenbewegungen im Sinne einer Fixation gar nicht da ist. Daraus folgt, daß das Kind die Gegenstände, für die es sich interessiert, gewöhnlich in Doppelbildern sehen wird. So lange aber ein planmäßiges Fixieren nicht stattfindet, können wir nicht von einem eigentlichen binokularen Sehakt reden und daher kann auch keine Tiefenwahrnehmung zustandekommen.

Es sind also die Fehlgriffe bei Kindern so vieldeutig, daß wir uns sehr zurückhalten müssen, aus ihnen sofort Schlüsse auf eine unentwickelte Lokalisation zu ziehen; andere Deutungen sind gerade so gut möglich, ja viel wahrscheinlicher.

Die Erkenntnis dieser Mängel, welche den Beobachtungen an kleinen Kindern anhaften, hat dazu geführt, das ursprüngliche Verhältnis zwischen Qualität und Ort an jenen Individuen zu studieren, bei denen von Geburt oder von einer sehr frühen Altersstufe an vollständige Blindheit oder das Unvermögen zu scharfen Bildern bestanden hat und die durch eine glückliche Operation plötzlich in den Besitz des Gesichtssinnes gelangt sind. Solche Leute sind hinreichend entwickelt, um sich selbst beobachten und über diese Beobachtungen berichten zu können; man kann hier auch die Bedingungen der Lokalisation planmäßig ändern.

---

[1] So ist wahrscheinlich der Vorfall aufzufassen, den PREYER (Seele des Kindes, 2. Aufl., S. 40) berichtet. In der 96. Lebenswoche warf P. dem im Garten spielenden Kinde vom 2. Stockwerk aus ein Stück Papier zu. Das Kind hob es auf, betrachtete es und hielt es lange Zeit seinem Vater mit emporgehaltenen Händen entgegen, indem es das Verlangen äußerte, der Vater möge ihm das Stück Papier wieder abnehmen.

[2] Vgl. RÄHLMANN: Physiologisch-psychologische Studien über die Entwicklung der Gesichtswahrnehmung bei Kindern. Zeitschr. f. Psychol., Bd. 2, S. 53ff.

Es ist daher begreiflich, daß man auf die Resultate der Untersuchungen bei operierten Blindgeborenen das größte Gewicht gelegt hat.

Versuche an operierten Blindgeborenen. Die wichtigsten der aus der Literatur[1] bekannten Fälle sollen kurz mitgeteilt werden, und zwar möglichst nach den Originalberichten der behandelnden und untersuchenden Ärzte, nach denen die Fälle auch benannt sind.

CHESELDEN (im Original mitgeteilt in den Philosoph. Transactions 1728; bei HELMHOLTZ: Handb. d. Physiol. Optik, 2. Aufl., S. 731ff.). 13jähriger Knabe, von Geburt mit grauem Star behaftet. Er wird zunächst an einem Auge operiert.

„Anfangs, nachdem er sein Gesicht bekommen hatte, war er so wenig fähig, über Entfernungen zu urteilen, daß er glaubte, alle Gegenstände berührten seine Augen, wie das, was er fühlte, seine Haut. . . . Er machte sich keinen Begriff von der Gestalt irgend einer Sache, unterschied auch keine Sache von der andern,[2] so verschieden sie auch an Gestalt und Größe waren; wenn man ihm aber sagte, was das für Dinge wären, die er zuvor durchs Gefühl erkannt hatte, so betrachtete er sie sehr aufmerksam, um sie wieder zu kennen; weil er aber auf einmal zu viel Sachen zu lernen hatte, vergaß er immer wieder viel davon . . . . Zum Exempel, er hatte oft vergessen, welches die Katze und welches der Hund war und schämte sich darum weiter zu fragen . . . .

Man glaubte, er würde bald verstehen lernen, was Gemälde vorstellten, es zeigte sich aber das Gegenteil. Denn zwei Monate, nachdem ihm der Star gestochen war, machte er plötzlich die Entdeckung, daß sie Körper mit Erhöhungen und Vertiefungen darstellten; bis dahin hatte er sie nur als **buntscheckige Flächen** angesehen. Dabei aber erstaunte er nicht wenig, daß sich die Gemälde nicht so anfühlen ließen wie die Dinge, welche sie vorstellten . . . . Er fragte, welcher von seinen Sinnen ihn betrüge, das Gefühl oder das Gesicht . . . .

Als ihm der Star an dem andern Auge gestochen ward, kamen ihm, wie er sagte, die Sachen mit diesem Auge größer vor, doch nicht so groß, als sie ihm anfangs mit dem ersten erschienen waren. Wenn er einerlei Sache mit beiden Augen ansah, so kam sie ihm noch einmal so groß vor als mit dem

---

[1] Die ältere Literatur ist zusammengestellt bei: v. HIPPEL (Beobachtungen an einem mit doppelseitigem Katarakt geborenen, erfolgreich operierten Kinde. Arch. f. Ophth., Bd. 21 (2), 1875), UHTHOFF (Untersuchungen über das Sehenlernen eines 7jährigen Blindgeborenen. Beitr. z. Psychol. u. Physiol. d. Sinnesorgane. Festschr. f. Helmholtz. Leipzig, Voß 1891), SCHLODTMANN (Ein Beitrag zur Lehre von der opt. Lokalisation bei Blindgeborenen. Arch. f. Ophth., Bd. 54, 1902), STUMPF (Über den psychol. Ursprung der Raumvorstellung. Leipzig, Hirzel 1873), BOURDON (La perception visuelle de l'éspace. Paris, Schleicher frères 1903).

Neuere Mitteilungen stammen von: LATTA (Notes on a case of successfull operation for congenital cataract in an adult. Brit. Journ. of Psychol., Bd. 1, 1905), LE PRINCE (Education de la vision chez un aveugle-né. Journ. de psychol. nom. et path., Bd. 12, 1915), SEYDEL (Ein Beitrag zur Lehre von der optischen Lokalisation bei Blindgeborenen. Klinisches Monatsblatt für Augenheilkunde, Bd. 1, 1902).

[2] In dieser Form ist der Bericht unsinnig und widerspricht dem später Mitgeteilten.

zuerst erhaltenen allein; aber doppelt sah er nichts, soviel man entdecken konnte."

HOME (2 Fälle. Phil. Transactions 1807; bei W. PREYER: Seele des Kindes. 2. Aufl., S. 472ff.). Der erste dieser beiden Fälle betrifft einen 12 Jahre alten Knaben, William Stiff. Vor der Operation konnte er Licht von Dunkelheit unterscheiden. „Wenn er nach der Sonne sah, sagte er, sie scheine seine Augen zu berühren. Wenn eine brennende Kerze vor ihn hingestellt wurde, richteten sich beide Augen auf dieselbe und bewegten sich gleichzeitig. Wenn sie ihm näher als 12 Zoll stand, so sagte er, sie berühre seine Augen."

Nachdem er an einem Auge operiert war, antwortete er auf die Frage des Arztes, was er gesehen habe: „Ihren Kopf, welcher meine Augen zu berühren schien", aber er konnte seine Gestalt nicht angeben. Nachdem er am zweiten Auge operiert war, schienen die Sonne und andere Gegenstände nicht mehr wie vorher seine Augen zu berühren, sie schienen sich in einer kleinen Entfernung vor ihnen zu befinden. Als ihm die vier Ecken einer weißen Karte gezeigt wurden, schien er sie zu kennen, als ihm aber die Rückseite derselben Karte (gelb) gezeigt wurde, konnte er nicht angeben, ob sie Ecken habe oder nicht.

Der zweite der HOMEschen Fälle betrifft einen 7jährigen Knaben, J. Salter (monokularer Fall).

10 Minuten nach der Operation wurde in einem Abstand von 6 Zoll vom Auge eine runde, gelbe, 1 Zoll im Durchmesser haltende Karte hingestellt. Nachdem er sie eine Zeitlang betrachtet hatte, nannte er sie rund, ebenso aber eine viereckige Karte und ein dreieckiges Stück. Auf die Frage, ob die Gegenstände seine Augen berührten, antwortete er „nein". Als man verlangte, er möchte die Entfernung angeben, in der er sich befände, war er außer Stande, es zu tun .... Als ihm ein Viereck gezeigt wurde mit der Frage, ob er Ecken an demselben sehen könne, fand er, nachdem er es eine Weile betrachtet hatte, eine Ecke und zählte dann ohne Schwierigkeiten die vier Ecken weiter. Bei einem Dreieck ebenso, aber während er zählte, wanderte sein Blick die Kante entlang von Ecke zu Ecke. Am folgenden Tag erzählte er, er habe „die Soldaten mit ihren Pfeifen und hübschen Sachen" gesehen. Die Garde war mit ihrer Musikbande vorbeimarschiert ....

13 Tage nach der Operation wurden ihm die verschieden gefärbten Karten einzeln vorgelegt; er konnte die Gestalt der Karten nur angeben, wenn er die Ecken eine nach der andern zählte.

WARDROP (Phil. Transactions 1826. HELMHOLTZ: Physiol. Optik. 2. Aufl., S. 732ff.).

Ungefähr 40jährige Dame. Monokularer Fall. Regellose Beobachtungen.

„Nach der Operation kehrte sie in einem Wagen nach Hause zurück, ... das erste, was sie bemerkte, war ein Mietwagen, der vorbeikam, wobei sie ausrief ‚Was für ein großes Ding ist da bei uns vorbeigekommen?'.... Am dritten Tage bemerkte sie Türen an der anderen Seite der Straße und fragte, ob sie rot seien; sie waren in der Tat von der Farbe des Eichenholzes. Am Abend blickte sich nach ihres Bruders Gesicht und sagte, sie sähe seine Nase; er forderte sie auf, danach zu greifen, was sie tat .... Am sechsten Tage erklärte sie, daß sie besser sähe, als an irgend einem der vorigen Tage; aber ich kann nicht sagen, was ich sehe, ich bin ganz dumm. Sie schien in der Tat dadurch ganz verwirrt zu sein, daß sie nicht fähig war, die Wahrnehmungen durch den Tastsinn mit denen durch den Gesichtssinn zu kombinieren, und fühlte sich enttäuscht, daß sie nicht fähig war, sogleich Gegenstände mit dem Auge zu unterscheiden, die sie so leicht durch Betasten unterscheiden konnte ....

Am neunten Tage sagte sie zu ihrem Bruder: ‚Heute sehe ich dich sehr gut', kam zu ihm heran und reichte ihm die Hand....

Am 13. Tage forderte ihr Bruder sie auf, in den Spiegel zu sehen und ihm zu sagen, ob sie sein Gesicht darin sähe; worauf sie, sichtbar enttäuscht, antwortete: ‚Ich sehe mein eigenes; laß mich gehen.'....

18 Tage nach der Operation versuchte Herr WARDROP durch einige Proben, die Genauigkeit ihrer Begriffe von der Farbe, Gestalt, Form, Lage, Bewegung, Entfernung der äußeren Objekte festzustellen.... Sie erkannte offenbar die Verschiedenheit der Farben, d. h. sie erhielt und empfand verschiedene Eindrücke von verschiedenen Farben.... Hierbei mag noch bemerkt werden, daß, wenn sie einen Gegenstand zu prüfen wünschte, es ihr ziemlich schwer wurde, ihr Auge dahin zu richten und seine Lage ausfindig zu machen, indem sie ihre Hand sowohl wie ihr Auge in verschiedenen Richtungen herum bewegte, wie jemand mit verbundenen Augen oder im Dunkeln mit seinen Händen umhergreift, um zu fassen, was er wünscht. Sie unterschied auch große von kleinen Gegenständen, wenn beide ihr nebeneinander zum Vergleich vorgehalten wurden. Sie sagte, sie sähe verschiedene Formen an verschiedenen Gegenständen, die ihr gezeigt wurden.... Sie konnte auch Bewegungen bemerken; denn als ein Glas Wasser auf den Tisch vor sie gestellt wurde und, als sie ihre Hand näherte, schnell fortgezogen wurde in größere Entfernung, sagte sie sogleich: ‚Sie bewegen es; Sie nehmen es fort.'

Sie schien dagegen die größte Schwierigkeit zu haben in der Schätzung der Entfernung der Dinge; denn während ein Gegenstand dicht vor ihr Auge gehalten wurde, suchte sie wohl danach mit ausgestreckter Hand weit jenseits seiner wirklichen Lage, während sie bei andern Gelegenheiten nahe an ihrem Gesicht herumgriff nach einem Dinge, das weit entfernt war....

Dabei mag noch bemerkt werden, daß sie durch die Übung ihres Gesichtes nur sehr wenig Kenntnis irgend welcher Formen gewonnen hatte und unfähig war, die Wahrnehmungen des neu gewonnenen Sinnes anzuwenden und zu vergleichen mit dem, was sie durch den Tastsinn zu erkennen gewöhnt war. Als man daher den Versuch machte, ihr einen silbernen Bleistifthalter und einen großen Schlüssel in die Hand zu geben, so unterschied sie und erkannte beide ganz genau. Aber wenn sie nebeneinander auf den Tisch gelegt wurden, sah sie, daß beide verschieden seien, aber sie konnte nicht sagen, welches der Bleistifthalter sei und welches der Schlüssel....

Von da bis zu der Zeit, wo sie London verließ, sechs Wochen nach der Operation, fuhr sie fort, fast täglich mehr Kenntnis der sichtbaren Welt zu gewinnen, aber es blieb noch viel zu lernen übrig. Sie hatte eine ziemlich genaue Kenntnis der Farben und ihrer verschiedenen Abstufungen und Namen gewonnen.... Sie hatte noch durchaus keine genaue Kenntnis der Entfernungen oder Formen gewonnen und bis zu dieser Zeit hin war sie immer noch verwirrt bei jedem (neuen) Gegenstand, auf den sie blickte. Auch war sie noch nicht fähig, ohne beträchtliche Schwierigkeit und zahllose vergebliche Versuche ihr Auge auf einen Gegenstand zu richten, so daß, wenn sie versuchte, danach hinzublicken, sie ihren Kopf nach verschiedenen Seiten wendete, bis ihr Auge den Gegenstand erfaßte, nach dem sie suchte."

FRANZ (Philos. Transactions 1841; bei W. PREYER: Seele des Kindes 2. Aufl., S. 480ff.).

17jähriger intelligenter Mensch; monokularer Fall. Die Versuche konnten erst einige Tage nach der Operation begonnen werden. Bis dahin war das operierte Auge verschlossen. Der Patient saß mit dem Rücken gegen das Licht. „Ein Blatt Papier mit zwei schwarzen Linien, einer horizontalen und einer vertikalen, wurde in einer Entfernung von etwa 3 Fuß vor ihm hingestellt .... Er bezeichnete die Linien mit den richtigen Ausdrücken. Als er ersucht wurde, auf die horizontale Linie zu deuten, bewegte er die Hand langsam, wie tastend und wies auf die senkrechte, aber nach kurzer Zeit seinen Irrtum bemerkend, verbesserte er sich. Die schwarzen Umrisse eines Quadrates, innerhalb dessen ein Kreis und (in diesem) ein Dreieck gezeichnet waren, wurde nach sorgfältiger Betrachtung von ihm erkannt und richtig beschrieben. Wenn er ersucht wurde, eine von den Figuren zu bezeichnen, bewegte er niemals seine Hand direkt und entschieden, sondern immer wie tastend und mit der größten Vorsicht; aber er zeigte richtig das Verlangte. Eine Zickzacklinie und eine Spirale fand er verschieden, konnte sie aber nicht anders beschreiben, als indem er ihre Formen mit dem Finger in der Luft nachahmte. Er sagte, er habe keine Vorstellung von diesen Figuren."

Die Fenster wurden bis auf eines verhängt und gegen das verhängte wandte der Patient den Rücken. In der Entfernung von 3 Fuß wurden in Augenhöhe ein Würfel und eine Kugel von 4 Zoll Durchmesser vor ihn hingestellt. Er sagte, er sehe ein Quadrat und eine kreisförmige Figur. Nun schloß er das Auge, der Würfel wurde fortgenommen und statt dessen eine viereckige Scheibe von derselben Größe vor ihn hingelegt. Er merkte keinen Unterschied und hielt beides für Scheiben. Der Würfel wurde nun in schräger Stellung vor das Auge gestellt und daneben eine Fläche des Würfels in dieser Stellung. Beides hielt er für eine Art flacher Quadrate. Eine Pyramide, die mit einer sichtbaren Seite vor ihn gestellt wurde, hielt er für ein ebenes Dreieck. Die Pyramide wurde nun gedreht, so daß zwei Seiten, von der einen mehr als von der andern, ihm sichtbar wurden. Er meinte, dies sei eine ganz außerordentliche Figur, weder Dreieck noch Kreis, er könne sie nicht beschreiben.

„Unmittelbar beim Aufschlagen des Auges habe er", erzählt der Patient nachträglich, „einen Unterschied zwischen Würfel und Kugel entdeckt, habe sie aber erst Quadrat und kreisförmige Scheibe nennen können, bis er ein Gefühl von dem, was er sah, in den Fingerspitzen hatte." Als ihm der Arzt die drei Körper, Würfel, Kugel, Pyramide, in die Hände gab, war er sehr erstaunt, sie nicht durch das Gesicht erkannt zu haben.

In ein Gefäß, welches Wasser bis zu 1 Fuß Höhe enthielt, wurde eine Kugel gelegt und auf die Oberfläche ein Kreis. Der Patient bemerkte keinen Unterschied. Auf die Kugel zeigend, ersuchte der Arzt ihn, sie zu ergreifen. Er machte einen Versuch, sie von der Wasserfläche zu nehmen. Dann meinte er, beide Gegenstände lägen im Wasser. Darauf wurde ihm die wahre Lage mitgeteilt. Der Arzt ersuchte ihn, die Kugel im Wasser mit einem Stabe zu berühren, er verfehlte aber jedesmal sein Ziel. Er konnte überhaupt niemals den Gegenstand mit der ersten Bewegung der Hand berühren. Über reflektiertes Licht befragt, sagte er, er müsse sich immer erst vorstellen, daß der Spiegel an der Wand befestigt sei, um seine Vorstellungen zu regeln. Anfangs schienen ihm alle Gegenstände so nahe, daß er fürchtete, mit ihnen in Kontakt zu geraten. Er sah auch alles viel größer, als er es nach dem Tastsinn erwartet hatte. Menschen, Pferde schienen ihm sehr groß zu sein. Beim Entfernungschätzen betrachtete er die Gegenstände von verschiedenen Seiten. „Von der Perspektive der Gemälde hatte er keine Vorstellung; es erschien ihm unnatürlich, daß ein Mann im Vordergrund größer war als ein Haus oder ein Berg im Hintergrunde." Alle Gegenstände erschienen ihm vollkommen flach, so sehe er das menschliche Angesicht wie eine Ebene. Bisher, wenn er von Personen träumte, fühlte er sie und hörte ihre Stimmen, jetzt sehe er sie auch in seinen Träumen.

RAEHLMANN (Physiologisch-psychologische Studien über die Entwicklung der Gesichtswahrnehmungen bei Kindern und bei operierten Blindgeborenen. Zeitschr. f. Psychol., Bd. 2, S. 72ff., 1891).

J. RUBEN ist 19 Jahre alt; zuerst wird das rechte Auge operiert, 14 Tage später das linke. Beim linken Auge gelingt die Operation nicht vollständig. Die Untersuchungen werden erst vier Wochen nach der ersten Operation begonnen, bis dahin bleiben die Augen ständig verbunden.

„Nach Öffnung der Augen deutlich tappende atypische Augenbewegungen.... Der Kopf des Operateurs wird von dem Patienten wahrgenommen, und auf die Frage, was er sehe, antwortet er: Etwas Weißes und Dunkles. Man zeigt dem Kranken ein von ihm täglich benutztes Trinkgefäß aus Blech in zirka 1 m Entfernung." Man sieht, daß es ihm große Schwierigkeiten macht, den Gegenstand zu fixieren. Patient bemerkt den vorgehaltenen Gegenstand, verliert ihn aber, sobald man ihn aus der Mitte entfernt. „Auf die Frage, welchen Gegenstand er sehe, antwortet er: Etwas Helles, Weißes." Beim Fassen führt der Patient die Hand neben dem Gegenstand vorbei zu weit nach vorn, dann zurück. Beim zweiten Mal erkennt er den Gegenstand sofort. Während der Kranke die Augen offen hat, bringt der Operateur seinen Kopf in die Richtung der Blicklinien des Patienten, welcher auf die bezügliche Frage angibt, er sehe etwas Helles und Dunkles, was vorher nicht da war.

Zwei Tage später. Der Patient bewegt nach Abnahme des Verbandes mehr den Kopf als die Augen. Er erkennt das Trinkgefäß, aber sonst keinen Gegenstand. „Auf die Frage, ob er etwas im Raume erkenne, ... zeigt er auf den weißen Kachelofen und die Tür (beide zirka 6 m entfernt) und bezeichnet richtig beide Gegenstände. Patient hat beide Gegenstände beim Aufstehen von seinem Bett häufig betastet und die relative Lage derselben zu seinem Bette aus diesen Tastversuchen erkannt." Man zeigt ihm sein Trinkgefäß und ein viel größeres ähnliches Gefäß, ersteres auf einen halben, letzteres auf 8 m Entfernung, beides wird als gleich bezeichnet.

Bei späteren Versuchen wird dem Patienten eine Kugel und ein Würfel gezeigt, aus gleich gefärbtem Holze, vom selben Durchmesser. „Er erkennt, wenn er sie nebeneinander sieht, daß beide Gegenstände verschieden sind, weiß aber nicht, welcher Gegenstand rund und welcher eckig ist. Man zeigt ihm neben der Kugel eine runde Scheibe, neben dem Würfel ein viereckiges Brett, beide vom Durchmesser von Kugel und Würfel. Der Patient vermag die Scheibe nicht von der Kugel, das Brett nicht von dem Würfel zu unterscheiden.... Von zwei gleich großen Gegenständen hält Patient den entfernteren für kleiner. Dabei läßt sich aber deutlich feststellen, daß es ihm schwer fällt, einen entfernten Gegenstand, den man ihm zeigt, im Blickfelde aufzufinden und dessen Bild mit den Augen festzuhalten."

Bei einem späteren Versuch werden dem Patienten auf weiße Tafeln gemalte schwarze Punkte gezeigt und er wird aufgefordert, ihre Zahl anzugeben. Nach vielen vergeblichen Versuchen sucht er die einzelnen Punkte durch Kopfbewegungen auf und zählt sie auf diese Weise.

Die weiteren Versuche sind weniger interessant, weil dem Patienten nunmehr die Binde abgenommen wird und er in der Zwischenzeit unkontrollierte Übungen anstellt.

Die im vorhergehenden angeführten Beobachtungen sind zum großen Teil sehr minderwertiger Natur. Ein prinzipieller Fehler (den bloß FRANZ und RAEHLMANN vermieden. haben) liegt darin, daß die Patienten außerhalb der Zeit der Untersuchungen gar keiner Kontrolle unterstanden. Wir wissen nicht, welche Erfahrungen sie während des ganzen Tages machten, ob und nach welcher Richtung sie ihr Sehvermögen übten und was sie etwa durch Mitteilungen anderer Kranken erfuhren. Das wird bei aufgeweckten Köpfen ganz anders sein als bei Unintelligenten.[1] Ferner sind die Prüfungsobjekte im allgemeinen viel zu kompliziert in ihrer Gestalt (außer im Falle FRANZ), Schlüssel, Bleistifthalter, Tassen u. dgl.; man müßte mit Lichtpunkten im Dunkelraum arbeiten, dann mit geraden Linien und sehr einfachen, geradlinig begrenzten Figuren. Auch kommen nicht selten direkte Widersprüche vor, besonders im Falle WARDROP. Am dritten Tag ist die Patientin imstande, auf Verlangen die Nase ihres Bruders zu berühren, am neunten Tage gibt sie ihm die Hand. Aber am achtzehnten Tag erfahren wir, daß sie beim Greifen nach einem direkt vor das Auge gehaltenen Gegenstand die Hand jenseits des Gegenstandes ausstreckt, während sie bei anderen Gelegenheiten ganz nahe an ihrem Gesicht nach Dingen tastet, die weit entfernt waren. Das Protokoll dieses selben Tages berichtet, daß es ihr überhaupt sehr schwer gewesen sei, Blick und Hand nach einem indirekt gesehenen Objekt hinzubewegen, daß sie, wie einer, der im Dunkeln mit seinen Händen umhergreift, Auge und Hand in die verschiedensten Richtungen bringen mußte, bis sie endlich imstande war, den gesehenen Gegenstand zu erfassen. Diese Widersprüche lassen sich nur durch Unrichtigkeit des Berichtes erklären. Es ist sehr wahrscheinlich, daß die Nase am dritten Tag nur zufällig berührt worden ist; das Handgeben läßt sich vielleicht dadurch erklären, daß der Bruder ihr, anstatt sie ihm die Hand gereicht habe.

Weiter muß bemerkt werden, daß einer großen Menge von Versuchen überhaupt keine vernünftige Fragestellung zugrunde lag. Das gilt von allen Versuchen, in denen die Patienten nach den Namen von Gegenständen gefragt werden, die sie zum ersten Male sehen. Sie können der Aufforderung, die gesehenen Gegenstände zu benennen, natürlich nicht nachkommen. Richtige Benennung wäre nur möglich durch Identifizierung des gesehenen mit dem getasteten Gegenstand. Das Tasten ist aber gar kein Analogon des Sehens, denn was man gewöhnlich Tasten nennt, geschieht mit bewegter Hand und es kommt dabei nicht so sehr das taktile Bild des Augenblicks in Betracht, sondern das Wesent-

---

[1] So ist es z. B. auffallend, daß der zweite HOMEsche Patient am zweiten Tage nach der Operation erzählt, er habe Soldaten vorbeimarschieren gesehen. Wie konnte er denn erkennen, daß das Soldaten waren? An der Militärmusik!

liche sind Bewegungsempfindungen. Nun liegt aber in dem Ausdruck „Bewegungsempfindung" ein fataler Doppelsinn, auf den ZIEHEN[1] hingewiesen hat. Es können nämlich Empfindungen sein, die durch Bewegungen entstehen, d. h. bei denen der Reiz eine Bewegung ist, aber es können auch Empfindungen sein, deren Inhalt eine Bewegung ist. Die Empfindungen, die beim Tasten auftreten, sind Bewegungsempfindungen im ersten Sinne, d. h. sie entstehen durch Bewegung, ihrem Inhalt nach sind sie intensiv abgestufte Muskel- und Gelenksempfindungen.

Da die Bewegung gewöhnlich nicht in der Wirkungsbahn eines einzigen Muskels liegt, haben wir meist mehrere Intensitätsreihen. So kann das Abtasten einer geradlinigen Kante aus einer bestimmten Kombination zweier krummliniger Muskelbahnen bestehen. Der Geradlinigkeit entspricht dann freilich nur eine ganz bestimmte Kombination, aber als geradlinig ist diese durchaus nicht charakterisiert. Erst für den Sehenden kann das der Fall sein, wenn die Zuordnung der Bewegung zu einer optischen Geraden genügend eingeübt ist. Dann stammt die Charakterisierung aber eben aus dem optischen Gebiet. Richtung und Richtungsänderung sind als solche nicht im Materiale der Bewegungsempfindungen gegeben, die letzteren könnten bestenfalls nur Zeichen für die ersteren sein, die optisch interpretiert werden können, wenn der Tastende auch sieht. Es ist also von vornherein klar, daß der plötzlich sehend gewordene Blindgeborene diese Identifikation unmöglich vollziehen kann. Überhaupt unterscheiden muß er aber natürlich die Gegenstände, z. B. einen Würfel von einer Kugel, sonst könnte er die Zuordnung auch später nicht erwerben.

Diese so zwecklos gehäuften Untersuchungen ergeben also ein Resultat, das jeder physiologisch überlegende Mensch hätte voraussehen können. Nur eine Ausnahme könnte zugegeben werden: wenn bei einer Reihe von Bewegungsempfindungen die Richtung plötzlich geändert wird, so kann dies als Intensitätsdiskontinuität auffallen. Eine solche Intensitätsdiskontinuität kann auch bei den Augenmuskeln vorkommen, wenn man den Konturen eines eckigen Gegenstandes mit den Gesichtslinien folgt und daher ist es nicht ausgeschlossen, daß dieser Diskontinuität sofort die bekannte Diskontinuität bei der Bewegung der Hand zugeordnet wird, Ecken können also möglicherweise sofort erkannt werden, nicht aber Richtungen.

Und ebenso zwecklos wie die bisher besprochenen sind die Versuche mit den Spiegelbildern. Wenn der RAEHLMANNsche Patient wiederholt hinter den Spiegel greift, so ist das ganz selbstverständlich. Das Bild liegt ja wirklich hinter dem Spiegel. Woher soll er wissen, daß es bloß ein Spiegelbild und kein reelles Objekt ist? Auch wir wissen das nur, wenn

---

[1] Experimentelle Untersuchungen über die räumlichen Eigenschaften einiger Empfindungsgruppen. Fortschritte der Psychol., Bd. 1, S. 227ff.

wir erkennen, daß ein Spiegel vorhanden ist. Viele Taschenspielerkunststücke, durch die auch wir getäuscht werden, beruhen darauf, daß man die Spiegelbilder derartig verkleidet, daß niemand an die Anwesenheit einer spiegelnden Fläche denkt. Für den operierten Blinden, der den Spiegel überhaupt noch nicht kennt, sind solche Verkleidungen natürlich unnötig; er befindet sich auch ohne solche Maßnahmen in ähnlicher Lage, in der wir uns befinden, wenn der Spiegel verkleidet ist. Ganz unsinnig aber sind die Versuche, in denen der Patient selbst in den Spiegel sieht. Was erwartet man denn eigentlich? Soll der Patient vielleicht sein eigenes Gesicht erkennen? Sein eigenes Gesicht erkennen heißt doch nichts anderes als ein früheres Spiegelbild mit einem gegenwärtigen identifizieren. Er müßte sich also vorher schon sehr oft im Spiegel betrachtet haben, wenn der Versuch gelingen soll. Die Patientin WARDROPS scheint das getan zu haben.

Wenn wir nun fragen, welche Resultate sich aus den vorliegenden Beobachtungen ergeben, so müssen wir sagen:

1. Es bedarf einer längeren Übung, um die Beziehung zwischen den völlig neuen optischen Bildern zu den bekannten taktilen Empfindungen herzustellen (Katze und Hund im Falle CHESELDEN, Bleistifthalter und Schlüssel im Falle WARDROP). Daraus folgt aber gar nichts zugunsten der Empiristen, denn unterschieden wurden die betreffenden Gegenstände auf Grund ihres optischen Eindruckes sofort; aber die richtige Benennung erfordert, wie früher auseinandergesetzt wurde, die Herstellung der Beziehung zwischen optischer und taktiler Empfindung, und diese muß erlernt werden.

Der Patient von FRANZ unterschied eine Zickzacklinie von einer Spirale, war aber nicht imstande, sie zu benennen und sagte, ,,er habe keine Vorstellung von diesen Figuren". Damit kann natürlich nur gemeint sein, daß er diese Gebilde nicht mit bereits bekannten Vorstellungen in Beziehung setzen, sie also nicht klassifizieren konnte, denn die Beziehung zwischen diesen optischen und den ihnen entsprechenden taktilen Figuren war noch nicht hergestellt. Daß er im strengen Sinne des Wortes keine ,,Vorstellung" gehabt habe, ist nicht anzunehmen; denn zur selben Zeit war er wohl imstande, wenn ihm eine horizontale und eine vertikale Linie gezeigt wurde, zu sagen, welches die horizontale und welches die vertikale sei, ja auch ein gezeichnetes Quadrat durch den bloßen Gesichtssinn als solches zu erkennen. Die Zickzacklinie und die Spirale waren für ihn einfach zu komplizierte Figuren, die mit dem zugehörigen taktilen Empfindungskomplex nicht so leicht in Beziehung gebracht werden konnten wie die horizontale und die vertikale Gerade.

2. Innerhalb der neuen optischen Eindrücke fehlt jede Orientierung, wie das namentlich aus dem Falle WARDROP hervorgeht.

Es handelt sich aber offenbar hier um eine ganz andere Frage als um die der Lokalisation. Nehmen wir an, alle Punkte des neuen Sehfeldes seien richtig lokalisiert, folgt dann daraus, daß der Beobachter Gegenstände sieht? Ein mit ruhenden Gegenständen ausgefülltes Gesichtsfeld besteht aus einer großen Menge von verschieden gefärbten und lokalisierten Flächenstücken. Was wir nun einen Gegenstand nennen, das ist zunächst nichts anderes als ein relativ stabiler Komplex von lokalisierten Farbenqualitäten. Solche Komplexe sondern sich aus der bunten Mannigfaltigkeit des im Gesichtsfeld Gegebenen dadurch aus, daß sie ihre räumlichen Beziehungen zu allem Übrigen, was sonst vorhanden ist, ändern können, während die Teile eines solchen Komplexes ihre relative Stellung zueinander nicht ändern. Die Änderung der räumlichen Beziehungen erfolgt, so oft ein Gegenstand sich bewegt, während die übrigen Objekte des Gesichtsfeldes ruhen. Es gehören also viele Erfahrungen dazu, um die Einzelheiten des Gesichtsfeldes in solche Komplexe zusammenzufassen, d. h. um die Vorstellung von Gegenständen zu bilden. Von einem ruhig Dasitzenden, der etwa die Schreibfeder in der Hand hält, kann man, wenn gar keine Erfahrungen vorliegen, nicht wissen, wo er aufhört, ob die Feder noch zu ihm gehört, vielleicht auch die Bank, auf der er sitzt. Erst wenn er die Feder weglegt und wenn er sich von der Bank erhebt und fortgeht, sondert sich der eine Komplex vom andern ab. Aber auch die einzelnen Teile des Körpers verhalten sich in dieser Beziehung nicht gleichwertig; ich beuge und strecke z. B. den Unterarm gegen den Oberarm, wenn ich aber einen Spazierstock in der Hand halte und ihn schwinge, so macht dieser gegen meinen Unterarm ganz ähnliche Bewegungen wie der Unterarm gegen den Oberarm. Woher soll also der zum erstenmal Sehende wissen, daß der Unterarm noch ein Teil meines Körpers ist, der Spazierstock aber nicht? Offenbar werden also diejenigen Teile des Körpers, die ihre Stellung relativ zueinander möglichst wenig, ja vielleicht gar nicht ändern, am leichtesten zu „einem Ding" zusammengehalten werden. Das trifft in besonders hohem Grade zu bei den einzelnen Teilen des menschlichen Gesichtes. Hier haben wir eine große Menge auffallender Details (Augen, Nase, Mund usw.), die ihre Stellung zueinander gar nicht ändern, während der Kopf in toto sehr verschiedene Lagen zum übrigen Körper einnehmen kann. Wir wissen von den kleinen Kindern, daß sie sich am leichtesten menschliche Gesichter merken und sie wiedererkennen, viel früher, als dies hinsichtlich lebloser Gegenstände der Fall ist. Das hängt gewiß damit zusammen, daß die Gesichter ihrer Umgebung diejenigen Objekte sind, die sie am allermeisten in Bewegung begriffen sehen, deren Teile also am frühesten zu stabilen Komplexen sich zusammenfügen.

Von WARDROPS Patientin wird berichtet, daß die ersten Gegenstände, die sie als Gegenstände erkennen und unterscheiden lernte, bewegliche Dinge waren, namentlich menschliche Gestalten. Und HELM-

HOLTZ bemerkt ganz richtig, daß ein Gegenstand eben durch Bewegung als ein zusammenhängendes Ganzes charakterisiert wird.[1]

Der Patient CHESELDENS hatte durch lange Zeit (bis zwei Monate nach der Operation) Gemälde bloß für buntscheckige Flächen gehalten, d. h. er hatte diejenigen Farbenflecken, welche zur Darstellung eines Dinges vereinigt werden müssen, eben noch nicht zu vereinigen verstanden.

Ein solches Zusammenfassen einer gewissen Elementengruppe zu einem stabilen Komplex setzt voraus, daß jener Komplex sich von den übrigen Elementen im Gesichtsfeld abgelöst habe, und zwar nicht einmal, sondern wiederholt abgelöst habe. Bedenkt man, daß eine solche wiederholte Ablösung sich für jeden der ungezählt vielen Gegenstände unserer Umgebung abgespielt haben muß, damit wir im eigentlichen Sinne die „Gegenstände unserer Umgebung" unterscheiden, so begreift man, daß eine sehr große Übung erforderlich sein wird, um sich auch nur in einem beschränkten Kreis zurecht zu finden. Auch im umgekehrten Sinne können hier Fehler gemacht werden, so wenn das Kind, das einen Reiter vom Pferd steigen sieht, meint, der Reiter sei „gebrochen".

Dazu kommt aber noch ein weiteres Moment. Zur Orientierung in unserer Umgebung gehört nicht nur, daß wir bestimmte Komplexe von optischen Eindrücken als „einen Gegenstand" zusammenfassen; es gehört auch dazu, daß wir diesen Gegenstand wiedererkennen, also die Identität eines späteren Komplexes mit einem früheren erkennen. Nun liefert jeder Gegenstand je nach seiner relativen Lage zum Beobachter sehr verschiedene perspektivische Bilder. Wir würden aber von einem Menschen kaum sagen, er sei „orientiert" über die Gegenstände seiner Umgebung, wenn er die verschiedenen perspektivischen Bilder, die ihm von einem und demselben Gegenstand zukommen, nicht aufeinander bezöge, sondern wenn er sie behandelte, wie wenn sie Bilder verschiedener Gegenstände wären. Somit gehört zur „Orientierung" eine sehr große perspektivische Erfahrung, und der Mangel der Orientierung, wie wir ihn bei allen operierten Blindgeborenen antreffen, ist nur ein Zeichen für etwas, was wir bei genauerer Überlegung hätten vorhersagen können, nämlich das Fehlen jener Aussonderung von Empfindungskomplexen und das Fehlen der Beziehung zwischen solchen Komplexen, die sich perspektivisch aufeinander zurückführen lassen. Aber es ist keine Rede davon, daß aus jener mangelnden Orientierung irgend etwas gegen die ursprüngliche Lokalisation der optischen Qualitäten gefolgert werden kann.

3. Eine dritte Gruppe von Beobachtungen beweist, daß große Unsicherheit in der Ausführung von Bewegungen herrscht, solange diese Bewegungen unter Leitung des neuen Gesichtssinnes ausgeführt werden, sowohl bei Bewegungen der greifenden Hand wie der Augen. Diese Un-

---

[1] Physiol. Optik, 2. Aufl., S. 737.

sicherheit ist eine individuell sehr verschiedene und wird mit wachsender Übung geringer. So wird von WARDROPS Patientin berichtet, daß es ihr schwer wurde, wenn sie einen Gegenstand zu prüfen wünschte, ihr Auge auf ihn zu richten, daß sie Auge und Hand zunächst in wechselnder Richtung herum bewegen mußte, wie einer, der im Dunklen tastet. Es wird weiter von derselben Patientin berichtet, daß sie, um einen seitlichen Gegenstand zu fixieren, zahllose Versuche machen und dabei sehr viel mit Kopfbewegungen nachhelfen mußte.

Der Patient von FRANZ griff nach einem Gegenstand wie tastend und sehr vorsichtig.

Alle diese Befunde haben mit unserer Lokalisationsfrage gar nichts zu tun. Auch bei richtiger optischer Lokalisation muß die korrekte Bewegung erst erlernt werden und hiebei sind die Augenbewegungen entschieden im Nachteil gegenüber den Bewegungen der Hand, weil Augenbewegungen im früheren Zustand der Blindheit überhaupt nicht geübt worden sind. Eine neue Leistung liegt für den operierten Blindgeborenen vor, sowohl wenn er die Hand nach einem direkt gesehenen Gegenstand bewegen soll, als wenn er den Blick auf einen zunächst indirekt gesehenen Gegenstand hinzuwenden die Aufgabe hat. Aber die Schwierigkeit ist für beide Fälle nicht gleich groß. Soll er die Hand nach einem gesehenen Gegenstand hinführen, so liegt die Neuheit der verlangten Leistung darin, daß er die Innervation einer gewissen Muskelgruppe einer optischen Lokalisation anzupassen hat, eine Arbeit, zu welcher er früher nie Veranlassung hatte; er wird also zunächst eine unzweckmäßige Bewegung machen, kann sie aber, wenn er die Unzweckmäßigkeit durch den Gesichtssinn erkennt, korrigieren, wenn er also z. B. zu tief gegriffen hat, eine entsprechende Hebung des Armes einleiten. Die Bewegung selbst, also z. B. die Bewegung der Hand nach abwärts, ist ihm etwas vollkommen Geläufiges und nur die Zuordnung zur optischen Lokalisation muß erlernt werden. Anders bei den Bewegungen, die das Auge machen muß, um einen exzentrisch gelegenen Gegenstand auf die Stelle des deutlichsten Sehens zu bringen: hier ist nicht nur die Zuordnung zum optischen Eindruck neu, sondern auch die Ausführung der Bewegung selbst. Von links unten nach rechts oben mit der Gesichtslinie zu wandern, verlangt ein ganz bestimmtes Zusammenwirken der sechs Augenmuskeln, ein Zusammenwirken, welches bisher überhaupt noch nicht geübt worden ist. Somit ist die nunmehr verlangte Leistung in doppelter Hinsicht ein Novum.

Außerdem kommt noch der weitere Umstand hinzu, daß bei der zweckmäßigen Hinwendung des Blickes an den Bewegungsapparat des Auges ein viel höherer Anspruch an Feinheit gestellt wird, als dies bei Handbewegungen der Fall ist. Wenn die Hand einen Gegenstand auch nur an irgend einem seiner äußersten Punkte berührt, so sagt man schon, es sei richtig gegriffen worden und überdies ist die Hand, wenn einmal überhaupt eine Berührung erfolgt, bereits in einem bekannten Arbeitsfeld, sie bewegt sich von da an im Fühlraum und kann sich an dem Gegenstand weitertasten, um ihn zu ergreifen. Bei der Fixation mit dem Blick dagegen steht die Sache ganz anders: hier wird unter Umständen das Treffen eines einzelnen Punktes verlangt, und man sagt solange, der Versuch sei mißlungen, als nicht wirklich dieser Punkt in die Gesichtslinie fällt; wird aber ein Punkt in der Nähe des zu fixierenden von der Gesichtslinie getroffen, so befindet sich das Auge nicht mehr in der günstigen Lage wie die Hand. Das Weitertasten bis zum verlangten Ziel ist noch immer eine ganz neue Leistung. Es wird uns also gar nicht wundern, daß die richtige Direktion der Augenbewegungen viel länger braucht als die der Hand. Erworben müssen sie beide werden.

4. Das richtige Auffassen einer Gestalt gelingt im ersten Augenblick oft gar nicht. So hören wir im zweiten HOMEschen Fall, daß sein Patient zunächst alles „rund" nennt, es mag nun wirklich rund oder viereckig oder dreieckig sein. Das ist leicht zu erklären. Um eine Figur auf den ersten Blick zu erkennen, dazu gehört Übung im indirekten Sehen. Fehlt diese, und sie muß natürlich bei Menschen fehlen, die zum ersten Male ihr Sehvermögen gebrauchen, dann bleibt nichts anderes übrig als den Blick nach und nach auf alle Einzelheiten des betreffenden Gegenstandes zu richten, namentlich den Konturen entlang zu fahren. Nun geschieht dies bei uns Geübten außerordentlich rasch; aber wir haben schon bei Besprechung des vorangegangenen Punktes gesehen, daß dies bei operierten Blindgeborenen nur sehr langsam und unsicher vonstatten geht. Der HOMEsche Patient, der zunächst alles „rund" nennt, entdeckt, als man ihm Zeit läßt, an einem vorgehaltenen Quadrat eine Ecke und hienach gelingt es ihm leicht, auch die übrigen drei Ecken zu bemerken; dabei läßt er den Blick den Konturen entlang laufen und zählt die Ecken sukzessive ab. Man hat aus der Notwendigkeit dieser Blickwanderungen schließen zu müssen geglaubt, daß die Ecken nicht eigentlich optisch erkannt würden, sondern nur durch Muskelempfindungen, indem nämlich die plötzliche Änderung der Bewegungsrichtung das sei, was man ursprünglich unter dem Begriff „Ecke" denke. Aber es ist durchaus nicht nötig, die Sache so aufzufassen; die Blickwanderung kann ebensogut als ein Mittel angesehen werden, die einzelnen Teile der Figur nach und nach auf die Stelle des deutlichsten Sehens zu bringen.

5. Was die Tiefendimension betrifft, so wurde sie in vielen der beschriebenen Fälle nicht erkannt. HOMEs Patient z. B. war nicht imstande, irgendwelche Angaben über die Entfernung eines Gegenstandes zu machen. Dem Patienten von FRANZ erschienen anfänglich alle Gegenstände so nahe, daß er manchmal fürchtete, mit ihnen in Kontakt zu geraten. Derselbe Patient bezeichnete einen Würfel als Quadrat, eine

Kugel als Scheibe; eine Kugel und eine kreisförmige Scheibe von gleichem Durchmesser unterschied er gar nicht usw. Merkwürdigerweise wurde bei den Schlüssen, die man daraus gezogen hat, gar kein Gewicht darauf gelegt, ob die Patienten monokular oder binokular sahen. Das ist aber von der größten Wichtigkeit, im binokularen Sehakt liegt ja die einzige Quelle für die Tiefenwahrnehmung. Eine gewisse Schwierigkeit hat die mehrmals vorkommende Behauptung, „die Gegenstände scheinen die Augen zu berühren". Offenbar sollte damit nur gesagt sein, daß keine Entfernung wahrgenommen wurde. Interessant ist, daß der erste HOME-sche Patient zwar manchmal die Angabe machte, es schiene ihm, daß die Gegenstände sein Auge berührten, daß diese Angaben aber in die Zeit fallen, in welcher er gegen Lichteinfall sehr empfindlich war. Es liegt nahe, hier an Blendungsschmerz zu denken, denn hauptsächlich in betreff intensiv leuchtender Gegenstände wird gesagt, sie berühren die Augen.

Bei Patienten mit binokularem Sehen finden wir ab und zu ein Erkennen der dritten Dimension; vielfach aber auch nicht (so bei Versuchen mit schwimmenden und im Wasser versenkten Gegenständen). Wir dürfen aber nicht vergessen, daß das Sehen mit zwei Augen noch lange kein binokularer Sehakt ist, daher können wir wohl annehmen, daß einige der Patienten die Fähigkeit, willkürlich zu fixieren, bereits erlangt hatten, während sie den andern noch fehlte. Wir haben ja zur Genüge von den Schwierigkeiten gehört, mit der die Beherrschung der Augenbewegungen verbunden ist.

6. Und schließlich kommt noch in Betracht, daß sämtliche empirische Lokalisationsmotive fehlen. Wenn man bedenkt, welche wichtige Rolle dieselben spielen, kann man sich eine Vorstellung davon machen, was demjenigen fehlt, der noch nicht über sie verfügt.

Wir können also zusammenfassend sagen: zu lernen gibt es für denjenigen, der plötzlich in den Besitz des Sehvermögens kommt (natürlich ebenso auch für Kinder), eine große Menge, aber es betrifft nicht die Gesichtswahrnehmung selbst, sondern nur entweder jene Tätigkeiten, welche die Gesichtswahrnehmung vorbereiten, oder die sekundären Tätigkeiten, die sich irgendwie auf die Auslegung der Wahrnehmung und die Beziehung auf andere Sinnesgebiete erstrecken. Da wir aber unter „Sehen" etwas verstehen, was auch diese Tätigkeit einbezieht, können wir ein „Sehenlernen" in diesem Sinne zugeben. Vollständig überflüssig ist jedoch die empiristische Folgerung, daß die Qualitäten des Gesichtssinnes ursprünglich überhaupt unlokalisiert seien, weil wir auch unter Voraussetzung einer ursprünglichen Lokalisation die sämtlichen Fälle mangelhafter Orientierung bei operierten Blindgeborenen erklären können, wobei wir nur solche Faktoren in Anspruch zu nehmen brauchen, deren Wirksamkeit sich auch bei normalen, voll entwickelten Menschen unzweifelhaft nachweisen läßt; ja das Unterscheiden von verschiedenen

Formen gleich nach der Operation widerspricht dem Empirismus geradezu.

Es ergibt sich jetzt auch, daß die Ausdrücke Empirismus — Nativismus ganz unpassend sind. Denn sie erwecken den Schein, als ob die Nativisten keinerlei Erlernen und keinerlei Entwicklung des Lokalisationsvermögens zulassen wollten, während sie tatsächlich eine solche Entwicklung zugeben, aber allerdings an der Behauptung festhalten, daß die Qualitäten des Gesichtssinnes niemals ohne Raumdaten existieren. Es soll hier nicht im einzelnen auf alle Gründe eingegangen werden, welche die Empiristen dazu geführt haben, an der viel näher liegenden und natürlicheren Anschauung der Nativisten zu zweifeln, da sich eine ausgezeichnete Darstellung der Argumente für und gegen den Nativismus schon bei STUMPF[1] findet. STUMPF vertritt ebenfalls die Ursprünglichkeit der Raumvorstellung.

Bei HELMHOLTZ, für den die Raumvorstellung ein Urteil über die wirklichen Raumverhältnisse bedeutet, ordnen sich alle Gründe, die ihn zur Leugnung primärer Raumempfindungen veranlaßt haben, unter den folgenden Leitgedanken: unsere Raumanschauung zeigt im Vergleich mit den Netzhautbildern zu große Inkongruenzen, als dies mit einer kausalen Zuordnung beider verträglich wäre. Einige dieser Inkongruenzen, wie das Aufrechtsehen des umgekehrten Netzhautbildes oder das Einfachsehen trotz doppelter retinaler Abbildung lassen sich zur Not durch Hilfshypothesen erklären, andere aber nicht. So kann man die Tiefendimension durch einen angeborenen Mechanismus durchaus nicht erklären, denn die empirischen Lokalisationsmotive bedeuten doch fortwährende Korrekturen an diesem Mechanismus, und zwar Korrekturen durch die Erfahrung. Was aber durch Erfahrung geändert werden kann, das kann, meint HELMHOLTZ, nicht Sache der Empfindung sein. Durch Erfahrungen können nur wieder Erfahrungen modifiziert werden. Diesen allzu großen Inkongruenzen stehen die allzu großen Kongruenzen zwischen unserer Raumanschauung und den räumlichen Eigenschaften des äußeren Gegenstandes gegenüber; die dreidimensionale Verteilung der wirklichen Dinge wird durch die Wahrnehmung viel zu gut abgebildet.

Diesem Gedankengange stellt HERING die Auffassung entgegen, daß die Beziehung zwischen dem Reiz und dem Vorgang in der Sehsubstanz als ein Auslösungsprozeß zu betrachten ist.[2] Damit sind alle Möglichkeiten für Störungen der eindeutigen Zuordnung zwischen Reiz und Empfindung offen gelassen, denn wenn die Sehsubstanz durch den Reiz nur zur Entfaltung ihres „Eigenlebens" angeregt wird, so ist es begreiflich, daß sie verschieden reagiert, wenn sie selbst eine andere

---

[1] Über den psychologischen Ursprung der Raumvorstellung. Leipzig, Hirzel 1873.

[2] Vgl. HILLEBRAND: Ewald Hering. S. 95ff.

geworden ist. Von vornherein können weder Kongruenzen noch Inkongruenzen zwischen Wahrnehmungen und Netzhautbildern erwartet werden; der Erwartung von Kongruenzen liegt schon die Meinung zugrunde, daß wir die Netzhautbilder sehen. Bei einem Auslösungsvorgang werden allerdings die „Inkongruenzen" der allgemeinere Fall sein; doch würden auch „Kongruenzen" zwischen Anschauung und äußeren Raumverhältnissen, wenn sie bestünden, nichts gegen den Empfindungscharakter der Raumanschauung beweisen. Aber sie bestehen nur in sehr unvollkommener Weise. HERING hat sehr richtig die Raumanschauung als ein Relief bezeichnet, „das zwischen Planbild und voller Körperlichkeit die Mitte hält" oder, wie er sich auch ausdrückt, „auf halbem Wege zwischen dem flachen Netzhautbilde und der körperlichen Wirklichkeit stehen bleibt".

Wir haben noch die Frage zu beantworten, womit HELMHOLTZ seine Meinung begründet, daß Erfahrung ein Empfindungsdatum nicht modifizieren könne. Er führt zugunsten seiner Ansicht an, daß Sinnestäuschungen bestehen bleiben, selbst wenn wir genau wissen, wie sich der wirkliche Tatbestand verhält; wir sehen z. B. die Eisenbahnschienen konvergent, obwohl wir von ihrem Parallelismus überzeugt sind. Auf der andern Seite sehen wir aber das gegenteilige Verhalten: die bemalte Leinwand müßte, wenn es nur auf die primäre Wahrnehmung ankäme, eben gesehen werden. Wendet der Maler aber irgend eines der empirischen Lokalisationsmotive an (z. B. eine bestimmte Licht- und Schattenverteilung), so wird diese primäre Lokalisation überwunden und die einzelnen Teile der bemalten Leinwand scheinen in verschiedener Entfernung zu liegen. Der indirekte Analogieschluß, den HELMHOLTZ hier im Auge hat, ist also der folgende: die Erfahrung, welche uns sagt, daß die Eisenbahnschienen parallel sind, ist nicht imstande, den Eindruck der Konvergenz zu überwinden oder auch nur zu modifizieren. Die empirischen Lokalisationsmotive, die doch, wie schon der Name sagt, auch Erfahrungen sind, modifizieren aber bekanntermaßen die Wahrnehmung, also kann es sich im letzteren Falle nicht um etwas Analoges handeln. Die Störung der Analogie kann, meint HELMHOLTZ, nur darin bestehen, daß im zweiten Falle dasjenige, was modifiziert wird, kein Empfindungsdatum ist.

Liegt aber vielleicht die Störung der Analogie in einem anderen Umstand als in demjenigen, den HELMHOLTZ für den springenden Punkt hält? Wenn man in beiden Fällen von „Erfahrung" spricht, die im einen Fall modifizierend wirkt, im andern nicht, so ist mit dem Wort „Erfahrung" etwas ganz Verschiedenes gemeint. Im Falle der Eisenbahnschienen besteht die Erfahrung darin, daß ich die lotrechten Abstände der Schienen mit einem Maßstab messen und auf diese Weise den tatsächlichen Parallelismus konstatieren kann. Im Falle der malerischen

Plastik liegt aber die Sache ganz anders: die Licht- und Schattenverteilung hat sehr häufig zusammen bestanden mit der primären, also parallaktischen Tiefenempfindung. Auf Grund dieser Assoziation ist sie imstande, auch selbständig Tiefenwahrnehmung zu erzeugen (z. B. beim monokularen Sehen); und da sie das kann, kann sie auch eine entgegengesetzte parallaktische Tiefenwahrnehmung modifizieren. Im ersten Falle hat die Erfahrung, nämlich das Wissen von der objektiven Lage der Schienen, niemals die Wahrnehmung des Parallelismus erzeugt. Wie kann dann aber von einem solchen Umstand erwartet werden, daß er die Wahrnehmung der Konvergenz ändere?

Es liegt also im einen Fall eine „Erfahrung" vor, die sich schon als etwas erwiesen hat, das räumliche Anschauung erzeugt; im andern Falle liegt eine „Erfahrung" vor, die überhaupt niemals eine Anschauung hervorgerufen hat, sondern nur ein abstraktes Wissen bedeutet. Hierin besteht die Störung der Analogie. Mit andern Worten, die beiden Fälle, die HELMHOLTZ hier in Parallele bringt, haben miteinander überhaupt nichts zu tun.

Wenn mehrmalige Wiederholung eines und desselben Vorganges diesen mit der Zeit anders verlaufen läßt als zu Anfang, so kann man sich das nicht gut anders denken, als daß durch die Wiederholungen Änderungen in der „Disposition" des nervösen Apparates entstehen, so daß die Ursachen, die den betreffenden Vorgang hervorrufen, sozusagen auf ein verändertes Angriffsobjekt treffen. Von Erregbarkeitsänderungen haben wir ja schon gesprochen (z. B. beim sukzessiven Kontrast und bei der Adaptation). Aber bisher handelte es sich nur um solche Fälle, in denen die Erregbarkeit temporär geändert wurde und sich daher die Wirkung nur auf eine Zeit erstreckte, die dem Reiz unmittelbar folgte. Jetzt aber haben wir es mit einer dauernden Zustandsänderung zu tun.

Daß Phantasievorstellungen nicht durch periphere Reize, sondern durch Erregung des Zentrums erzeugt werden, ist bekannt. Phantasievorstellungen können aber unter Umständen die Lebhaftigkeit von Sinnesempfindungen haben (Halluzinationen). Wenn nun letzteres möglich ist, dann ist nicht einzusehen, warum zwei Faktoren, die für sich genommen Wirkungen von derselben Stärke hervorbringen können, dann, wenn sie aufeinandertreffen, sich nicht auch modifizieren sollen, modifizieren sich doch auch zwei periphere Reize gegenseitig. Wesentlich ist nur, daß wirklich beide Faktoren für sich zu anschaulichen Vorstellungen führen können, daß sie also imstande sind, gleichwertige Wirkungen auszuüben. Beim monokularen Sehen, wo ja vom peripheren Reiz aus keine Tiefenempfindung erzeugt wird, wo die Entfernungsfrage sozusagen offen gelassen ist, sind die erfahrungsmäßigen Lokalisationsmotive gleichwohl imstande, auf dem zentralen Wege der Reproduktion eine sehr deutliche, anschauliche Tiefenempfindung zu liefern. Wenn die zentrale Erregung das vermag, warum sollte sie nicht auch dort, wo der periphere Reiz durch Parallaxe irgend eine Tiefenempfindung erzeugt, diese modifizieren können? Mancherlei Sinnestäuschungen lassen sich nur dadurch erklären, daß man solche Modifikationen der Empfindung durch frühere Erfahrungen annimmt. So wenn von zwei gleich schweren Gewichten das kleinere für das schwerere gehalten wird. Man hält erfahrungsgemäß das größere für das schwerere, es erscheint dann im Kontrast zu diesen Erwartungen leichter. G. E. Müller[1] hat auf die Rolle des sogenannten „absoluten Eindruckes" hingewiesen. Es ist eine sehr verschiedene Gewichtsempfindung, wenn ich sage „ein Brief ist schwer", „ein Kind ist schwer", „ein Handkoffer ist schwer"; eine wirkliche Vergleichung mit andern Briefen, Kindern, Handkoffern liegt gar nicht vor. Und doch ist der Brief nur als Brief, das Kind nur als Kind, der Handkoffer als Handkoffer schwer. Zweifellos sind also Erfahrungen über die durchschnittliche Schwere nötig, aber ihre Wirkung erfolgt nicht auf dem Umweg eines Vergleiches, sondern unmittelbar.

Hieher gehört auch der von E. Th. Brücke[2] mitgeteilte Versuch: Man ritzt mit dem Messer ein Stück Holz und betrachtet den Effekt gleichzeitig im Mikroskop. Man hat dann den Eindruck, in irgend ein weiches Material, Käse oder dergleichen zu schneiden.

3. Kritik des Empirismus

Es bleibt uns noch zu untersuchen, wie die empiristische Lehre, daß die Gesichtsempfindungen ursprünglich unlokalisiert sind und die Orte erst infolge von Erfahrungen an die Qualitäten assoziiert oder irgendwie von ihnen produziert werden, von ihren hervorragendsten Vertretern durchgeführt wird. Ich verweise hier wiederum auf die kritischen Ausführungen bei Stumpf (Über den psychologischen Ursprung der Raumvorstellung) und beschränke mich auf eine kurze Besprechung der Lokalzeichentheorie von Lotze und Helmholtz.

Wenn wir annehmen, daß die Raumvorstellungen uns irgendwoher (etwa durch den Tastsinn) gegeben sind, so frägt es sich, wie die Assoziation an die Qualitäten des Gesichtssinnes zustande kommen kann. Warum wird an die Qualität a, die einer bestimmten Netzhautstelle angehört, gerade der Ort α assoziiert? Diese Frage kann ohne Zuziehung einer Hilfshypothese nicht beantwortet werden und ebenso bleibt es, wenn der Ort keine Funktion der Netzhautstelle ist, unbegreiflich, daß die

---

[1] G. E. Müller und F. Schumann: Über die psychol. Grundlagen der Vergleichung gehobener Gewichte. Pflügers Arch. f. d. ges. Physiol., Bd. 45, 1889. Vgl. auch G. E. Müller: Abriß d. Psychologie. Göttingen 1924. S. 63ff.

[2] Über eine neue optische Täuschung. Zentralbl. f. Physiol., Bd. 20, Nr. 22.

Orte, welche näher benachbarten Netzhautstellen entsprechen, einander ähnlicher sind als solche, die weniger benachbarten Stellen entsprechen und daß die phänomenalen Orte ein Kontinuum bilden, welches dem Kontinuum der Netzhautstellen in eindeutiger Weise zugeordnet ist.

Wenn aber die Raumvorstellung nicht durch einen andern Sinn erworben und an die Qualitäten des Gesichtssinnes assoziiert wird, so muß entweder angenommen werden, daß sie von andern Qualitäten frisch produziert werde — was STUMPF sehr passend als „Theorie der psychischen Reize" bezeichnet hat — oder man nimmt eine a priori gegebene qualitätlose Raumanschauung an, in die jene raumlosen Empfindungen hineinversetzt werden.

Die erste Ansicht braucht nicht weiter verfolgt zu werden, da sie heute als aufgegeben betrachtet werden kann; diese — übrigens unerklärt bleibende — Neuproduktion von räumlichen Daten aus unräumlichen würde ja auch in der Tat nur ein unnötiges Zwischenglied in die Hypothese einschalten und der von HELMHOLTZ besonders betonte logische Vorzug, daß die empiristische Theorie um eine Empfindungsvariable weniger benötige, ginge auf diese Weise wieder verloren. Die Unhaltbarkeit der zweiten Ansicht ist aber schon auseinandergesetzt worden.

Zur Hebung der angedeuteten Schwierigkeiten hat LOTZE[1] die Theorie der Lokalzeichen ausgebildet, die auch von HELMHOLTZ,[2] aber mit gewissen Modifikationen, angenommen worden ist.

LOTZE bedient sich eines Vergleiches, um das Verhältnis zwischen dem physischen Ort des Reizes und dem phänomenalen Ort der Empfindung deutlich zu machen. Es sei, wie wenn eine Bibliothek zusammengepackt würde, um anderswo wieder in derselben Ordnung aufgestellt zu werden. Man wird dazu imstande sein, wenn an den einzelnen Büchern ihrer Stellung entsprechende Signaturen angebracht sind. Analog müssen wir auch, um die räumliche Ordnung der Farbenqualitäten zu erklären, annehmen, daß die sie hervorrufenden Nervenprozesse noch von einem besonderen Nervenprozeß begleitet seien, welcher von der Lage der gereizten Nerven abhängig ist und nach dem sich später der vorgestellte Ort der Farbenqualität richtet. Dieser hinzukommende Nervenprozeß wird aber, indem er auf die Seele wirkt, sich zunächst durch eine besondere qualitative Empfindung geltend machen und nach dieser hinzukommenden Empfindung wird sich dann der Ort der Farbenqualität richten; LOTZE nennt sie ein Lokalzeichen.

Das Lokalzeichen ist also nach LOTZE ein bewußter psychischer Inhalt, und zwar eine Bewegungs- oder Spannungsempfindung, hervor-

---

[1] Medizinische Psychol. Leipzig 1852. Vgl. STUMPF: a. a. O. S. 86ff.
[2] Physiol. Optik, 2. Aufl., S. 945ff. Die Tatsachen in der Wahrnehmung. Berlin, Hirschwald, 1879.

gerufen durch die Augenbewegung, die gemacht wird, um einen peripher gelegenen Reiz im Interesse des Deutlichsehens auf die Fovea wirken zu lassen, bzw. durch die Tendenz zu dieser Bewegung, die als Muskelspannung zu denken wäre. Die Lokalzeichen für die einzelnen Netzhautpunkte müssen verschieden sein, weil auch die Bewegung (oder Bewegungstendenz) für jeden Netzhautpunkt eindeutig durch Richtung und Größe charakterisiert ist.

Auch HELMHOLTZ hat „Lokalzeichen" beim Aufbau seiner empiristischen Theorie nicht entbehren können, doch will er ihre qualitative Natur ganz dahingestellt sein lassen.

Jede auf räumliche Gegenstände gerichtete Wahrnehmung sei dadurch charakterisiert, daß Bewegung der Augen, des Kopfes oder des ganzen Körpers uns in andere Beziehungen zu den wahrgenommenen Objekten setzt. Dieses charakterisierende Moment aber gehört der unmittelbaren Empfindung an; es setzt sich zusammen aus einem motorischen Impuls und aus der optischen Wirkung dieses Impulses. Wir wissen in jedem einzelnen Fall, daß wir einen Bewegungsimpuls geben und ebenso ist uns in der unmittelbaren Empfindung der letzte Effekt der Innervation, nämlich eine veränderte Gesichtsempfindung (ein anderes Aggregat von Qualitäten) gegeben. Was nicht durch die unmittelbare Empfindung gegeben ist, sondern erst erlernt werden muß, ist der Zusammenhang zwischen dem motorischen Impuls und seinem letzten Effekt, nämlich der veränderten Empfindung. Dasjenige Verhältnis von Wahrnehmungsobjekten, welches durch Willensimpulse geändert werden kann, nennt HELMHOLTZ ein räumliches.

Die Raumvorstellung des Erwachsenen ist aber damit noch nicht erschöpfend charakterisiert, daß wir sagen, wir können uns durch Bewegungsimpulse neue optische Qualitäten verschaffen. Vielmehr liegt in unserem fertigen Raumbegriff auch noch die Vorstellung enthalten, daß die räumlichen Objekte, auch wenn sie nicht gerade in unserem Gesichtsfeld liegen, feste und von uns unabhängige örtliche Relationen zueinander haben. HELMHOLTZ sucht diesem Umstand in folgender Weise Rechnung zu tragen: der Mensch, der noch nicht im Besitze einer fertigen Raumanschauung ist, weiß nicht nur (wie wir früher angenommen haben), daß er einen gewissen Bewegungsimpuls gibt und daß dieser Impuls bestimmte qualitative Wirkungen in den Sehobjekten hat, sondern er weiß auch, daß bei Nachlaß dieses Impulses oder bei Ausführung eines Gegenimpulses wieder der ursprüngliche qualitative Zustand in unseren Gesichtsempfindungen herbeigeführt werden kann. Nennen wir mit HELMHOLTZ die ganze Gruppe von Empfindungsaggregaten, welche durch eine solche Bewegung sukzessive herbeigeführt werden kann, die zeitweiligen Präsentabilien und nennen wir weiter dasjenige Empfindungsaggregat aus dieser Gruppe, welches eben zur Perzeption kommt, präsent, so können wir sagen, daß ein Mensch, der noch keine räumliche Erfahrung erworben hat, imstande sein wird, jedes seiner Präsentabilien in jedem ihm beliebigen Augenblick durch einen bestimmten Bewegungsimpuls oder durch Nachlaß dieses Impulses (bzw. durch Setzung eines Gegenimpulses) präsent zu machen. Daß also in der fertigen Raumanschauung des Erwachsenen die Vorstellung von stabilen Raumbeziehungen enthalten ist, erklärt sich einfach daraus, daß dieselben Bewegungsimpulse immer dieselben optischen Wirkungen haben und daß ein Nachlassen dieses Impulses oder die Setzung eines Gegenimpulses immer wieder zu denjenigen Präsentabilien führt, welche vor Setzung dieses Impulses vorhanden waren. ,,So wird also die Vorstellung von einem dauernden Bestehen von Verschiedenem gleichzeitig nebeneinander gewonnen werden können. Das ‚Nebeneinander' ist eine Raumbezeichnung, aber sie ist gerechtfertigt, da wir das durch Willensimpulse geänderte Verhältnis als ‚räumlich' definiert haben."[1]

Bei HELMHOLTZ tritt also an die Stelle des Bewegungsgefühles LOTZES der bewußte Impuls zur Bewegung, im Verein mit dem ebenfalls direkt beobachtbaren optischen Effekt der Bewegung. Dieser Unterschied hat nun aber eine weitere Komplikation der HELMHOLTZschen Theorie zur Folge. Es könnte ja der Fall eintreten, daß eine Augenbewegung uns zu einem optischen Eindruck führt, der qualitativ vollständig übereinstimmt mit jenem Eindruck, den wir in der Ausgangsstellung gehabt haben. Da wir nun dasjenige, was wir durch einen motorischen Impuls erreichen, nur durch den optischen Effekt erfahren, so könnte im vorausgesetzten Falle trotz der Innervation keine Verschiedenheit der Lokalisation erreicht werden. Um dieser Konsequenz zu entgehen, nimmt auch HELMHOLTZ Lokalzeichen an; zwei qualitativ gleiche Eindrücke verschiedener Netzhautstellen unterscheiden sich schon vor Erwerbung der Raumvorstellung durch irgend ein psychisches Datum; erst durch die Erfahrung lernen wir dieses Datum richtig verstehen und auslegen. Es bleibt dabei gänzlich unbekannt, welche Qualität ein solches Lokalzeichen eigentlich hat.

Nach LOTZE wie nach HELMHOLTZ muß also der Raum als ein Produkt der Bewegungen angesehen werden. Direkt in das Bewußtsein kommen uns gewisse qualitative Bestimmungen, die Wirkungen oder, wie die Innervationen, Ursachen von Bewegungen sind. Nun ist aber Folgendes zu bedenken: die Augenbewegungen könnten bestenfalls nur eine Quelle für die Empfindung von Ortsänderungen sein, niemals aber für absolute räumliche Positionen. Nur der Unterschied zweier Orte ist es, welcher ins Bewußtsein gelangen kann, wenn die Quelle für alle Ortsvorstellungen lediglich in Augenbewegungen liegt. Somit löst sich der ganze Raum, wie er nach empiristischer Ansicht uns erscheinen würde,

---

[1] Die Tatsachen in der Wahrnehmung. S. 18.

in räumliche Relationen auf. In der Tat hört man den Raum manchmal definieren als das Nebeneinander der Dinge (wie man die Zeit als das Nacheinander definiert). Aber eine einfache Überlegung ergibt, daß, wenn ein Ding größer ist als ein anderes, offenbar beide groß sein, d. h. eine räumliche Ausdehnung haben, wenn etwas rascher als ein anderes ist, beide Dinge Geschwindigkeit haben müssen. Die Scholastik hat dieses Gesetz folgendermaßen formuliert: es gibt keine Relation ohne Fundamente. Wenden wir nun dieses allgemeine Gesetz auf unseren vorliegenden Fall an, so folgt, daß eine Ortsänderung ohne absolute örtliche Fundamente unmöglich ist. Somit ist die empiristische Theorie nicht imstande, zu erklären, wie wir in den Besitz auch nur eines einzigen Ortsdatums gelangen. Die Muskelempfindungen, bzw. die Innervationen, setzen (dieser Theorie zufolge) jeden exzentrisch gelegenen Punkt in eine eindeutige Beziehung zur Stelle des deutlichsten Sehens, aber wohin der Punkt lokalisiert wird, dessen Bild auf die Fovea fällt, darüber gibt diese Lehre gar keine Auskunft.

Vielleicht könnte dagegen eingewendet werden, daß wir überhaupt keine absoluten Raumwerte zu erkennen vermögen, denn wenn wir eine beliebige Strecke von unserem gegenwärtigen Standorte entfernt wären und uns genau dasselbe Gesichtsfeld verschaffen könnten, so würden wir gar keinen Unterschied zwischen den beiden optischen Situationen erkennen. Die empiristische Theorie habe es also nicht nötig, etwas zu erklären, was de facto gar nicht besteht. Dieser Einwand verkennt aber den Unterschied zwischen wirklichem Raum und Sehraum. Es wird nur bewiesen, daß die absoluten Positionen des wirklichen Raumes uns verborgen bleiben, derart, daß uns ein Stück des wirklichen Raumes geradeso erscheinen kann wie ein anderes. Dies ist nicht verwunderlich, da der wirkliche Raum überhaupt nicht in unser Bewußtsein tritt.[1] Im wirklichen Raum kann ich eine bestimmte Position A nur durch ihre Beziehung zu andern Positionen definieren, z. B. durch ihre Beziehungen zu einem Koordinatensystem. Ich kann daher von einer wirklichen Bewegung niemals sagen, ob sie eine absolute oder eine relative ist, weil die Wanderung eines Punktes A relativ zu einem Koordinatensystem XYZ ebensogut durch die Bewegung von A wie durch die von XYZ hervorgebracht werden könnte. Wenn ich mich aber um die Frage, wie sich die Dinge in Wirklichkeit verhalten, gar nicht kümmere, sondern

---

[1] Daran muß BRENTANO gegenüber erinnert werden, der von der Frage ausgeht, **ob und wie wir die wirklichen Orte erkennen**. Da nach seiner Meinung unsere Anschauung überhaupt nie individuell ist, beantwortet er sie dahin, daß wir keine absoluten Orte zu erkennen vermögen, sondern nur **relative** Ortsbestimmungen, die bezogen werden auf ein unqualifiziertes Zentrum. (Vom sinnlichen und noetischen Bewußtsein, herausgegeben von O. KRAUS. Leipzig, Meiner 1928. Vgl. auch KRAUS: Franz Brentano. München, Beck 1919. S. 34ff.)

bloß von den Punkten eines gegebenen Sehfeldes, also von den scheinbaren Orten rede, so hat es gar keinen Sinn, zu sagen, sie seien nur relativ lokalisiert; vielmehr ist jeder von ihnen absolut lokalisiert und daher hat jeder eine Ortsrelation zu jedem andern. Die räumlichen Beziehungen der Punkte untereinander können immer nur etwas Sekundäres sein, das Primäre sind ihre absoluten Positionen, die man als Funktionen der gereizten Netzhautstellen aufzufassen hat. Wenn also eine Theorie, wie die empiristische, nur darauf ausgeht, das Entstehen von Relationen zu erklären, aber nicht imstande ist, über die Entstehung der Fundamente Rechenschaft zu geben, so verstößt sie gegen den Satz, daß jede Relation auf Fundamenten ruhen muß.

Zwischen unserer Kenntnis des Wirklichen und dem Sehen des bloß Scheinbaren besteht eben derjenige Unterschied, den man gewöhnlich als den Unterschied zwischen äußerer und innerer Wahrnehmung bezeichnet. In betreff der wirklichen Bewegung und Ruhe kann ich alle möglichen Zweifel haben; aber innerhalb des Sehraumes, d. h. des Inbegriffes der Dinge, wie sie mir erscheinen, kann ich nicht noch einmal den Unterschied zwischen Schein und Wirklichkeit statuieren. Innerhalb des Sehraumes ruht das, was mir zu ruhen scheint, und bewegt sich das, was sich mir zu bewegen scheint.

Um Mißverständnisse zu vermeiden, sei hier nochmals darauf aufmerksam gemacht, daß die absolute Lokalisation im obigen Sinne (als Lokalisation der scheinbaren Orte eines gegebenen Sehfeldes) gar nichts zu tun hat mit derjenigen Lokalisation, die man gewöhnlich als ,,absolute" bezeichnet. Es ist dies jene Lokalisation, die sich mit der Augenstellung ändert, also die Lokalisation des ganzen Systems der scheinbaren Orte. Diese ist relativ, nämlich relativ zu unserem gesehenen Körper.[1] Da das ganze System der scheinbaren Orte, d. h. unser Sehraum, nicht zum wirklichen Raum in Beziehung gebracht werden kann — der wirkliche Raum ist ja überhaupt kein Bewußtseinsdatum — so hätte die Frage nach seiner absoluten Lokalisation nur dann einen Sinn, wenn es einen Wahrnehmungsraum höherer Ordnung gäbe, von dem der Sehraum nur ein Teil wäre. Da dies nicht der Fall ist, handelt es sich bei der Frage nach der Lokalisation des ganzen Sehraumes in der Ausgangsstellung um ein Pseudoproblem.[1]

Aber noch etwas anderes ist gegen die empiristische Theorie einzuwenden: die örtlichen Spezies scheinen uns ebenso ursprünglich und irreduzibel zu sein wie die Qualitäten. Nach empiristischer Anschauungsweise wäre dies aber bloßer Schein, bei näherem Zusehen müßte sich das, was wir Ort nennen, in Bewegungsempfindungen oder (nach HELMHOLTZ) in ein Bewußtwerden einer Innervation und in die supponierten Lokal-

---

[1] Vgl. S. 147.
[2] Vgl. Die Ruhe der Objekte bei Blickbewegungen. S. 250ff.

zeichen auflösen. Wenn nun aber die Lokalzeichen etwas Bewußtes sind, so ist es doch sehr merkwürdig, daß eigentlich niemand anzugeben weiß, was man darunter zu verstehen hat. HELMHOLTZ meint zwar, die Lokalzeichen selbst interessierten uns im gewöhnlichen Leben nicht, nur ihre vermittels der Bewegungen erfahrungsmäßig erworbene Auslegung, und daher komme es, daß wir sie beständig übersehen und nicht anzugeben vermögen, was sie eigentlich für Empfindungen sind. Aber ein solches Verhalten stünde in der Psychologie ganz beispiellos da. Der Forscher interessiert sich ja für die Lokalzeichen und er kann sie trotz alles Suchens doch nicht bemerken.[1]

Und weiter: die Lokalzeichen müssen, wenn sie etwas nützen sollen, ein System bilden, welches mindestens ebenso fein differenziert ist wie unsere fertige, räumliche Wahrnehmung. Aber nicht entfernt ist dies der Fall. Wenn uns die optische Kontrolle fehlt (z. B. bei geschlossenen Augen), ist die Vorstellung von Augenbewegungen, die wir etwa ausführen, auch nicht annähernd richtig.[2] Auch die Weise, wie sich HELMHOLTZ das Zustandekommen der Vorstellung von fixen räumlichen Beziehungen der Gegenstände untereinander denkt, macht von Leistungen des Muskelsinnes Gebrauch, welche tatsächlich gar nicht bestehen. Wenn ich einen Gegenimpuls gebe, so soll ich die Erfahrung machen, daß die Sehobjekte in rückläufiger Anordnung wiederkehren. Aber woher weiß ich denn, daß ein gewisser Impuls B zu einem früher gegebenen Impuls A gerade im Verhältnis des reinen Antagonisten steht? Solche Kenntnis des Muskelsinnes besitzen wir in der Tat gar nicht.

Und was endlich die HELMHOLTZsche Definition des Raumes anlangt, so macht sie sich, streng genommen, einer petitio principii schuldig. Er definiert nämlich das als räumlich, dessen Verhältnisse sich durch Willensimpulse ändern und durch Gegenimpulse rückgängig machen lassen. Wer den Raumbegriff schon von vornherein so definiert, der hat dann bei der Analyse freilich leichtes Spiel, denn er kann allerdings zeigen, daß ein derartiger Raumbegriff durch die bloße Erfahrung von Bewegungsimpulsen und Qualitätsänderungen erworben werden kann.

Aber wer gibt HELMHOLTZ das Recht, die Begriffe „Raum" und „räumlich" in dieser Weise zu definieren, in Wahrheit, ihre Bedeutung

---

[1] Hauptsächlich aus diesem Grunde lehnt auch v. KRIES die Lokalzeichentheorie ab: „Aber auch wenn wir von diesen Einzelheiten absehen, werden wir gegen die Lokalzeichentheorie vor allem ein Bedenken grundsätzlicher Art erheben müssen. Es besteht darin, daß sie in rein hypothetischer Weise mit Dingen rechnet, die wir nicht aufzuweisen in der Lage sind . . . .

. . . . Das Lokalzeichen ist als psychische Qualität etwas nicht Aufweisbares, etwas schlechthin Fiktives." (Allgemeine Sinnesphysiologie. Leipzig, Vogel 1923. S. 202f.)

[2] Vgl. S. 160.

willkürlich zu ändern? Jeder von uns ist im Besitze des Begriffes „Raum"; aber indem er daran denkt, denkt er an ein Empfindungsdatum, welches ebenso irreduzibel und daher ebensowenig definierbar ist wie der Begriff Farbe. Niemand denkt unter Raum „Inbegriff aller derjenigen Verhältnisse, welche ich durch Willensimpulse ändern und durch Gegenimpulse rückgängig machen kann", ja er denkt überhaupt nicht an Muskelempfindungen oder an Innervationen.

Wenn HELMHOLTZ den Raum in der angegebenen Weise definiert, so mag er immerhin eine Definition durch ein Proprium gegeben haben, d. h. eine Definition durch ein Merkmal, welches den zu definierenden Begriff ständig und notwendig begleitet. Bei einer solchen Definition wird an Stelle eines Begriffes ein anderer von gleichem Umfang gesetzt. Aber Gleichheit des Umfanges heißt nicht Gleichheit des Inhalts und den Inhalt des Raumbegriffes hat HELMHOLTZ zweifellos unrichtig definiert.

In der Geometrie sind Definitionen dieser Art sehr gebräuchlich und auch in der Physik kommen sie gelegentlich vor und leisten die besten Dienste zur Entscheidung der Frage, ob ein gegebener Begriff wirklich in den Umfang eines andern hineingehört oder nicht, aber sie sind nicht imstande, eine Anschauung zu ersetzen. Wenn z. B. der Begriff aufgestellt wird: „ein ebenes Polygon, das zwei gleiche und aufeinander senkrechte Diagonalen hat", so braucht niemand an das Quadrat zu denken, obwohl das Quadrat dadurch eindeutig definiert ist. Auch der Begriff: „ein dreidimensionales Gebilde mit konstantem, und zwar positivem Krümmungsmaß" gibt keineswegs die Anschauung der Kugel.

Somit sehen wir, daß die empiristische Theorie unannehmbar ist auch in der Fassung, welche ihr LOTZE und HELMHOLTZ, ihre hervorragendsten Vertreter, gegeben haben. Diese Theorie ist:

1. Nicht imstande, zu erklären, was sie zu erklären beabsichtigt. Wenn ich Muskel- bzw. Impulsgefühle und die dazugehörigen Lokalzeichen räumlich auslegen soll, so muß ich Raumanschauung entweder schon haben — dann erklärt die Theorie eben nicht ihre Entstehung — oder ich muß annehmen, daß die Raumanschauung durch jene unräumlichen Momente frisch produziert wird — dann ist dies aber nur eine andere Art von Nativismus.

2. Sie verstößt gegen offenkundige Tatsachen (Feinheit des Muskelsinnes).

3. Sie stützt sich teils auf die Erfahrungen an kleinen Kindern und Blindgeborenen, die eine ganz andere Interpretation zulassen, teils auf Analogien, die überhaupt nicht bestehen.

Anmerkung der Herausgeberin

Es unterliegt keinem Zweifel, daß der Empirismus, wenn wir darunter im weitesten Sinne eine Lehre verstehen, welche sich unsere Raumanschauung in irgendeiner Weise aus einem raumlosen Empfindungsmateriale zustande gekommen denkt, immer mehr an Boden verloren hat. Mit Recht konnte daher Sachs einen am 14. Oktober 1927 gehaltenen Vortrag[1] *über das binokulare Sehen mit den Worten beschließen: „Die Entscheidung zwischen Nativismus und Empirismus ist durch die Klinik zugunsten des Nativismus gefallen. Sowohl die Beobachtungen bei Augenmuskellähmungen als auch das Studium des Sehens der Schielenden liefern die wertvollsten Argumente zugunsten der Annahme, daß die Korrespondenz der Netzhäute und im Zusammenhang damit das räumliche Sehen als angeborene Eigenschaften anzusehen sind. Es sprechen ferner dafür die Tatsachen, die ein Zusammentreffen der Erregungen beider Augen in einer Hemisphäre beweisen, sowie der Umstand, daß schon die Leitung im Tractus opticus der Netzhautkorrespondenz entspricht."*

Schon im Jahre 1909 im Anhang zur „Physiolog. Optik" gibt v. Kries zu, daß die Helmholtzsche Theorie „eine Lücke aufweist und an der Stelle, wo wir eine feste Grundlage fordern müssen, in der Luft schwebt".[2] *Er glaubte aber diese Lücke durch die von Kant übernommene Lehre von einer a priori gegebenen einheitlichen und unveränderlichen Raumanschauung, d. h. von einem angeborenen qualitätslosen Gesamtraum, in den auf Grund von Erfahrungen jene raumlosen Empfindungen hineinversetzt werden, in befriedigender Weise ausfüllen zu können. Welchen Schwierigkeiten eine solche Auffassung begegnet, ist schon auseinandergesetzt worden. Hier soll nur noch auf eine Konsequenz aufmerksam gemacht werden, die sich mit Notwendigkeit aus ihr ergibt. Wenn den einzelnen Stellungen und Stellungsänderungen der Augen, die zur Fixation bestimmter Außenpunkte notwendig sind, ein System von raumlosen Empfindungen eindeutig zugeordnet ist, so muß auch das System der aus ihnen in irgend einer Weise gewonnenen Raumdaten den Außenpunkten eindeutig zugeordnet sein. In der Tat finden wir bei v. Kries wie bei Helmholtz die Ansicht, daß unsere Raumanschauung eine eindeutige Abbildung der wirklichen Objekte ist. Dies führt uns auf den allen andern Unterschieden zugrundeliegenden Gegensatz zwischen Helmholtz und Hering, oder da sich immer wieder an diese Namen die Kontroverse „angeboren" oder „erworben" anknüpft, zwischen „Empirismus" und „Nativismus".*

Dieser Gegensatz liegt nicht allein in der Verschiedenheit der Wege, auf denen die beiden Forscher zu einer Erklärung der Raumanschauung zu gelangen suchten, sondern er liegt hauptsächlich in der Verschiedenheit der Ziele, die auf diesen Wegen erreicht werden sollten. Helmholtz sucht eine Antwort auf seine berühmte Frage: „Was ist Wahrheit in unserem Anschauen und Denken? In welchem Sinne entsprechen unsere Vorstellungen der Wirklichkeit?" Für ihn ist die Raumwahrnehmung ein (unbewußt

---

[1] Abgedruckt in der Wiener Klinischen Wochenschrift 1927, Nr. 46.
[2] S. 522f.

vollzogener) Schluß auf die wirklichen Orte und Ortsverhältnisse der Außendinge, der unter normalen Verhältnissen zur richtigen Erkenntnis der wirklichen Orte und Ortsverhältnisse der Außendinge führt, unter abnormen zu einem falschen Urteil.

Hering aber fragt, warum die Sehobjekte mit denjenigen Ortswerten behaftet sind, mit denen sie uns eben erscheinen. Der wirkliche Ort der Außendinge hat mit diesem Problem überhaupt nichts zu tun, sondern es handelt sich nur um die Angriffspunkte der terminalen Reize und um die Ortsempfindungen. Es kann zwar ein Urteil über die wirklichen Raumverhältnisse zu den Ortsempfindungen hinzutreten, aber ein solches ist immer nur sekundär und hat ein primäres Raumempfinden zur notwendigen Voraussetzung. Diese primäre Raumempfindung, deren genetische Erklärung sich Hering zum Ziel setzt, ist für Helmholtz überhaupt nicht vorhanden.

Wir werden also v. Kries darin nicht beistimmen können, daß die Unterschiede, die gegenwärtig zwischen ,,Nativismus`` und ,,Empirismus`` noch bestehen, eigentlich nicht mehr von großer Bedeutung sind.[1] *Es macht vielleicht wirklich nicht einen so großen Unterschied aus, ob man mehr Gewicht auf die angeborene funktionelle Disposition des Sehapparates oder auf seine spätere Entwicklung legt, der entscheidende Gegensatz liegt aber in der Verschiedenheit der Problemstellung, die einen Unterschied der ,,Denkrichtung`` begründet. Mit Recht kann von einer physikalischen Denkrichtung bei Helmholtz, von einer physiologischen bei Hering gesprochen werden, da ersterer seine Theorien unserem Urteil über die Außenobjekte, letzterer dem Tatbestand unserer Empfindungen anzupassen bestrebt ist.*[2]

---

[1] *Allgemeine Sinnesphysiologie, S. 219.*
[2] *Vgl. Hillebrand: Ewald Hering, besonders S. 85 ff.*

Publikationen Franz Hillebrands aus dem Gebiete der Lehre von den Gesichtsempfindungen.

Über die spezifische Helligkeit der Farben. Wien. Akad. Sitzungsber. 1889.

Die Stabilität der Raumwerte auf der Netzhaut. Zeitschr. f. Psychol., 5, 1893.

Das Verhältnis von Akkommodation und Konvergenz zur Tiefenlokalisation. Zeitschr. f. Psychol., 7, 1894.

In Sachen der optischen Tiefenlokalisation. Zeitschr. f. Psychol. 16, 1898.

Theorie der scheinbaren Größe beim binokularen Sehen. Wien. Akad. Denkschr. 1902.

Die Heterophorie und das Gesetz der identischen Sehrichtungen. Zeitschr. f. Psychol., 54, 1909.

Zur Frage der monokularen Lokalisationsdifferenz. Zeitschr. f. Psychol., 57, 1910.

EWALD HERING. Berlin, Julius Springer. 1918.

PURKINJEsches Phänomen und Eigenhelligkeit. Zeitschr. f. Sinnesphysiologie, 51, 1920.

Die Ruhe der Objekte bei Blickbewegungen. Zeitschr. f. Psychiatr. u. Neurol., 40, 1920.

Grundsätzliches zur Theorie der Farbenempfindungen. Zeitschr. f. Sinnesphysiologie, 53, 1921.

Zur Theorie der stroboskopischen Bewegungen. Zeitschr. f. Psychol., 89 und 90, 1922.

Sachverzeichnis

Adaptation 46ff., 78, 81, 85
— Helligkeits- (Dunkelheits-) A. 18f., 32f., 46ff., 60ff., 91
— chromatische 50ff.
— simultane 58ff.
— sukzessive 56, 58ff.
— Zweckmäßigkeit der 58ff.
Akkommodation 101f.
— ihre Assoziation mit der Konvergenz 122, 143ff.
Assimilation 51, 83ff., 95
— Disposition 85f.
— Reize 84ff., 88f.
Aufmerksamkeitsort, Verlagerung desselben 156f., 163ff.
Aufmerksamkeitswanderung als Grund der Tiefenlokalisation (JAENSCH) 133
Aufrechtsehen, Problem des 114, 188
Augenbewegungen, willkürliche 156
— unwillkürliche 75, 111, 157

Basallinie 102, 136f.
Bewegungsempfindungen (ZIEHEN) 181
Blickebene 102, 115ff.
Blicklinie (s. Gesichtslinie)
Blickpunkt 102
Blausichtige 9, 68f.
Blauwertige Hälfte des Farbenzirkels 9, 67f.
Blinder Fleck 72ff.
— Ausfüllung desselben 73ff.
Blindgeborene, operierte 175ff.

Deckstellen (s. korresp. Netzhautstellen)
Deutlichsehen 59ff., 146, 157, 164f.
Disparation 127ff., 145, 155
— gekreuzte 127f., 143, 150
— ungekreuzte 127f., 143, 150
Disparate Netzhautstellen 121ff.

Disparationsminimum 136f.
— Konstanz des 136, 141f.
Dissimilation 51, 83ff., 95
— Disposition 85
Doppelbilder 121, 124ff., 137f., 160
— gekreuzte (ungleichnamige) 125, 128, 138
— ungekreuzte (gleichnamige) 125, 128, 138
Duplizitätstheorie (v. KRIES) 91ff.
— (BÜHLER und BOCKSCH) 65

Eigenfarbe der Gegenstände 29, 63
Eigenhelligkeit 19f.
Eigenlicht der Netzhaut 13, 23ff., 48f., 60, 79, 84, 170
Einfachsehen mit disparaten Netzhautstellen 125ff., 137ff.
Einheitslehre 4, 27
Empirismus 169ff.
Empirische Lokalisationsmotive 98, 138, 145, 150ff., 187, 189
Empfindungskreis, korrespondierender (PANUM) 125, 137, 139
Erfahrung 64, 117, 132, 150ff., 156, 169, 180, 189f.
— als abstraktes Wissen (HELMHOLTZ) 189f.

Fallversuch (HERING) 138f.
Farben, bunte 2, 26
— tonfreie 2, 26
— gesättigte 2, 9, 16ff., 19, 20ff., 51
— ungesättigte 2, 51, 66, 87, 95
Farbenblindheit 65, 80f., 87
— Gelbblaublindheit 70f., 91
— Rotgrünblindheit 67ff., 91
— totale 72ff., 91, 93
Farbenempfindungen im engeren Sinn 2, 14, 19, 65, 83, 95
— einfache 4f., 27
— zusammengesetzte 4ff., 16

Sachverzeichnis

Farbenempfindungen, Abhängigkeit vom Reiz 3 ff.
— — von der Erregbarkeit 2, 46 ff.
Farbengleichungen 18, 31 ff., 40 ff., 65 ff.
Farbenkonstanz 63 f.
Farbenkörper 9 ff.
— physikalischer 10
— physiologischer 10
— psychologischer 10
Farbenkreisel 18, 30, 40 f., 67 f.
Farbenmischung, binokulare 45 f.
Farbenschwäche 71
Farbenschwelle 25, 71
Farbensinnstörungen 65 ff., 81, 87, 90 f.
— Methoden zur Untersuchung 65 ff.
Farbentheorien 75 ff., 87
— (HERING) 82 ff., 94 ff.
— (YOUNG-HELMHOLTZ) 77 ff., 94 ff.
— (G. E. MÜLLER) 89 ff.
— (BRENTANO) 94 ff.
— physikalische 96
Farbenton 2, 3 ff., 21 f., 28, 43, 55, 67, 76, 82
Farbenzirkel 3, 6 ff., 23, 45, 51, 67
Fovea (physiologisches Netzhautzentrum) 102, 106, 128, 155 ff., 163
Frontalebene 102

Gedächtnisfarbe 64
Gegenfarben 7, 52, 87
— Theorie der (HERING) 82 ff.
Gelbsichtige 9, 68 f.
Gelbwertige Hälfte des Farbenzirkels 9, 67 f.
Gesichtsfeld, monokulares 45, 106
— binokulares 45, 106
Gesichtslinie 102, 103 ff., 144 f., 157
Gewicht als Ersatz für Intensität (HERING) 26, 165
Gleichgewicht, autonomes 84
— allonomes 85
GRASSMANsches Gesetz 44
Graureihe 3, 13, 20, 23, 42, 72, 82
Grenzkontrast 62
Größe, scheinbare 140
— Theorie der scheinbaren 140 ff.
Größenschätzung 104 f., 140
Grundfarben 4, 8, 11, 27, 78, 87
— als abstrakte Teile 7, 27

Haploskop 106, 122 ff., 133, 139
Hauptsehrichtung 104, 108, 155

Helligkeit 2, 13, 14 ff., 45 ff., 59 ff., 72, 82, 93
— spezifische 17 ff.
Helligkeitsbereich, doppelseitige Erweiterung des 49, 59, 62
Helligkeitskonstanz 63
Helligkeitsverteilung 34, 90 f.
Helligkeitsunterschiede 45, 66
Hemeralopie 92 f.
Heterophorie 111
HERINGscher Hauptversuch 107 ff.
Horopter, mathematischer 114 ff.
— empirischer 117 ff.

Identitätslehre 112
Identische Punkte (s. korrespondierende Netzhautstellen)
Infeld 57
Inhomogeneität der Netzhaut 118 ff.
Inkongruenz der Netzhaut 118.
Innervationsempfindungen 159, 162
Intensität des Lichtes 2, 20, 23, 28, 42, 47, 62, 76, 82
— als Attribut der Farbenempfindungen 15, 23 ff.
Intensitätsdiskontinuität 181
Intensitätsgefälle 62
Intensitätsreihe 13, 181

Kardinalpunkte 100 f.
Kernfläche 106, 114 ff., 133, 139
Kernpunkt 117, 143 ff., 155
Knotenpunkt mittlerer 101 f.
Komplementärlichter 32, 42, 53, 86
Kontrast 46 ff., 81, 86
— Helligkeits- sukzessiver 48, 74, 78 ff.
— — simultaner 24, 56, 62, 74, 80 ff.
— Farben- sukzessiver 50 ff., 74, 78 ff.
— — simultaner 56 ff., 74, 80 ff.
— Flor- (MEYERscher) 56, 80
Kontrastkoeffizient 57
Korrespondenz der Netzhäute 103 ff.
Korrespondierende Netzhautstellen (Punkte) 45, 106 ff., 114, 128, 131
Kovariantenphänomen (JAENSCH) 133
KUNDTscher Teilungsversuch 104, 119

Längsdisparation 121
— und Tiefensehen 139
Längshoropter 115 f., 139
Längsschnitte der Netzhaut 103, 114 ff., 139

Licht, homogenes 1, 16, 20, 27f., 33f., 42, 72, 82
— polychromatisches 1, 27, 33, 69, 72
Lichtinduktion, simultane 58
— sukzessive 58
Lichtmischung, physiologische 4f., 29f., 86
— Pigment- 5, 29
— Methoden der 27ff.
— Analogie mit gerichteten Kräften 35ff.
— Gesetze der 27ff.
Linearperspektive als empirisches Lokalisationsmotiv 151ff.
Lokalisation des Kernpunktes (sog. absolute) 143ff., 157, 165, 196
— relative 143, 147ff., 157, 165, 196
— bei ruhendem Blick 103ff.
— bei bewegtem Blick 155ff.
— bei Kopfbewegungen 167
— bei Körperbewegungen 167f.
— bestimmte 98
— unbestimmte 98
— richtige 98f.
— unrichtige 98f.
— im frühen Kindesalter 173ff.
Lokalzeichen (nach LOTZE) 192f.
— (nach HELMHOLTZ) 193ff.
Luftperspektive als empirisches Lokalisationsmotiv 153

Medianbegriff 166
Medianebene 102, 115f.
Mehrheitslehre 3ff., 26f.
Mischempfindung 11, 20, 27
— zahlenmäßige Charakterisierung 11ff.
Mischfarbe 3ff., 45f., 89, 108, 131
Mittelwertigkeit 84ff.
Mittleres, imaginäres Auge (HERING) 110
Monokularlokalisationsdifferenz 111
MÜLLERscher Horopterkreis 116, 126, 141

Nachbild, negatives 4, 48, 54ff., 74, 85
— positives 94
Nativismus 169ff.
Negativer Reiz 52f.
Netzhautbeziehung, anomale 112
Nystagmus 161f.

Objektruhe bei willkürlichen Blickbewegungen 156ff.
— bei Kopf- u. Körperbewegungen 168
Optimum der Beleuchtungsstärke 62
— der Unterschiedsempfindlichkeit 59
— des deutlichen Sehens 61

Panumphänomen 133
Parallelstellung der Augen, symmetrische 115, 156
Parallaxe (s. Disparation)
Parallaktische Verschiebung bei Kopfbewegungen 167
Photometrie, heterochrome 15
Prävalenz der Konturen 46, 131
Primärstellung 102, 115, 123
Projektionstheorie 112ff.
Psychophysisches Grundgesetz (HERING) 88
Punktwandern 160
PURKINJEsches Nachbild 92ff.
— Phänomen 19, 92ff.
Purpurstrecke 3, 28, 44

Querdisparation 121, 124ff.
— Einfluß auf das Tiefensehen 125ff., 139f.
Querhoropter 115f.
Querschnitte der Netzhaut 103, 114, 139

RAYLEIGHsche Gleichung 71
Raum, wirklicher (geometrischer) 97, 113, 195
— Definition nach HELMHOLTZ 193ff.
Raumanschauung, angeborene 169ff., 199
— erworbene 169ff., 199
Raumwerte, absolute 73, 157ff., 195
— relative 156
Richtungsänderung im Gebiete der Farbenempfindungen 11
— diskontinuierliche zur Erklärung der Grundfarben (G. E. MÜLLER) 8
— der Helligkeiten 19
Richtungsbegriff in der Lichtmischung 35ff.
Richtungsenergie der Netzhautstelle 107
Richtungslinie 102, 103ff., 113, 117ff.
Rotgrünblindheitszone 69f.
Rotisochrome 69

Rotisochrome, ihr Auseinanderfallen mit der Grünisochrome 69

Sättigung 2, 20ff., 52, 70, 82, 87
Sättigungsgebiet 21ff.
Scheinbewegungen bei unwillkürlichen Augenbewegungen 156, 160ff.
— bei frischen Augenmuskellähmungen 162
— stroboskopische 166
Schwarz-Weiß-Reihe 2, 9, 14ft., 23, 83
Schwerpunktskonstruktion in der Lichtmischung (NEWTON) 33ff.
Sehding 97
Sehfeld, Verschiebung des 163ff.
Sehraum (physiologischer) 97, 113, 139, 170, 195
Sehrichtung 103ff., 127f.
— Punkte identischer 5, 106, 128
— Gesetz der identischen 103ff.
Sehrichtungszentrum 110
Sinnesenergien, Gesetz der spezifischen (J. MÜLLER) 77, 88
Stäbchenapparat 91
Stellungsbewußtsein der Augen, zentripetales 159ff.
Stereoskop (BREWERsches) 122f.
— (WHEATSTONsches mit Verbesserung von HERING) 123
Stereoskopische Grenze 135ff.

TALBOT-PLATEAUsches Gesetz 30
Tiefenempfindung 125ff.
— Ursprünglichkeit derselben 127
— Gebundensein an den binokularen Sehakt 130

Tiefenwerte 128ff.
— HERINGs Theorie der 128ff.
Totalhoropter 115ff.

Überwertigkeit 71, 85f.
Umfeld 57
Unterscheidbarkeit rechts- und linksäugiger Eindrücke 132f.
Unterwertigkeit 71, 86f.
Urfarben (s. Grundfarben)
Unbewußte Schlüsse 80, 113, 199f.

Valenz 10, 31, 42, 51, 65, 72, 84, 88, 90f.
— Gesetz der optischen Valenzen (HERING) 18, 32
Valenzgemisch 31
Valenzkurve des homogenen Lichtes 42ff.

WEBER-FECHNERsches Gesetz 14
Wechselwirkung der Sehfeldstellen 57, 62, 81
Wellenlänge 2, 8, 16, 76, 78, 96
— Abhängigkeit des Farbentones von der 21ff.
Wettstreit der Farben 45, 107
Wettstreit der Tiefenwerte 131ff.

Zapfenapparat 91ff.
Zapfenblindheit 91
Zonentheorie (v. KRIES) 94
Zwischenfarbe 6f., 53
Zyklopenauge (HELMHOLTZ) 110

Verlag von Julius Springer in Berlin W 9

Photoreceptoren. (Bildet Band XII, Erster Teil, Receptionsorgane II vom „Handbuch der normalen und pathologischen Physiologie".) Mit 238 Abbildungen. X, 742 Seiten. 1929. RM 69,—; gebunden RM 77,—

Inhaltsübersicht:

Allgemeines und Dioptrik

Einfachste Photoreceptoren ohne Bilderzeugung und verschiedene Arten der Bilderzeugung. Bedeutung der Bilderzeugung, der Auflösung der lichterregbaren Schicht und der optischen Isolierung. Von Prof. Dr. R. Hesse-Berlin.
Phototropismus und Phototaxis der Tiere. Von Prof. Dr. A. Kühn-Göttingen.
Phototropismus und Phototaxis bei Pflanzen. Von Dr. E. Nuernbergk-München.
Lochcamera-Auge. Von Prof. Dr. R. Hesse-Berlin.
Das musivische Auge und seine Funktion. Von Prof. Dr. R. Hesse-Berlin.

Das Linsenauge

Dioptrik des Auges. Refraktionsanomalien. Augenleuchten und Augenspiegel. Von Prof. Dr. G. Groethuysen-München.
Die Akkommodation beim Menschen. Von Geheimrat Prof. Dr. C. v. Hess†-München. (Abgeschlossen und ergänzt durch Prof. Dr. G. Groethuysen-München.)
Vergleichende Akkommodationslehre. Von Geheimrat Prof. Dr. C. v. Hess†-München. (Abgeschlossen und ergänzt durch Prof. Dr. G. Groethuysen-München.)
Pupille. Von Geheimrat Prof. Dr. C. v. Hess†-München. (Abgeschlossen und ergänzt durch Prof. Dr. G. Groethuysen-München.)
Chemie der Linse. Presbyopie. Star. Von Prof. Dr. A. Jess-Gießen.
Pharmakologische Wirkungen auf Iris und Ciliarmuskel. Von Dr. E. Grafe-Frankfurt a. M.
Receptorenapparat und entoptische Erscheinungen. Von Prof. Dr. U. Ebbecke-Bonn.
Die objektiven Veränderungen der Netzhaut bei Belichtung. Von Prof. Dr. R. Dittler-Marburg.

Licht- und Farbensinn

Licht- und Farbensinn. Von Prof. Dr. A. Tschermak-Prag.
Die Abweichungen des Farbensinnes. Von Prof. H. Koellner†-Würzburg. Mit Nachträgen ab 1924 von Prof. Dr. E. Engelking-Freiburg.
Photochemisches zur Theorie des Farbensehens. Von Prof. Dr. F. Weigert-Leipzig.
Theorie des Farbensehens. Von Prof. Dr. A. Tschermak-Prag.
Zur Lehre von den dichromatischen Farbensystemen. Von Geheimrat Prof. Dr. J. v. Kries-Freiburg i. B.
Die „Farbenkonstanz" der Sehdinge. Von Prof. Dr. A. Gelb-Frankfurt a. M.
Zur Theorie des Tages- und Dämmerungssehens. Von Geheimrat Prof. Dr. J. v. Kries-Freiburg i. B.
Dämmerungstiere. Von Prof. Dr. R. Hesse-Berlin.
Farbenunterscheidungsvermögen der Tiere. Von Prof. Dr. A. Kühn-Göttingen.

Verlag von Julius Springer in Berlin W 9

Pathologische Anatomie und Histologie des Auges. Erster Teil: Fachherausgeber: **K. Wessely.** (Bildet Band XI vom „Handbuch der speziellen pathologischen Anatomie und Histologie".) Mit 628 zum Teil farbigen Abbildungen. XIII, 1042 Seiten. 1928.
RM 264,—; gebunden RM 268,—

Inhaltsübersicht:

1. Bindehaut. Von Professor Dr. W. Löhlein-Jena. — 2. Hornhaut. Von Geheimem Medizinalrat Professor Dr. E. v. Hippel-Göttingen. — 3. Uvea. Von Professor Dr. S. Ginsberg-Berlin. — 4. Netzhaut. Von Geheimrat Professor Dr. F. Schieck-Würzburg. — 5. Sehnerv. Von Professor Dr. G. Abelsdorff-Berlin. — 6. Glaskörper (Corpus vitreum). Von Geheimrat Professor Dr. R. Greeff-Berlin. — 7. Glaukom. Von Professor Dr. A. Elschnig-Prag. — Namenverzeichnis. — Sachverzeichnis.

Allgemeine Pathologie und pathologische Anatomie des Auges. Unter Mitwirkung von **Th. Axenfeld**-Freiburg i. Br. Herausgegeben von **O. Lubarsch**-Berlin, **R. v. Ostertag**-Stuttgart und **W. Frei**-Zürich. (Ergebnisse der allgemeinen Pathologie und pathologischen Anatomie des Menschen und der Tiere. XXI. Jahrgang: Ergänzungsband.)

I. Teil: Mit 35 teils farbigen Abbildungen im Text. IX, 629 Seiten. 1927.   RM 88,—
II. Teil, 1. Hälfte. VIII, 375 Seiten. 1928.   RM 48,—

Verlag von J. F. Bergmann, München

Verlag von Julius Springer in Wien I

Gedanken zur Naturphilosophie. Von Professor Dr. med. et phil. **Paul Schilder,** Wien. 133 Seiten. 1928.   RM 7,80

Ernst Brücke. Von **E. Th. Brücke.** Mit 4 Bildtafeln. VII, 195 Seiten. 1928.   RM 9,60

Schriften zur wissenschaftlichen Weltauffassung. Herausgegeben von **Philipp Frank,** o. ö. Professor an der Universität Prag, und **Moritz Schlick,** o. ö. Professor an der Universität Wien.

Im September 1928 erschien:

Band 3: **Wahrscheinlichkeit, Statistik und Wahrheit.** Von Richard v. Mises, Professor an der Universität Berlin. 198 Seiten. 1928. RM 9,60

Als nächster Band erscheint im März 1929:

Band 2: **Abriß der Logistik,** mit besonderer Berücksichtigung der Relationstheorie. Von Dr. Rudolf Carnap.

MIX
Papier aus verantwortungsvollen Quellen
Paper from responsible sources
FSC® C105338

If you have any concerns about our products,
you can contact us on
ProductSafety@springernature.com

In case Publisher is established outside the EU,
the EU authorized representative is:
**Springer Nature Customer Service Center GmbH
Europaplatz 3, 69115 Heidelberg, Germany**

Printed by Libri Plureos GmbH
in Hamburg, Germany